无穷小

一个危险的数学理论
如何塑造了现代世界

（美）阿米尔·亚历山大　著　凌波　译

INFINITESIMAL

How a Dangerous
Mathematical Theory
Shaped the Modern World

化学工业出版社
· 北 京 ·

INFINITESIMAL： How a Dangerous Mathematical Theory Shaped the Modern World by Amir Alexander

ISBN 978-0-374-17681-5

Copyright © 2014 by Amir Alexander

Published by arrangement with Scientific American,an imprint of Farrar,Straus and Giroux,LLC, New York.

Simplified Chinese edition copyright © 2019 by Beijing ERC Media Inc.

All rights reserved.

本书中文简体字版由Scientific American授权化学工业出版社独家出版发行。

本版本仅限在中国内地（不包括中国台湾地区和香港、澳门特别行政区）销售，不得销往中国以外的其他地区。未经许可，不得以任何方式复制或抄袭本书的任何部分，违者必究。

北京市版权局著作权合同登记号：01-2018-8299

图书在版编目(CIP)数据

无穷小：一个危险的数学理论如何塑造了现代世界／（美）
阿米尔·亚历山大（Amir Alexander）著；凌波译. —北京：
化学工业出版社，2019.3
书名原文：Infinitesimal
ISBN 978-7-122-33840-2

Ⅰ.①无… Ⅱ.①阿… ②凌… Ⅲ.①无穷小 —数学史 Ⅳ.①O141

中国版本图书馆CIP数据核字（2019）第024155号

责任编辑：王冬军 张 盼　　　　　　　装帧设计：水玉银文化
责任校对：张雨彤

出版发行：化学工业出版社（北京市东城区青年湖南街13号　邮政编码100011）
印　　装：北京凯德印刷有限责任公司
710mm×1000mm 1/16　印张22　字数 308 千字　2019年5月北京第1版第1次印刷

购书咨询：010-64518888　　　　　　　售后服务：010-64518899
网　　址：http://www.cip.com.cn

凡购买本书，如有缺损质量问题，本社销售中心负责调换。

定　价：69.80元　　　　　　　　　　　版权所有　违者必究

INFINITESIMAL

目 录

How a Dangerous
Mathematical Theory
Shaped the
Modern World

出场人物 – IX
时间轴 – XIX

导 言

朝臣出使 – 001
无穷小悖论 – 007
失落的梦 – 010

第一部分　对抗无序之战

第1章　依纳爵的孩子

罗马会议 – 015
皇帝与修道士 – 019
陷入混乱 – 023
希望之光 – 030
依纳爵的孩子 – 033
反击 – 039
学术帝国 – 040
混乱中的秩序 – 046

INFINITESIMAL

How a Dangerous

Mathematical Theory

Shaped the

Modern World

第2章 数学的秩序

教学秩序 - 049

一个怀才不遇的人 - 052

格里历 - 055

一场数学的胜利 - 057

数学的确定性 - 060

克拉维斯对抗神学家 - 065

欧几里得几何的关键 - 068

迟钝的野兽 - 071

第3章 数学的无序

科学家与红衣主教 - 076

悖论与无穷小量 - 081

虔诚的修道士 - 089

织线与书本的比喻 - 092

谨慎的不可分量论者 - 097

伽利略的最后弟子 - 100

21项证明 - 103

痴迷于悖论 - 107

第4章 生存还是灭亡

无穷小的危险 - 114

监督委员会 - 117

卢卡·瓦莱里奥的陨落 - 121

格里高利·圣文森特 - 123

失势 - 125

乌尔班八世的危机 - 131

裁定与禁令 - 135

被羞辱的侯爵 - 140

永久的解决办法 - 143

献给
乔丹与埃拉

没有哪个连续体，能够分解出没有其任何部分的个体。

——**亚里士多德**

INFINITESIMAL

How a Dangerous

Mathematical Theory

第5章　数学家之战

古尔丁交锋卡瓦列里 － 146

贝蒂尼之刺 － 153

温文尔雅的弗莱芒人 － 155

隐藏的对抗运动 － 158

背水一战 － 161

圣杰罗姆会的谢幕 － 166

两种现代性的梦想 － 170

秩序井然之地 － 173

第二部分　利维坦与无穷小

第6章　利维坦的到来

掘土派 － 179

无王之地 － 181

冬眠的熊 － 191

"龌龊、野蛮且短命" － 198

第7章　"几何学家"托马斯·霍布斯

迷恋上几何学 － 208

几何学的国家 － 212

无法解决的问题 － 215

化圆为方 － 218

无望的探寻 － 223

第8章　约翰·沃利斯是谁

一位年轻清教徒的教育 － 227

牧师与教授 － 237

科学的阴霾时期 － 242

Shaped the

Modern World

INFINITESIMAL

How a Dangerous

第9章　数学的新世界

无穷多的线 － 254

实验数学 － 260

挽救 － 271

巨人与"毁谤者"之战 － 273

哪种数学 － 278

为未来而战 － 281

———

后记：两种现代性 － 285

后记：两种现代性 － 285

———

Mathematical Theory

注释 － 291

致谢 － 323

注释 － 291

致谢 － 323

Shaped the

Modern World

出场人物

无穷小量论者

卢卡·瓦莱里奥（Luca Valerio，1553—1618）：他是一位数学家，并且是伽利略的朋友，曾对无穷小方法做出过重要贡献。然而，当伽利略在1616年与耶稣会[①]产生冲突时，瓦莱里奥却最终站到了反对伽利略的一边，因此受到了他以前朋友的强烈谴责。他此后不久便在耻辱中去世。

伽利略·伽利雷（Galileo Galilei，1564—1642）：他是那个时代最杰出的科学家，因为提倡哥白尼的学说而遭到了SJ的迫害，导致了他最终受到审判，巨星陨落。伽利略在他的作品中使用了无穷小量，并支持和鼓励年轻一代数学家发展这一概念。即使在他遭到判决之后，他仍是意大利无穷小量论者的无可争议的领袖。

格里高利·圣文森特（Gregory St.Vincent，1584—1667）：他是一位SJ数学家，发明了一种新的方法用来计算被分成无穷多个部分的几何图形的体积。他的SJ上司认为这种方法过于接近无穷小量方法，因此禁止他发表任何作品。

博纳文图拉·卡瓦列里（Bonaventura Cavalieri，1598—1647）：伽利略的弟子，后来在博洛尼亚大学担任数学教授，他也是一名圣杰罗姆会成员。

①耶稣会（Jesuit，The Society of Jesus），天主教主要修会之一，1534年由西班牙贵族圣依纳爵·罗耀拉（Ignatius de Loyola）在巴黎大学成立。16~18世纪，它在欧洲广开学校，发展教育。本书以下简称SJ。——编者注

他的两部著作《不可分量几何学》和《六道几何学练习题》成为新数学方法的标准文本，他称这种新方法为"不可分量法"。

埃万杰利斯塔·托里切利（Evangelista Torricelli，1608—1647）：伽利略的弟子，并最终成为伽利略在佛罗伦萨的继任者。他是一位充满热情的无穷小量论者，比卡瓦列里更加不注重数学方法上的严谨性，因其强大而具有创造性的数学方法而著称。他的方法适用于涉及计算无穷小量的"宽度"和"厚度"的问题。他在1644年发表的《几何算法》在欧洲各地的数学家中得到了广泛的传播，特别是沃利斯还根据他的著作创作完成了自己的《无穷算术》。托里切利最突出的成就是，成功地计算出了具有无穷长度的几何体的体积。

约翰·沃利斯（John Wallis，1616—1703）：他是一位充满热情的国会议员和清教徒神学家，在空位期的初期，他曾担任西敏寺神学家议会的秘书。17世纪40年代中期，他经常参与在一些学者中间举办的私人会议，并最终参与创建了伦敦皇家学会。1649年，他被任命为牛津大学萨维尔几何学教授。在数学上，沃利斯是主要的无穷小量论者；在政治上，他与他在皇家学会的同仁一样，是一位实用主义者，并且对不同意见保持了宽容的态度。针对霍布斯的数学方法和他的专制政治，他与霍布斯展开了一场长达数十年的斗争。

斯特凡诺·德利·安杰利（Stefano degli Angeli，1623—1697）：他是卡瓦列里的朋友和弟子，帕多瓦大学的数学教授，并且是一位圣杰罗姆会成员。在17世纪50年代和60年代，他是意大利最后一位仍在公开捍卫无穷小量学说并且公开谴责圣杰罗姆会的学者。但是，在圣杰罗姆会于1668年被教皇突然解散之后，安杰利终于不再发出声音，从此再没有发表过任何有关无穷小量的作品。

反无穷小量论者

克里斯托弗·克拉维斯（Christopher Clavius，1538—1612）：SJ罗

马学院的数学教授，SJ数学传统的创始人。克拉维斯推崇几何方法，他非常珍视几何学中有序、严谨的演绎法以及绝对正确的证明结果。他希望将这种方法应用于所有知识领域，不鼓励在数学上进行创新。克拉维斯没有直接涉及有关无穷小量的问题，因为在他的职业生涯期间，大部分的数学家都几乎没有使用过这种方法，但他是SJ数学的核心原则的创造者，这也直接导致了后来针对无穷小的"战争"。

保罗·古尔丁（Paul Guldin，1577—1643）：领先的SJ数学家，负责诋毁无穷小学说。他在1641年出版的《论重心》一书中曾攻击过卡瓦列里的数学方法。

马里奥·贝蒂尼（Mario Bettini，1584—1657）：SJ数学家，在古尔丁去世之后，他成为SJ针对无穷小学说的主要批评者。在他于1642发表的《数学哲学通集》和1648年发表的《数学哲学精华》中，他曾嘲讽过无穷小学说。

托马斯·霍布斯（Thomas Hobbes，1588—1679）：《利维坦》一书的作者，并且是专制国家的倡导者。霍布斯认为自己也是一位数学家。他认为，自己的哲学是建立在数学原则基础之上的，并因此像几何证明一样具有确定性。他认为，利维坦的预旨将像几何证明一样无可辩驳。

安德烈·塔丘特（Andre Tacquet，1612—1660）：领先的SJ数学家，同样负责诋毁无穷小学说。他曾在1651年出版的《圆柱体和圆》中谴责过无穷小数学方法，但他接受将这些方法作为启发式方法来使用。后来他的上司授意他停止发表原创作品，并把重点放到专门编写教科书上面。他照做执行了。

SJ会士

依纳爵·罗耀拉（Ignacio de Loyola，1491—1556）：他是来自于巴斯克地区的一位西班牙贵族和战士，在1521年的潘普洛纳之战中负伤之后，经历了一个宗教觉醒过程。在只有10位忠实追随者的情况下，他创立了SJ，并于1540年得到了教皇保罗三世的官方认可。在他的领导下，SJ成为教会中最具活力的宗教团体，并且在对抗宗教改革的过程中发挥了巨大的作用。到依纳爵去世时，SJ已发展到了一千多名成员和几十所学校和学院，而且其规模还在不断迅速壮大。

贝尼托·佩雷拉（Benito Pereira，1536—1610）：克拉维斯在罗马学院的对手，他坚持认为数学没有资格成为一门科学。他还是第一位直接谴责无穷小学说的SJ会士，尽管其不是在数学背景下而是针对亚里士多德哲学做出的评论。

克劳迪奥·阿奎维瓦（Claudio Acquaviva，1543—1615）：1581年至1615年担任SJ总会长，建立了监督委员会，并支持反对无穷小的早期运动。

穆奇奥·维特莱斯奇（Mutio Vitelleschi，1563—1645）：1615年至1645年担任SJ总会长，他的任期包括SJ的失势时期（1623年至1631年）以及他们重回罗马权力中心的时期。他主持发动了针对无穷小学说最后的反对活动，并写信给各省禁止这一学说。

雅各·比德曼（Jacob Bidermann，1578—1639）：在1632年担任监督委员会总会长，当时SJ重新展开了对无穷小学说的攻击。

温森蒂奥·卡拉法（Vincenzo Carafa，1585—1649）：1646至1649年担任SJ总会长。他强制执行关于无穷小学说的禁令，并通过迫使帕拉维奇诺收回自己的观点羞辱了他。他写信给他的下属，让他们对无穷小学说保持警惕，并着手准备将无穷小学说列为被永久禁止的学说。

罗德里戈·阿里亚加（Rodrigo de Arriaga，1592—1667）：SJ领先的哲学家。在1632年，他发表了《哲学大纲》，在书中他得出了一个令人惊讶的结论，即无穷小学说似乎是可信的。但是，在这本书出版时，正是SJ重新回到罗马权力中心并决心镇压维护无穷小学说的观点的时期。总会长卡拉法宣布，将不会允许出现下一个阿里亚加。

彼得·斯福尔扎·帕拉维奇诺（Pietro Sforza Pallavicino，1607—1667）：出身侯爵，他在青年时期是一位狂热的伽利略派支持者，在伽利略失势之后，他从罗马被流放。他因势利导地转变了立场，回归之后成了一名SJ会士，并最终成为一名红衣主教。他依然持有伽利略的观点，并在罗马学院声称无穷小学说是貌似可信的学说。1649年，SJ总会长在一封信中对他进行了谴责，他因此被迫公开收回了自己的观点。

◇

伦敦皇家学会

弗朗西斯·培根爵士（Sir Francis Bacon，1561—1626）：英国法学家、哲学家、政治家，并于1618年至1621年担任詹姆斯一世的大法官。虽然培根本身不是一位科学家，但由于他倡导利用实验法对自然界进行研究，因此他仍被认为是科学革命的领军人物之一。在一系列具有重要影响力的论文和著作当中，培根指出，研究自然界的合理方法是通过系统的观察和实验的方法，而不是通过先验的推理或数学的方法。在他去世很长一段时间之后，培根成为皇家学会的非官方守护神，皇家学会提倡并捍卫他的经验学派方法。

亨利·奥登伯格（Henry Oldenburg，1619—1677）：出生于德国，17世纪50年代在伦敦定居，并成为学术界和科学界中的一位重要人物，因其广泛的通信网络而著称。他与罗伯特·波义耳、约翰·沃利斯等人是伦敦皇家学会的主要创始人之一，并且他还担任了皇家学会的第一任秘书。在他的领导下，皇家学会走过了其艰难的早期岁月，并将其确立为了欧洲领先的科学院，使其因坚持经验主义而著称。

罗伯特·波义耳（Robert Boyle，1627—1691）：现代化学的奠基人之一，在伦敦皇家学会的早期成员中，波义耳是一位最杰出和最受人敬佩的科学家。波义耳倡导以谦逊的实验法作为研究自然的正确方法，认为实验法无论对宗教还是对国家都是有益的。

托马斯·斯普拉特（Thomas Sprat，1635—1713）：早期伦敦皇家学会的主要宣传者。1667年，他出版了《皇家学会史》，从而拟定了伦敦皇家学会的科学方针以及政治目标。斯普拉特指出，对自然界的实验研究不仅能够增加人类知识，而且能够促进社会和宗教和谐。1665年，学者索比耶在访问完英国回到法国之后，写了一篇针对伦敦皇家学会的文章，斯普拉特对其进行了尖锐而讽刺的回应。

统治者

查理五世（Charles V，1500—1558）：从1519年开始成为神圣罗马帝国皇帝，从1516年直到他于1556年退位，他一直是西班牙国王（即卡洛斯一世）。他的统治范围从欧洲东部一直延伸了到秘鲁，虽然他对其领土的控制力通常较弱，但他仍是历史上最伟大帝国的名义统治者。他把自己视为天主教会的捍卫者，在1521年的沃木斯会议上对路德施压，并颁布了一项法令，宣布路德为异教徒并废除了他的教义。在他的统治时期，他一直都试图在自己的领土上铲除新教，但未能取得成功。

古斯塔夫·阿道夫（Gustavus Adolphus，1594—1632）：从1611年开始成为瑞典国王，被广泛认为是有史以来最伟大的军事创新者之一。1630年6月，他的军队在德国北部登陆，以支持在三十年战争中处于困境的新教诸侯。在接下来的两年时间里，他在一系列的战斗中，连续击败了神圣罗马帝国的天主教军队，从而打破了欧洲局势的平衡。来自瑞典人的威胁也改变了罗马的政治格局，结束了伽利略派在权力上的上升期，并使SJ重新回到了权力中心。在吕岑战役中，古斯塔夫率领一支骑兵在攻击罗马帝国军队的战斗中战死。

奥利弗·克伦威尔（Oliver Cromwe II，1599—1658）：英国内战期

间，国会新模范军的主要指挥官之一，并且是清教徒独立派（对抗长老会派）的领袖。1653年，他成为英格兰、苏格兰和爱尔兰的护国公。一些人认为，霍布斯的《利维坦》就是在支持他的专制统治。

查理一世（Charles Ⅰ，1600—1649）：从1625年开始就任英国国王，他在位时期最突出的是与国会之间日益增加的冲突，并最终导致了内战。查理一世希望按照法国国王的统治模式，在英国建立一个君主专制国家，但受到了国会的强烈抵制。国会控制着国家的财政收入，并与国王产生了冲突。他注定失败的个人统治最终导致了1640年的危机以及在国会与国王之间爆发的内战。由于在战斗中战败，查理一世被国会军抓获，并于1649年遭到处决。

查理二世（Charles Ⅱ，1630—1685）：查理一世之子，在流亡法国的宫廷里长大，并在那里曾接受过霍布斯的辅导。一些前国会议员和保皇党成员由于担心宗教和社会激进者崛起，于是在1660年将查理二世召回了英国，查理二世重新登上了王位。为了避免他父亲的命运，查理二世谨慎地依附于国会进行着他的统治。在1662年，他对一个由自然哲学家组成的团体授予了皇家特许状，这些哲学家相信，他们对自然的研究方法将会对社会和政治的和平起到至关重要的作用。这个团体最终成为伦敦皇家学会。

教皇

利奥十世（Leo Ⅹ，1513—1521年在位）：佛罗伦萨美第奇家族成员，是一个博学多识的人，并且是文艺复兴时期艺术的伟大赞助人。但当他面对路德的挑战时，由于没有给出迅速而果断的对策，从而使德国的天主教会遭遇了生存危机。

保罗三世（Paul Ⅲ，1534—1549年在位）：他在宗教改革进入高潮时就任教皇，当时新教浪潮风头正劲，他发起了恢复天主教并向新教发起反攻的运动。1540年，他批准了依纳爵·罗耀拉的请求，成立了一个名为SJ的新的宗教团体，SJ在后来的反宗教改革中发挥了关键作用。1545年，他召集了特伦托会议，在这次会议中设定的一些天主教会的基本教义一直沿用至今。

格里高利十三世（Gregory XIII，1572—1585年在位）：SJ的朋友和保护者，他为SJ批准了土地和资源，来为他们领先的罗马学院建造一座永久的校舍。他还成立了一个委员会进行历法改革，克拉维斯在历法改革委员会中发挥了关键作用，并在1582年推行了新历法。今天仍在普遍使用的格里历（公历）就是以他的名字命名的。

乌尔班八世（Urban VIII，1623—1644年在位）：在就任教皇之前（当时称为红衣主教马费奥·巴贝里尼）是伽利略的朋友和保护者，当上教皇之后继续作为伽利略的资助者，这引起了罗马一个黄金"自由时代"。但到了1632年，在伽利略发表了关于哥白尼体系的《对话》以及一些不利的政治态势之后，乌尔班八世改变了对伽利略的立场，从而导致了后者的受审判、被流放。从此，SJ重返罗马的权力中心，并能更加自由地压制无穷小学说。

克莱门特九世（Clement IX，1667—1669年在位）：作为一位任期较短并且没有突出成就的教皇，他曾下令镇压圣杰罗姆会，因为有两位提倡无穷小学说的主要数学家——博纳文图拉·卡瓦列里和斯特凡诺·安杰利——正是该组织的成员。

其他改革者、革命者和朝臣

马丁·路德（Martin Luther，1483—1546）：最初是一名奥古斯丁修士以及维滕贝格大学的神学教授。1517年，路德将他的《九十五条论纲》张贴在了城堡教堂的大门上，由此启动了宗教改革运动。到1521年时，他被教皇逐出了天主教会，并且他的教义也遭到了罗马皇帝的禁止，但新教的传播势头已经不可逆转。其他宗教改革者跟随着路德的脚步，很快建立了自己的新教教派。

查尔斯·卡文迪许（Charles Cavendish，1594—1654）：他是一位受人尊敬的数学家，卡文迪许家族成员。卡文迪许家族是英国最伟大的贵族之一，他们是17世纪艺术和科学的主要资助者和实践者。他的弟弟威廉是纽卡斯尔公爵，他在自己的庄园里开设了一座实验室，威廉的妻子玛格丽特是一位备受欢迎的诗人和散文家。卡文迪许家族将查茨沃斯庄园和维尔贝克庄园变成了繁荣的学术中心。他们也是霍布斯的终身资助人。

杰拉德·温斯坦利（Gerrard Winstanley，1609—1676）：掘土派领袖，他们在1649年开始挖掘位于萨里郡圣乔治山的土地。温斯坦利和他的追随者认为，土地是共有财产，所有人都有权耕种。掘土派的活动惊动了当地的土地所有者，他们通过法律手段和暴力袭击将掘土派驱逐出了自己的领地。由于害怕掘土派和其他激进团体推翻有产阶级，最终导致了1660年的君主制复辟。

塞缪尔·索比耶（Samuel Sorbiere，1615—1670）：法国朝臣、医生和作家，并且是托马斯·霍布斯的朋友和崇拜者。1663年至1664年，索比耶访问了英国，其中的大部分时间都在伦敦皇家学会做客。他回到法国所写的一篇访问记录极大地冒犯了曾经招待过他的伦敦皇家学会，尤其是他对霍布斯的夸赞以及对沃利斯的嘲讽。这引起了托马斯·斯普拉特的强烈反驳，并最终导致索比耶结束了他在法国宫廷的职业生涯。

— 时间轴 —

● **公元前6世纪：**

毕达哥拉斯及其追随者声称"万物皆数"，意思是说，世界上的所有事物都可以用整数或者整数的比值来进行描述。

● **公元前5世纪：**

阿布德拉的德谟克利特（Democritus of Abdera）用无穷小计算了圆锥体和圆柱体的体积。

● **公元前5世纪：**

毕达哥拉斯学派的梅塔蓬图姆的希帕索斯（Hippasus of Metapontum）发现了不可通约性（即无理数）。由此可见，不同的数值不是由独立的微小原子或无穷小量构成的。希帕索斯在公布这一发现之后，神秘地在海上失踪了，这很可能是毕达哥拉斯学派的人致使他溺水身亡。

● **公元前5世纪：**

埃利亚的芝诺（Zeno of Elea）提出了若干悖论，说明无穷小会导致逻辑上的矛盾。此后无穷小成了古代数学家有意避开的问题。

● **公元前300年：**

欧几里得发表了他极具影响力的几何著作——《几何原本》，它小心地避开了无穷小问题。在此后近两千年的时间里，它一直是数学格式和方法的典范。

- **约公元前250年：**

  阿基米德（约公元前287—前212年）打破了回避无穷小的常规，开始尝试利用无穷小解决几何问题。他在关于几何图形所包围的面积和体积方面得出了举世瞩目的新成果。

- **1517年：**

  马丁·路德将他的《九十五条论纲》钉在了维滕贝格城堡教堂的大门上，由此启动了宗教改革运动。随后发生在天主教徒和新教徒之间的斗争持续了两个世纪之久。

- **1540年：**

  依纳爵·罗耀拉创立了SJ，致力于恢复天主教的教义和重新确立天主教会的权威。

- **1544年：**

  阿基米德的著作被翻译成拉丁文在巴塞尔出版，首次让众多学者了解到他对无穷小的研究。

- **1560年：**

  克里斯托弗·克拉维斯开始在SJ的罗马学院任教。他在欧几里得几何的基础上创立了SJ的数学传统。

- **16世纪末至17世纪初：**

  欧洲数学家重新燃起了对无穷小量的兴趣。

- **1601年至1615年：**

  负责裁决各种学说的SJ "监督委员会"，颁布了一系列针对无穷小学说的禁令。

- **1616年：**

  由于伽利略不仅提倡哥白尼学说，而且使用无穷小方法，SJ与他发生了冲突。

伽利略收敛了他的声音，但他仍在等待时机以重新展开这场争论。

● **1616年：**

数学家卢卡·瓦莱里奥站在了SJ一边，反对他的朋友伽利略。他没过多久便在耻辱中去世。

● **1618年：**

爆发了三十年战争，点燃了天主教徒对抗新教徒的战争。

● **1623年：**

伽利略的朋友马费奥·巴贝里尼成为教皇乌尔班八世，并公开支持伽利略和他的追随者。

● **1623年至1631年：**

罗马黄金"自由时代"。伽利略学派呈崛起之势。

● **1625年至1627年：**

SJ数学家格里高利·圣文森特的著作由于过于接近无穷小学说而遭到其上司的禁止。

● **1628年：**

托马斯·霍布斯在欧洲旅行期间第一次遇见几何证明。

● **1629年：**

博纳文图拉·卡瓦列里被任命为博洛尼亚大学的数学教授。

● **17世纪30年代：**

埃万杰利斯塔·托里切利发明了他的无穷小方法，但没有发表任何作品。

● **1631年：**

三十年战争期间，在布赖滕费尔德之战中，瑞典的新教国王古斯塔夫·阿道夫击败了神圣罗马帝国皇帝的军队。他的胜利改变了欧洲局势的平衡。

- **1631年：**

在传统主义者的压力之下，乌尔班八世放弃了他的自由政策，并恢复了SJ的地位。这终结了伽利略的优势地位。

- **1632年：**

SJ监督委员会颁布了迄今为止针对无穷小学说的最全面的禁令。类似的禁令在随后几年接踵而来。

- **1632年：**

SJ总会长穆奇奥·维特莱斯奇给各辖省写信，全面禁止无穷小学说。

- **1632年至1633年：**

伽利略被指控为异端，遭到了宗教裁判所的审判并被判软禁，他此后一直生活在位于佛罗伦萨之外阿尔切特里的别墅里。

- **1635年：**

卡瓦列里发表了《不可分量几何学》，他的这本著作成为整个欧洲关于无穷小量的标准文本。

- **1637年：**

伽利略的《关于两种新科学的对话》在荷兰莱顿获得出版。这本书讨论了无穷小量的长度，并称赞卡瓦列里为"新阿基米德"。

- **1640年至1660年：**

空位期。在国王查理一世和国会之间发生的内战，导致了英国国王在1649年遭到处决，并建立了克伦威尔军事独裁政权。

- **1640年：**

霍布斯作为一名保皇党成员逃到了巴黎，并加入查理一世的流亡宫廷，他在那里担任了威尔士亲王（未来的查理二世）的数学家庭教师。

● **1641年：**

SJ数学家保罗·古尔丁发表《论重心》，其中包括对卡瓦列里的攻击，以及对其方法的系统批判。

● **1642年：**

托里切利被任命为伽利略在美第奇宫廷的继任者以及佛罗伦萨大学的数学教授。

● **1642年：**

霍布斯出版他的第一本政治著作《论公民》，他在书中指出，只有一个绝对的君主专制政体才能够将人类社会从混乱和内战中解救出来。

● **1644年：**

托里切利出版了他关于无穷小量的最重要著作《几何算法》。

● **1644年：**

约翰·沃利斯被任命为西敏寺神学家议会的秘书。

● **1645年：**

沃利斯与其他科学爱好者一起开展并讨论科学实验，该小组被称为"无形学院"，他们在很多年里一直举行定期会议。

● **1647年：**

卡瓦列里在他的最后一部作品《六道几何学练习题》中对古尔丁做了回应。此后不久他便去世了。

● **1647年：**

托里切利去世。

● **1648年：**

《威斯特伐利亚和约》签订，三十年战争结束。

● **1648年：**

SJ数学家马里奥·贝蒂尼在他的著作《数学哲学精华》中谴责了无穷小学说。

● **1648年：**

彼得·斯福尔扎·帕拉维奇诺，这位SJ会士、贵族和未来的红衣主教，被迫公开收回了他提倡无穷小的观点。

● **1649年：**

查理一世被处决。

● **1649年：**

沃利斯被任命为牛津大学的萨维尔数学教授。

● **1649年：**

SJ总会长温森蒂奥·卡拉法给各辖省写信，谴责无穷小学说。

● **1651年：**

SJ数学家安德烈·塔丘特在《圆柱体和圆》中声称，无穷小学说必须被摧毁，否则被销毁的将是数学。

● **1651年：**

霍布斯的《利维坦》出版，他在书中主张极权主义国家。他用几何学的推理证明了他的哲学理论。

● **1651年：**

SJ公布了一个包括所有被永久禁止学说的清单，其中就包括无穷小学说。

● **1652年：**

霍布斯与巴黎宫廷产生了冲突，于是返回了英国。

● **1655年：**

沃利斯发表《论圆锥曲线》。

● **1655年：**

霍布斯发表《论物体》，其中包括了对一些古代难题的"证明"，比如"化圆为方"的问题。

● **1655年：**

沃利斯发表《驳斥霍布斯几何》，他在书中嘲讽了霍布斯并指出了他的数学错误。

● **1656年：**

沃利斯发表《无穷算术》。

● **1656年：**

霍布斯以《给数学教授的六堂课》回应沃利斯，他在书中予以报复，攻击了沃利斯对无穷小方法的使用。他认为无穷小方法不仅没有意义，而且易于产生错误，而不是真理。

● **1657年至1679年：**

霍布斯和沃利斯在数十本书籍、小册子和散文中进行了互相批评、嘲讽和谩骂。

● **1658年至1668年：**

帕多瓦大学数学教授斯特凡诺·安杰利出版了8本关于无穷小的著作，在所有书中他都公开嘲笑了SJ会士对无穷小数学的批评。

● **1660年：**

查理二世重返伦敦即英国王位。

● **1662年：**

"无形学院"收到了来自查理二世的特许状，并成为伦敦皇家学会。

● **1665年：**

年轻的艾萨克·牛顿对无穷小方法进行了实验，并发展成为后来被称为微积分的数学方法。

● **1668年：**

教皇颁布法令解散了圣杰罗姆会，卡瓦列里和安杰利都是圣杰罗姆会成员。

● **1675年：**

戈特弗里德·威廉·莱布尼茨发明自己版本的微积分。

● **1679年：**

霍布斯去世。他不仅在数学上名誉扫地，而且在政治上也受到了孤立。

● **1684年：**

莱布尼茨在《教师学报》（*Acta Eruditorum*）杂志上发表了第一篇关于微积分的学术论文。

● **1687年：**

牛顿出版《数学原理》，它对物理学起到了革命性作用，并且建立了首个有关太阳系的现代理论。这本著作基于微积分，包含了牛顿关于该方法的首次论述。

● **1703年：**

沃利斯去世。他被誉为领先的数学家、微积分的先驱，以及伦敦皇家学会的创始人之一。

导　言

朝臣出使

　　1663年的冬天，法国朝臣塞缪尔·索比耶出席了新成立的科学学院——位于伦敦的伦敦皇家学会的一次会议。皇家学会的秘书亨利·奥登伯格是个备受尊敬的人。他告诉与会者，索比耶是从内战的黑暗日子中一路走来的朋友，那时，他们的国王被赶出了英国，在巴黎成立朝阁。现在，查理二世已经在伦敦复辟，他重新登上王座已经有三年时间，奥登伯格很自豪能够在自己的祖国款待他的老朋友，并与他一起分享在伦敦皇家学会领导下所取得的令人振奋的新的研究成果。在接下来的三个月里，索比耶走遍了英国，拜访政治领袖以及领先的资深学者，包括觐见国王本人。在此期间，这位社交广泛的法国人把伦敦皇家学会当成了自己的家，出席学会的各种会议并与会员们交往。皇家学会的会员们尽其所能地待他以最高礼遇，并授予了他最高荣誉：伦敦皇家学会会员。

　　索比耶是否配得上这项荣誉是值得商榷的。虽然他是当时那个年代的著名医师，同时也是一位卓有成就的学者，但即便是他本人，也并不认为自己是一名原创型的思想家。按他自己的说法，他是一名"吹鼓手"，而不是一个"学术战场"上的"战士"，他不是宣扬自己的思想，而是通过他广泛的人际关系网络，传播其他人独创性的发明。可以肯定的是，这确实是一张令人赞叹的人际网，它包括在法国的一些最伟大的科学家，如马兰·梅森（Marin Mersenne，1588—1648）

和皮埃尔·伽桑狄（Pierre Gassendi），以及在意大利、荷兰共和国和英国的一些哲学家和科学家。

索比耶属于在知识界众人皆知的那类人，一直到现在都是如此，尽管不一定值得那么多的尊重，但人们也都知道他。然而，他的雇主却更加值得关注，索比耶实际上是托马斯·霍布斯的密友兼法语翻译。但在大多数皇家学会会员的眼里，霍布斯不仅是个危险人物，而且是国家的威胁。

如果皇家学会的当权者宁愿忽略他与霍布斯的关系，也要邀请他加入他们的圈子，那么这其中的原因很简单：索比耶是个风头正劲的人物。1650年，历经多年的荷兰流亡生涯之后，他回到了法国，并且在4年之后放弃了自己的新教信仰转而信奉天主教。当时正是新教徒在法国的地位变得越来越岌岌可危的时候，这种转变无疑是一个明智的选择。索比耶成为枢机主教马萨林（Mazarin，同时也是路易十四的宰相）的门徒，并进入了国王的权力核心。他被授予了退休金以及皇家历史学家的头衔，他试图利用自己作为一个高位重臣的影响力在法国建立科学学院。他的英国之行在某种程度上是为了研究伦敦皇家学会，从而确定是否可以借鉴其经验以回国建立一个类似的学术机构。对于羽翼未丰的伦敦皇家学会的创建者们来说，由于他们始终在寻找资助者和捐助者，因此，索比耶这位来自路易十四华贵宫廷的使者，当然会得到无微不至的关照。

如果奥登伯格和伦敦皇家学会的会员们曾对索比耶抱有过希望，认为授予了他最高的荣誉，就可以得到相应的回报，那么他们很快就会感到失望了。在索比耶回国仅仅数月之后，他就这次英国之行发表了一篇报告，从中可以看出他对最近拜访的这个国家并没有多少感激之情，这令之前招待他的主人们感到震惊。在索比耶看来，英国饱受着过度的宗教信仰自由以及过度的"共和精神"之苦，这两者都不利于建立英国国教和树立皇家权威。索比耶写道，在众多的教派之中，官方的英格兰教会可能是最好的一个，因为"它的等级制度能够使人们对最高统治者保持尊重，同时这种等级制度也是对君主政体的一个有力支撑"。但其他教派——长老会派、独立派、贵格派、苏西尼派、门诺会派，等等——都是过度宽容的结果，不应该存在于这个和平的王国里。

公平来讲，索比耶确实对伦敦皇家学会有过盛情的赞誉，在他的言语之间，对由皇家学会领导进行的实验以及其成员之间的文明辩论充满了钦佩。他甚至预言道，"如果伦敦皇家学会开展的学术项目在以后不会以某种方式搁浅的话"，那么"我们将会看到，全世界的人都会对如此出色的学术团体致以赞赏和钦佩"。但是，索比耶在报告中的奉承之言可以说是寥寥无几。他声称，皇家学会在两名法国哲学家勒内·笛卡尔（René Descartes）和伽桑狄之间分为两派。这种观点在爱国情感和原则操守方面都冒犯了英国人。令伦敦皇家学会引以为豪的就是只注重自然规律，避免任何系统化的哲学。索比耶还侮辱了皇家学会的资助人克拉伦登伯爵（Earl of Clarendon，同时也是查理二世的宰相），他在报告中写道，他懂得一些法律程序，但仅此而已，并且"没有文学知识"。对于数学家约翰·沃利斯——皇家学会的创建者和领军人物之一，索比耶写道，他的相貌会令人发笑，而且还有口臭，简直是"有毒地交谈"。按索比耶所说，沃利斯唯一的希望就是通过"伦敦宫廷的空气"得到净化。

然而，对于皇家学会的死敌，同时也是沃利斯个人的敌人托马斯·霍布斯，索比耶给予的却只有赞誉。他写道，霍布斯是一个温文儒雅而且"华贵"的人，他是"皇室成员"真正的朋友，尽管他有着新教徒的成长经历。此外，索比耶声称，霍布斯是已故的英国大法官和新科学先知——杰出的弗朗西斯·培根爵士的真正继承人。在伦敦皇家学会的显贵们看来，这最后的内容是索比耶最过分的冒犯。培根是皇家学会倍加崇敬的人物，这不仅因为他的指引精神，更是因为他的守护神地位。把培根的衣钵赐予霍布斯这样一个在皇家学会经常被称为"马姆斯伯里的怪物"[①]的人，这显然是无法容忍的。皇家学会的历史学家托马斯·斯普拉

---

① 马姆斯伯里的怪物（Monster of Malmesbury），霍布斯出生于英格兰威尔特郡的马姆斯伯里，因此皇家学会的人用这个称呼来污辱霍布斯。——译者注

特对索比耶进行了彻底反驳，他写道，拿霍布斯与培根做比较，就如同拿"御车夫与圣乔治①"做比较一样，两者根本无法相提并论。

最终，索比耶为他对英国的忘恩负义付出了高昂的代价。索比耶可能没有理会斯普拉特从遥远的伦敦抛出的侮辱性言论，但他不能忽视巴黎皇家宫廷因此产生不悦所带来的严重后果。法国当时正与英国结盟，进行着对抗荷兰共和国的战争。路易十四肯定不愿意看到，由于自己国家的朝臣而与一个有用的盟国产生外交上的摩擦。路易十四迅速剥夺了索比耶作为皇家历史学家的头衔，并将他驱逐出宫廷。尽管对他的这项驱逐法令在几个月后就被解除了，但索比耶的境遇已经难以同日而语。他曾多次试图再次讨好英国国王，但无功而返。之后，他前往罗马寻求教皇的庇护。索比耶于1670年去世，最终也未能恢复其在英国之行前夕所享有的地位和威望。

尽管就索比耶的职业生涯而言，他也许是生不逢时的，但他的《英国之行》（A Voyage to England）从许多方面都体现出了作为一位法国朝臣所应该持有的观点。他毕竟是路易十四的朝臣，法国国王的首要职责是在法国建立君主专制政权。而路易十四的统治理念由他所说的（可能是杜撰的）"我就是国家"（L'état c'est moi）这句名言完美诠释了。在17世纪60年代，路易十四迅速地将国家权力集中到皇室手中，这就很好地保证了建立一个单一信仰的国家，这一过程随着1685年完成对新教胡格诺派的驱逐而结束。如果法国宫廷的雄心在于建立一个"一个国王，一部法律，一种信仰"（"un roi, une loi, une foi"）的国家，那么索比耶在英国当然是看不出这种迹象的。英国人虽然有效地抑制了真正的天主教信仰，但他们没能成功地做到用一种单一宗教取代天主教。由于存在着大量的教派，破坏了现有的英国国教，从而损害了英国国王的权威。一些在内战期间曾提出过危险的共和主张的要员们，现在同时占据了教会和国家中的重要位置，而霍

---

① 圣乔治（St.George），基督教的著名殉道者和圣人，经常以屠龙英雄的形象出现在西方文学、雕塑、绘画等领域。——译者注

布斯由于是一个坚定的保皇党人，他的理念是支持"皇室成员"，因此他被边缘化了。

英国人对个人礼仪的重视程度可以说是超乎想象的。在法国，宫廷社会的身份是最高社会地位的象征，所有那些有政治抱负的人都渴望能够跻身其中。这个具有排他性的社交圈子有着独特的特征，包括他们时尚的装束和优雅的举止，所有这些都是为了使他们能够与这个社交圈子之外的人区分开来，从而建立他们的社交优势。但是，索比耶的英国主人们并没有多少兴趣遵循法国人的习惯。他们中的一些人，包括伦敦皇家学会会长布隆克尔（Brouncker）勋爵，以及拥有贵族出身的罗伯特·波义耳，都是上层贵族社会的成员，其教养不逊于任何一位法国朝臣，而其他一些人则并非贵族成员。正如前面所提到的沃利斯，在这个最高级别的学术圈子当中，并不会因为一个人缺乏贵族的优雅举止而取消他的荣誉资格。相比之下，霍布斯已经养成了贵族的优雅举止，以一名贵族家臣的身份度过了他的一生，因此成为索比耶内心推崇的人。通过嘲笑沃利斯和赞美霍布斯，索比耶不仅仅是在表达他的个人情感；他是在批评英国社会缺乏宫廷的优雅，并且感叹英国宫廷没有像法国那样设定本国的文化基调。当底层平民与上层贵族混合到一起时，如沃利斯这样粗俗的人都能被允许进入上层社会，又怎么能渴望英国宫廷和国王能在这个国家建立起自己的权威呢？在太阳王路易十四的宫廷，这种混合是永远不会被允许的，这也证实了索比耶的观点，即英国社会的表面之下正潜伏着一种危险的"共和主义精神"。

在索比耶看来，霍布斯完全符合一个有教养的人所应该具备的所有标准：他举止温文尔雅，他是伟大贵族的朋友和伙伴，他是坚定而忠诚的朝臣，而且作为一名哲学家，他的学说（在索比耶看来）还能支持国王的统治。沃利斯则恰恰相反：他无礼而粗俗，他是向自己国王开战的前国会议员，而且他也不该得到复辟的君主授予他的那份荣誉。所以也就难怪在两个人的长期争斗中，法国君主主义者会站在霍布斯一边。但在他们两个人的争论中，索比耶并没有详细叙述两个人在政治或宗教上的差异，而是着眼在了其他一些方面。他解释道："争论的焦点在于对数学上的不可分割线的态度，虽然这不过是一个还没有定论的假设。"在索比耶看来，这一切都可以归结为：沃利斯接受数学上的不可分割概念，而霍布斯（索比耶站在他一边）则不接受不可分割概念。他们的差别就在于此。

一名政治评论家在审视外国学术机构时会着眼于一个晦涩难懂的数学概念，这对于今天的我们来说，不仅令人吃惊，而且简直是有些匪夷所思。在我们看来，高等数学的概念是相当抽象和通用的，它们不可能与文化或者政治生活有关。它们是那些训练有素的专业学者的专属领域，甚至不与现代的文化评论挂钩，更不用说那些政治人物了。但在早期的现代世界，情况却并非如此，索比耶远非唯一一个关注"无穷小"的非数学家。事实上，在索比耶生活的时代，拥有迥然不同的宗教和政治背景的欧洲思想家和学者们，都曾经不知疲倦地竞相企图扑灭不可分学说，并试着从哲学和科学方面考虑，来消除这种学说。在霍布斯与沃利斯就无穷小问题而争论不休的那些年里，SJ也正在开展针对无穷小的斗争。在法国，霍布斯的老相识笛卡尔在最初曾对无穷小表现出了相当大的兴趣，但最终还是改变了主意，并从他包罗万象的哲学体系中禁止了这一概念。甚至一直到18世纪30年代，乔治·贝克莱（George Berkeley）还在嘲笑数学家使用无穷小的行为，他称这些数学对象为"消失量之鬼"（the ghosts of departed quantities）。与这些反对者相对抗的是那个时代一些最杰出的数学家和哲学家，他们提倡使用无穷小的概念，除沃利斯之外，还包括伽利略及其追随者、伯纳德·勒·波维尔·德·丰特奈尔（Bernard Le Bovier de Fontenelle）、牛顿。

为什么这些早期现代世界最优秀的人才会为了这个"无穷小"概念斗争得如此激烈呢？其原因就是，这不仅仅是一个晦涩难懂的数学概念那么简单，它还关系到很多方面：这是一场关乎现代世界面貌的斗争。两大阵营在无穷小问题上针锋相对。其中的一方集结了等级制度和秩序的所有支持者。他们信仰统一而固定的世界秩序，信奉自然界和人类社会都应如此，强烈反对无穷小学说。另一方是相对"自由主义"的人，比如伽利略、沃利斯和牛顿的支持者们。他们信仰更加适度和更加灵活的秩序，从而能够接受一些其他的观点以及多样化的权力中心，他们提倡无穷小学说，同时提倡在数学中使用无穷小方法。这两个阵营的界线已经划定了，不管最终哪方取得胜利，都将在即将到来的世纪里，给这个世界留下其深深的烙印。

◇

无穷小悖论

要想了解这场关于"不可分量"之争，我们首先需要研究一下这个概念本身，它看似十分简单，而实际上却大有文章。如该学说所指出的那样，如果一条线是由不可分量构成的，那么一条线究竟包括了多少不可分量？而它们又有多大呢？一种可能是，在一条直线上存在着相当大数量的这种点，比方说存在一百亿个不可分量。这样的话，每个不可分量的大小就是原始直线的一百亿分之一，这的确是非常小的一个量。问题是，任何正的量，即使它非常之小，也总是可再分的。例如，我们可以把原始直线分成两等份，然后再将它们各自分成一百亿份，这样所分得部分的大小就是我们原始"不可分量"的一半。这就意味着我们假设的不可分量实际上是可分的，而我们最初假设它们是连续线上不可再分的原子，这样一来，这个假设便成了假命题。

另一种可能是，在一条线上并非存在着"相当大数量"的不可分量，而是实际上存在着无穷多个不可分量。如果每个不可分量均为正值，无穷多个不可分量一个挨着一个排成一条线的话，那么这条线的长度也将是无限的，而我们假设原始线是有限的，这样就与我们的假设相悖了。因此，我们必然得出这样的结论，即不可分量不是正值，或者换句话说，它们的大小为零。遗憾的是，正如我们所知，0+0=0，这意味着无论我们将多少个大小为零的不可分量相加，所得出的结果必将仍然为零，并且永远也达不到原始线的长度。因此，我们的假设——连续线是由不可分量构成的——再一次导致了矛盾。

古希腊人清楚地意识到了这些问题，哲学家芝诺把这些问题编成了4个悖论，并给它们分别起了一个有趣的名字。例如，"阿喀琉斯追乌龟"（Achilles and the Tortoise）证明了，敏捷的阿喀琉斯永远追不上缓慢的乌龟，虽然他的速度要比乌龟快得多，但他必须首先到达两者距离的$\frac{1}{2}$位置，接下来是$\frac{1}{4}$位置，然后是$\frac{1}{8}$位置，以此类推。然而我们凭经验可以得知，阿喀琉斯会追上比他慢的对手，从而导致了一个悖论。芝诺的"飞矢不动"（Arrow paradox）悖论指出，一支箭在运动时所占的空间与其静止时是相等的，在这支箭飞行过程的每一时刻。这种说法当然是正确的，从而得出了这支箭没有移动的结论。芝诺的这些奇思妙想看似简单，实际上却非常难以解决，因为它们正是基于不可分量所固有的矛盾性之上的。

但这些问题并没有就此结束，因为不可分量学说还要面对这样一个事实，即某些数值与其他数值之间是不可通约的。例如，假设有两条线，设定其长度分别为3和5，很明显，较短的线为长度1的3个整数倍，较长的线为长度1的5个整数倍。因为每条线都是长度1的整数倍，所以我们称长度1是长度为3和长度为5的直线的一个公约数。同样，假设两条线的长度分别为$3\frac{1}{2}$和$4\frac{1}{2}$，这时它们的公约数则为$\frac{1}{2}$，因为$3\frac{1}{2}$是$\frac{1}{2}$的7倍，而$4\frac{1}{2}$是$\frac{1}{2}$的9倍。但当涉及某些长度时可能会遇到问题，例如，正方形的边与其对角线。用现代术语来说，我们可以说这两条线之间的比例是$\sqrt{2}$，它是一个无理数。虽然古代人的表达方式不同，但他们有效地证明了这两条线之间没有公约数，或者说是"不可通约的"。这就意味着，无论你将这两条线分成多少份，或者分割得多么小，都永远得不到它们之间的一个公约数。为什么不可通约量对于不可分量来说是一个问题呢？因为如果线是由不可分量构成的，那么这些数学原子的数值对于任何两条线来说都应该是一个公约数。但是，如果两条线是不可通约的，那么它们就没有共同的组成部分，因此就不存在数学原子，也就不存在不可分量。

这些由芝诺以及毕达哥拉斯的追随者在公元前6世纪和公元前5世纪发现的古老难题，彻底改变了古代数学的进程。从那时起，古典数学家们开始将视线从难以解决的无穷小问题上转移开来，继而关注几何学清晰的系统化演绎推理。柏拉图（约公元前428—前348年）开创了这个领域，他把几何学作为自己哲学体系中的正确理性推理的模型，并且（据传说）他还在自己学院的入口处刻上了"不懂几何者免进"的标语。尽管亚里士多德在许多问题上都与他的老师柏拉图见解不同，但他也赞同应该回避无穷小。在他的《物理学》（*physics*）第六册中，他详细并权威性地讨论了连续体悖论。他得出结论称，无穷小的概念是错误的，并且连续量可以被无限分割。

如果不是因为有了古代最伟大的数学家阿基米德的卓越数学成果，人们可能就真的完全回避了无穷小量。阿基米德尽管充分认识到了他所承担的数学风险，但他仍然选择了忽视（至少是暂时忽视）无穷小悖论，并因此展示出了无穷小量这一概念作为一种数学工具的强大之处。为了计算圆柱体或球体的体积，他把它们分割成无穷多个平行面，然后通过对其表面积求和得出正确的结果。即使存在争议，但他仍假设连续量实际上是由不可分量构成的，由此他最终得出了通过其他方式几乎不可能得到的结果。

阿基米德小心翼翼地避免自己过于依赖这种新颖且存在疑问的方法。通过无穷小的方法得出结果之后，他又回过头来进行了验证。他运用传统的几何方法，同时避免使用任何涉及无穷小的方法，证明了所有的结果。即便如此，尽管阿基米德已经很谨慎了，况且还有他作为古代圣人的名望，但他在数学上仍然没有继承者。后代数学家均绕开了他这种新颖的方法，转而使用他那些经过验证的几何方法以及不可辩驳的几何真理。在过去了一个半世纪之后，阿基米德在无穷小方面的成果仍然算是一种非常规的方法，人们只是观其大略而不会使用它。

直到16世纪，新一代数学家才重新开始研究无穷小的问题。佛兰德①的西蒙·斯蒂文（Simon Stevin），英国的托马斯·哈里奥特（Thomas Harriot），意大利的伽利略和博纳文图拉·卡瓦列里，以及其他一些人，他们重拾阿基米德关于无穷小量的实验，开始重新审视其可能性。同阿基米德一样，他们计算了几何图形所围成的面积和体积，并通过进一步计算运动物体的速度和曲线的斜率，而超越了这位古代的大师。阿基米德曾经很谨慎地说道，他的结果在通过传统几何方法证明之前只是临时性的，然而新一代的数学家则要大胆得多。他们不顾众所周知的悖论，公然把连续体看作是由不可分量构成的，并从这里开始着手进行进一步的研究。他们的勇气得到了回报，"不可分量法"（the Method of Indivisibles）彻底改变了早期现代数学实践，它使面积、体积和斜率的计算成为可能，而这些计算是用以前的方法所无法实现的。这个几百年来从未被撼动过的数学领域，从此变成了一个充满活力的学科领域。此后，它不断得到扩展并接连取得前所未有的新成果。后来，在17世纪后期，这种方法经过牛顿和莱布尼茨的发展逐渐成形，成为一种可靠的运算法则，即今天我们所说的"微积分"——一个精确而优雅的数学体系，几乎可以被应用到无限范围的问题中。通过这种形式，不可分量法这一建立在无穷小悖论基础上的方法，成为所有现代数学的基础。

失落的梦

尽管无穷小是有用的且成功了，但它仍受到了重重阻碍。SJ会士反对它，霍布斯及其崇拜者们反对它，圣公会的牧师反对它，还有很多其他人也都在反对它。无穷小究竟存在什么问题，能够引来这么多形形色色的人如此强烈的反对

---

① 佛兰德（Flanders），西欧的一个历史地名，泛指古代尼德兰（Netherlands）南部地区，位于西欧低地西南部、北海沿岸，包括今比利时的东佛兰德省和西佛兰德省、法国的加来海峡省和北方省、荷兰的泽兰省。——译者注

呢？答案就在于，无穷小虽然是一个简单的想法，但它刺破了一个伟大而美丽的梦想：这个世界是一个完美的理性世界，它由严格的数学规则统治着。在这样的世界里，一切事物，不管是自然界的还是人类社会的，在这个无上秩序里都有它们既定和不变的位置。从一粒砂石到天上的星辰，从卑微的乞丐到公侯帝王，一切事物都是固定而永恒的等级制度的一部分。任何修改或推翻它的企图都是对这个不可改变秩序的反叛，这是毫无意义的破坏活动，无论如何都是注定要失败的。

但是，要说芝诺悖论和不可通约性问题能够证明什么的话，那就是数学与物理世界之间达到一种完美契合的梦想是站不住脚的。无穷小在规模上，其数量与物理对象是不对应的，任何为实现两者的契合所做的努力最终都导致了悖论和矛盾。尽管数学推理的自身条件是严格而正确的，但它还是不能告诉我们这个世界的真实面目。在万物的核心似乎存在着一种神秘的东西，它能够逃脱最严格的数学推理，使得这个世界与我们所拥有的最好的数学推理背道而驰，而我们却无从知晓它将最终走向何处。

这令那些信仰理性有序和永恒不变的世界的人们深感不安。在科学领域这意味着，世界上的任何数学理论必然都是局部和暂时的，因为它无法解释世界上的一切事物，并且总是可能被更好的理论所取代。更令人不安的是它在社会和政治上的影响。如果没有合理和不变的社会秩序，那么我们依靠什么来保证这个社会的秩序，并防止它陷入混乱呢？对于那些寄希望于现有等级制度和社会稳定的团体来说，无穷小量似乎打开了一扇通往"叛乱""冲突"和"革命"的大门。

不过，那些希望将无穷小引入到数学领域的人，他们对自然界和社会秩序的看法远没有那么僵化。如果物理世界不是被严格的数学推理所统治的话，就无法提前预知它是如何构成以及如何运作的。因此，科学家们需要收集有关这个世界的信息并利用这些信息进行实验，直到他们得到一个解释，使之能够与现有数据达到最佳匹配为止。就像无穷小量对认识自然界所产生的影响那样，无穷小量也开辟了人类世界。现有的社会及政治秩序再也不能被看作是唯一可能的形式了，因为无穷小量已经证明，并不存在这样的必然秩序。正如无穷小量的反对者所担心的那样，无穷小指引人们对现有的社会制度进行批判性评价并实验新的社会制度。通过证明现实世界永远不能被简化成严格的数学推理，无穷小使得社会和政治秩序从顽固的等级制度中得到解放。

早期现代世界针对无穷小的斗争，在不同的地方呈现出了不同的形式，但没有一个地方的斗争能够像在西欧的两极——意大利的南方和英国的北方进行得那样针锋相对、如火如荼。在意大利，SJ会士是反对无穷小的先锋，这也是为了在灾难性的宗教改革发生之后，重新确立天主教会的权威。这场斗争从SJ早期时的星星之火，一直发展到了与伽利略及其追随者的抗争高潮，本书将在第一部分"对抗无序之战"中对这段历史进行详细叙述。在英国也是如此，针对无穷小的斗争伴随着一系列的动荡和剧变——20年的内战和17世纪中叶的革命。在内战期间，英国曾一度废除了国王政权。托马斯·霍布斯和约翰·沃利斯之间，针对无穷小展开了一场旷日持久的斗争，他们分别对应着两种针锋相对的关于英国未来社会的愿景。关于这场斗争，它在充满恐怖的岁月里的起因，它在创建世界领先的科学学院当中所扮演的角色，以及它对促使英国成为一个领先的世界强国所起到的作用，都将在本书的第二部分"利维坦与无穷小"进行详细叙述。

从北方到南方，从英国到意大利，针对无穷小的战火燃遍了整片西欧大地。这场斗争的阵营划分得十分清楚。一方是学术自由、科学进步和政治改革的倡导者，对立的一方是权威、统一和不变的知识以及固定的政治等级制度的拥护者。这场斗争的结果在各个地方不尽相同，但它们的赌注却是一样大的：即将到来的现代世界的面貌。"数学连续体是由独立的不可分量构成的"，这种说法对于我们来说是一个再平常不过的概念了，但在三个半世纪之前，它却有着撼动早期现代世界基础的力量。这也的确成了现实：无穷小的最终胜利为人类开辟了一条道路，使人类通向了新的、动态的科学。

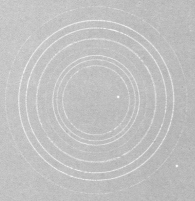

第一部分
对抗无序之战

没有上级与下级之间的绝对服从就不会有秩序。

——依纳爵·罗耀拉

第1章
依纳爵的孩子

罗马会议

1632年8月10日，在一座位于台伯河左岸的阴暗的罗马宫殿里，5位身着飘逸黑色长袍的人聚到了一起。他们身上的黑色长袍标志着他们是SJ的成员。他们开会的地方——罗马学院正是SJ广袤学术帝国的总部。

这5个人中的领导者是一位年长的德国神父——雅各·比德曼，他因创作宗教题材的戏剧而闻名。其他的几位神父我们并不熟悉，但从他们的名字——罗德里格斯（Rodriguez）、罗斯科（Rosco）、阿尔瓦拉多（Alvarado）和（可能是）佛迪内斯（Fordinus）——可以看出来，同许多当时社会的领导者一样，他们也是西班牙人或意大利人。在当时，他们的名字鲜有人知晓，正如现在一样，但其教会中的高级职务却并非如此：他们是SJ的"监督员"（Revisors General），并由SJ的总会长从罗马学院的教员中选择任命。他们的使命是：对当代最新的科学和哲学思想做出裁决。

这是一项充满挑战的任务。首次任命发生于17世纪初期，由SJ总会长克劳迪奥·阿奎维瓦提出。监督员的出现恰逢学术界的混乱时期，也就是我们所谓的科学革命。这时距离哥白尼发表他的论文，宣布新的日心说理论（即地球围绕太阳公转），已经过去了半个世纪，此时针对天体结构的争论已经甚嚣尘上。地球在运动着！这个违背了我们的日常经验、常识以及现有观念的理论难道是真的吗？类似的新理论也在其他领域层出不穷，新的思想似乎每天都在出现——关于物质的结构，关于磁力的性质，关于将贱金属转化成黄金，关于血液的循环。在天主教世界的各个地方，只要是SJ的学校、教区或者住所，他们所遇到的问题都源源不断地汇集到位于罗马的监督员那里：这些新思想在科学上是合理的吗？它们与我们对世界的认知能协调一致吗？新的学说符合古代伟大哲学家的学说吗？最为关键的是，它们是否与天主教会的神圣教义相冲突？监督员在收到这些问题之后，会根据教会和社会已然接受的教义进行考量，最终宣布他们的裁决结果。一些学说被认为是可以接受的，但其他一些学说会被否决和禁止。对于被禁止的学说，SJ的任何成员都不能再持有或传授其中的观点。

监督员的裁决结果所产生的影响实际上要大得多。鉴于SJ作为天主教世界的学术领袖的威望，SJ所持有的观点以及学会机构所传授的教义，其影响程度远远超出了SJ的范围。监督委员会的公告被广泛地认为是极具权威性的，很少有天主教学者敢于维护被监督员谴责的学说。因此，对于提交给他们的这些新学说，比德曼神父和他的同僚们实际上能够决定它们的最终命运。他们一笔落下就能决定，哪些学说将会兴盛起来并在世界各地得到传播，也能决定哪些学说将会被置于脑后，就好像它们从来没有被提出来过一样，逐渐地被人们遗忘。这是一份重大的责任，既需要渊博的学识又需要准确的判断。难怪只有罗马学院的那些最有经验和最值得信赖的导师才会被认为有资历担任监督员。

但是，1632年夏天被提交到监督委员会那里的问题，似乎远不是能够撼动欧洲学术基础的重大问题。仅在数英里之外，伽利略正因提倡地球运动学说而受到批判（后来被判软禁），比德曼神父和他的同僚们关心的却是技术上的问题，甚至是琐碎的问题。他们接收到了由一位未署名的"哲学系教授"提出的一种学说——关于"连续体由不可分量构成"，并被要求对其发表看法。

像所有提交给监督委员会的学说命题一样，这个命题也满是那个时代的晦涩的哲学语言。但就其核心来说，这个命题其实很简单：任何连续体，不管是一条线、一个面，还是一段时间，都是由一些单独的无穷小的原子构成的。如果这个学说是真的，那么看上去平滑的一条线，实际上是由数量众多、彼此分离且相互独立的不可分割的点构成，这些点像一串珠子那样互相排列在一起。同样地，一个面是由彼此相邻排列的一些不可分割的细线构成，一段时间是由彼此相连的一些极短的瞬间构成，以此类推。

这个简单的概念根本算不上难以理解。事实上，它似乎应该是常识性的，而且非常符合我们在这个世界的日常经验：所有物体不都是由更小的部分构成的吗？一块木头不是由纤维构成的吗？一块布料不是由纱线构成的吗？一个小时不是由分钟构成的吗？因此，以相同的方式我们可以认为，由点构成线，由线构成面，甚至时间也是由短暂的瞬间构成的。然而，那天罗马学院与会的黑袍神父们却迅速而果断地给出了另一种裁决："我们认为这个命题不仅与亚里士多德的一般学说相矛盾，而且它本身也是不可信的，并且……不赞成，禁止在我们教会进行传播。"

经过教父们的裁决，在由众多SJ学院（大学）构成的庞大体系中，他们的话变成了法律：关于连续体是由无穷小的原子所组成的这一学说得到了废止，并且任何人都不能再持有或传授这种学说。这样一来，教父们有充分的理由相信，这个问题到此已经结束了。无穷小学说现在在所有SJ会士中遭到了禁止，其他学术机构无疑将会效仿罗马学院的做法。被禁学说的支持者们将会受到排斥并被边缘化，他们将被SJ的权威和声望所击溃。这与罗马学院所做出的不计其数的其他裁决如出一辙，比德曼神父和他的同僚们没有理由认为这次会有什么不同。至少他们确信，连续体的构成问题已经得到了解决。

从21世纪的制高点回首这段历史，对于SJ神父关于"不可分学说"所做出的迅速而明确的裁决，人们不禁会感到一怔，或许还会有些震惊。连续体如同所有的平滑物体一样都是由微小的原子粒子构成的，这个似乎可信的概念究竟何错之有呢？即便假定这个学说在某种程度上不正确，罗马学院那些博学的教授为什么要费尽心思地加以谴责呢？在针对哥白尼学说的斗争进行得最为激烈的时候，在伽利略（哥白尼学说的积极倡导者并且是欧洲最有名的科学家）的命运悬而未卜的时候，在关于天文学与地理学的新理论层出不穷的时候，难道SJ杰出的监督会长们没有比"一条线是否由独立的点构成"这一命题更值得关注的事情了吗？直截了当地说，难道他们没有更重要的事情需要担心吗？

显然不是。这对于我们来说可能是陌生的，但在SJ监督委员会的会议记录中，1632年对无穷小量的裁决并非一次孤立的事件，而仅仅是正在进行的关于无穷小的战争的一次攻击。事实上，监督委员会的会议记录显示，连续体的结构问题是这个学术机构一直以来都在关注的主要问题之一。这个问题最早出现在1606年，就在阿奎维瓦创建监督委员会短短几年之后，当时早期的监督委员会被要求介入关于"连续体由有限数量的无穷小量构成"这一命题的裁决。两年之后，经过少许改变的类似命题再次被提出，随后又在1613年和1615年被提出。每一次，监督委员会都明确地否决了这个学说，宣称它在哲学上是"虚假和错误的……全体赞成禁止传授该学说"。

然而，这个问题并没有就此终止。为了努力跟上最新的数学发展趋势，SJ教育体系内分布在各地的教师都在不停地以各种形式提议该学说，希望这些提议中哪怕有一个可以得到准许：虽然有限数量的原子的提议没有通过，但也许无限数量的原子是被容许的？不把这个学说作为真理，而是作为一种不太可能的假设，这样也许会被允许传授？如果固定的不可分量被禁止，那么让不可分量根据需要进行扩大或缩小如何？不过最终，监督委员会还是拒绝了所有这些提议。1632年夏天，正如我们看到的那样，他们再次否决了不可分量。而且，在1641年1月，当比德曼神父的继任者们（包括罗德里格斯神父）被要求对该学说给予裁定时，他们再次宣布了"废除"该学说。鉴于有迹象显示，这些法令的效力相比他们前辈时期有所减弱，监督委员会觉得有必要在1643年和1649年再次通告废除不可分量。到1651年，他们已经到了无法忍受的程度，因而决定彻底解决那些未经许可的学说。SJ的领导者发布了一个被永久禁止的学说的清单，规定所有成员永远不得传授或者提倡清单中的学说。在这些被禁止的学说当中，以不同形式反复出现的正是不可分学说。

在17世纪，SJ的监督员们究竟为什么会如此憎恶不可分学说呢？SJ毕竟只是那个时代最大的宗教团体，其目的是"拯救灵魂"，而不是解决抽象的技术性哲学问题。那么，他们在这样无关紧要的事情上刻意宣扬他们的观点，又花费数十年来围堵该学说及其倡导者，并且动用SJ的最高权威对其进行制裁，竭尽所能地想将其铲除，究竟是为了什么？显然，黑袍们——SJ会士的明显标志——在这个似乎无伤大雅的命题中看到了一些重要的东西，但这却是现代读者完全看不到的东西。一种危险，甚至颠覆性的东西，它可能威胁到了SJ所珍视的信仰或核心信念。要想了解这些威胁究竟是什么，为什么欧洲最大并且最强的宗教团体把根除不可分学说当作自己的责任，我们必须回到一个世纪以前，回到16世纪初SJ创立的时候。正是在那个时期，埋下了"不可分量之战"的种子。

皇帝与修道士

1521年，年轻的查理五世在德国西部城市沃木斯（Worms）召开了神圣罗马帝国议会。这时，距离他当选神圣罗马帝国皇帝仅过了两年。查理是神圣罗马帝国的名义首领，其诸侯及广大民众宣誓效忠于他。事实上，他的权力比看上去的可能更小也可能更大。权力可能更小是因为：所谓的"帝国"实际上是由拼凑起来的几十个公国和城市组成，它们中的每个都极力保护自身的独立性，并且在其帝国首领需要援助的时候很可能不会施予援手。权力可能更大是因为：查理不是一位普通的王子，他是哈布斯堡家族的成员；这是迄今所知欧洲最大的贵族，其领土从卡斯蒂利亚①海岸一直延伸到了匈牙利平原。因此，查理不仅是德国民众选出来的皇帝，他还依靠继承权成为西班牙的国王以及奥地利、意大利和低地国

---

①卡斯蒂利亚（Castile），或译作卡斯提尔，是西班牙历史上的一个王国，由西班牙西北部的老卡斯蒂利亚和中部的新卡斯蒂利亚组成。它逐渐和周边王国融合，形成了西班牙王国。——译者注

家①的公爵。此外，在那个时期，卡斯蒂利亚正在美洲和远东地区迅速扩展新的领土，按当时的说法，查理成了"日不落帝国"的皇帝。尽管法国的弗朗索瓦一世和英国的亨利八世可能不同意这样的说法，但在他同时代的人（以及他自己）看来，他是西方基督教世界的领导者。

不过，在1521年的冬天，查理五世主要关心的是他支离破碎的德意志帝国，而不是他广阔的海外领地。当时距离马丁·路德这位不知名的奥古斯丁会修道士和神学教授，将他的《九十五条论纲》钉在维滕贝格（Wittenberg）城堡教堂的大门上，已经过去了三年半的时间。路德的论纲所反映的问题相对集中，主要是反对教会的过度行为：出售"赎罪券"。这种"赎罪券"被称为是神的恩典，能够赦免购买者的罪恶并饶恕他们免受炼狱的折磨。路德远不是独自一人在谴责这种出售赎罪券的行为，这种做法是经常被牧师和俗人共同谴责的教会众多滥用职权的行为之一。然而，路德公然挑战教会权威的行为同时触动了学者和普通民众的神经，并且产生了空前的影响。在接下来的几个月时间里，在新近发明的印刷机的帮助下，这篇论纲传遍了神圣罗马帝国的各个角落，并且几乎在各地都受到了热情的欢迎。

如果事情就这样结束的话，也就不会引起查理五世的关注了。像当时的很多人一样，查理五世也对教会愈加过分的做法感到担忧，他甚至可能会有些同情这位无畏的修道士。事情很快发展到了白热化的程度。出于对路德所取得的成功的警觉，他在奥古斯丁会的上司决定让他去参加在海德堡（Heidelberg）举行的一次宗教会议，但到他启程离开时，他的很多观点已经发生了转变。当他被传唤到罗马时，他受到了其领主萨克森选帝侯英明的腓特烈②的保护，在腓特烈的斡旋下，

---

①低地国家（Low Countries）：是对欧洲西北沿海地区的称呼，广义上包括荷兰、比利时、卢森堡，以及法国北部与德国西部，狭义上则仅指荷兰、比利时、卢森堡三国，合称"比荷卢"或"荷比卢"。——译者注

②英明的腓特烈（Frederick the Wise，1463-1525），萨克森选帝侯（1486-1525年在位）。他是德国宗教改革时期一位重要的政治人物。在马克西米连一世于1519年去世后，腓特烈三世拒绝了其他选帝侯让他登上皇位的建议，因为他认识到面对奥斯曼帝国的持久威胁，德意志需要一位强有力的皇帝。他转而支持西班牙国王卡洛斯一世。后者最终当选为神圣罗马帝国皇帝（即查理五世），而腓特烈因此得到了"英明的腓特烈"这个绰号。——译者注

最终听证会的地点被安排在了德国境内。为了败坏这位令人生厌的评论家，教会当局派出了多米尼加教授约翰内斯·埃克（Johannes Eck）——一位专业的辩论家和神学家，希望利用他来驳倒路德。两人的公开辩论于1519年举行。

对于教会领袖来说不幸的是，这次指控丝毫没有使充满热情的路德放缓他的脚步。1520年，他故意无视现有教会的教义，连续发表三篇论文，详细叙述了他的基本学说。他这时已经不再是一个评论家，而俨然成了一个反抗者，公然呼吁推翻教会的等级制度和机构。他的影响范围不断地蔓延，起初是在维滕贝格，接着发展到了萨克森州，然后很快传遍了整个德国，并传播到了德国之外的地区。他的思想似乎无处不在，路德不断获得各个阶层的追随者——男人和女人，贵族和农民，乡下人和城里人——他们都把他当作是宗教觉醒的领导者。最终由于形势的迅速恶化，教皇利奥不得不将路德逐出教会，但这次强硬的行动并没有收到什么效果。路德的学说像野火一样蔓延了整个德国大地。

就在这个时候，由于宗教分裂威胁的加剧，查理五世不得不加入战局。两个世纪之后，法国哲学家伏尔泰嘲笑这时的帝国"既不神圣，也不罗马，更不帝国"，但对于查理五世来说，他的领土确实是神圣的。查理五世作为基督教的世俗领袖，再加上其自身也是一个虔诚的基督徒，所以他把维护教会和人民的精神团结视为自己的神圣职责。虽然神圣罗马帝国的历任皇帝在数百年来一直为争夺欧洲的霸权与教皇进行着抗争，并且他们的争论有时只能通过公开的战争来解决，但查理五世清楚地认识到，他们其实是互相依存的。毕竟，自从查理大帝之后，是由教皇为皇帝加冕，并且是教会为罗马帝国赋予了合法性和宗旨。没有罗马教会的帝国，或者没有教皇的皇帝，都是查理五世所不可想象的。为了使自己的领土不至于分裂，并且永远地禁止路德学说的传播，查理五世召开了一次"国会"——由整个帝国范围内各个公国和城邦参加的一次会议。

当国会于1521年1月在沃木斯召开时，查理五世传唤了路德，要求他参加会议，并向皇帝和各个公国解释他的反抗行为。尽管查理五世承诺保证他的人身安全，但路德的很多朋友仍提醒他不要把自己暴露在敌人的势力范围之内，劝他不要赴会。然而，在当年的4月份，路德还是到达了沃木斯，并立即被传唤到聚集在一起的公侯面前。这时，国会立即向他出示了一份列有他的学说的清单，并要求他即刻承认并放弃。路德感到十分惊讶，他原本以为会允许为自己辩护，因而对快速的攻击没有一点准备。他只能设法要求暂缓一天，容许他考虑一下这件事情。查理五世是一位有着骑士风度的皇帝，他最终同意了路德的请求。但第二天路德已经做好了准备：他欣然承认了自己的信仰，即使面对着充满敌意的质问和激烈的谴责。当被胁迫放弃信仰时，他平静地回答道："这是我的立场；我别无选择；上帝助我；阿门。"

路德的这些言论使查理五世试图在自己的德国领地上铲除这些学说的努力功亏一篑。不仅如此，路德还取得了更大的成就：他决定了西方基督教世界的命运。在过去的一千年里，罗马教会一直在西欧地区占据最高统治地位。它见证了帝国的兴衰、非基督教徒的入侵、其他学说的发展壮大、无数的瘟疫和灾祸，以及国王之间、皇帝与教皇之间的毁灭性战争。历经所有这一切之后，教会幸存下来，兴盛发展，并不断扩大其领土。到16世纪，它的统治范围从西西里岛一直延伸到了斯堪的纳维亚半岛，从波兰一直延伸到了葡萄牙，并且处在新的世界滩头阵地。从新生的洗礼到临终的祷告，罗马教会统治着欧洲人的一切生活，它赋予了人们存在的秩序、意义和目的，它统治着一切事物，从复活节的日期到地球的运动以及天体的结构。不论何种民族、语言和政治倾向，对于西欧地区的人们来说，他们的生活都与罗马教会息息相关。

但是，当路德在沃木斯会议上声明他的立场之后，这个精神与文化的统一体就宣告终止了。路德自豪地宣称他的信仰，从而与罗马教会的权威彻底脱离了关系，并带领他的追随者们走上了一条新路。他在公开会议上当着帝国公侯们的面公然反抗教皇和皇帝，这样破釜沉舟的做法已经消除了任何和解的可能。在会议之前的争论可以被看作是教会的内部对抗，而现在已经成了公开的分裂。面对两种互相对立的信仰，双方表现出了公开的敌意。一方是老教会的追随者，他们拥护教皇及其世俗之剑——罗马皇帝；另一方是新的"新教"教会信徒，他们声称直接沿袭了古代使徒教会，并否定罗马信仰，认为它才是离经叛道的信仰。西方世界的精神统一体一下子被打破了，并且不存在任何能够通过调解或威胁来弥补这次裂痕的希望。路德和他的追随者拒绝承认自己的错误或者屈服于帝国权威之下。这样的结果只能是，必须动用武力才能征服他们。

陷入混乱

在查理五世接下来的34年统治中，他一直在不断努力镇压新教。尽管经常受到其他欧洲敌对势力以及奥斯曼帝国苏丹王的威胁，他还是持续进行着对新教的镇压活动，试图消除这个在其领地上蔓延的毒瘤。但为时已晚。这不仅因为新的信仰在民众中日益传播，新的信徒数量也与日俱增，而且帝国中的一些伟大君主也开始支持路德，并在其领地上建立路德教会。首先是萨克森州的选民，英明的腓特烈和他的继任者们一直以来都是路德的保护者。其次是霍亨索伦家族（Hohenzollern）的阿尔布雷希特（Albrecht），他是条顿骑士团的大团长，第一位普鲁士公爵，为其在德国奠定了成为最大新教力量的基础。黑森州选帝侯菲利普如法炮制，还有布兰登堡侯爵、石勒苏益格公爵和布伦瑞克公爵。此外，还有帝国中许多较小的统治者。一些伟大帝国的城市——纽伦堡、斯特拉斯堡（Strassburg）、奥格斯堡（Augsburg）——也站在了路德那一边，它们与教皇决裂并建立了自己的改革教会。到1520年年中，路德教派的崛起似乎已势不可当。

如果说罗马帝国的分裂活动进行得还不够彻底的话，那么其形势很快就会明朗起来，因为基督教世界的土崩瓦解远没有就此停止。16世纪20年代初，在苏黎世大教堂，一位名叫胡尔德里希·茨温利（Huldrych Zwingli）的牧师开始讲经布道，他强烈谴责罗马教会的不是，并倡导甚至比路德更为激进的教义。几年之内，他就使苏黎世接受了他的教义，然后又使得瑞士的周边城市伯尔尼和巴塞尔（Basle）加入。1531年，茨温利死于对抗瑞士联邦的战场上，他的去世暂时中断了其激进思想的传播，但到16世纪30年代末，一个改革的新航标在日内瓦出现了。1536年，约翰·加尔文（John Calvin）开始了他漫长的反抗运动，他使日内瓦成为一个光辉典范，代表着最纯粹的新教信仰以及正直的公众和个人道德。在接下来的20年里，加尔文成功地为日内瓦改造了严格的神权政治制度，在这种制度下，没有任何行为能够超出宗教的监督或者管辖范围。虽然日内瓦的例子对于当今的我们来说可能没有多少吸引力，因为它会让人联想到我们这个时代一些政教合一的政权，但在当时的那个时代，人们却对它有着不同的看法。加尔文管辖的城市被尊称为"山间之城"（city on the hill），是一个通过宗教热情、道德正直和努力工作所能实现的光辉榜样。来自欧洲各地的有志改革者纷纷涌向这座城市，向加尔文学习治理经验，并希望将他的教义传播到自己的土地。日内瓦加尔文新教的标榜作用，使得贯彻他的《基督教要义》（*Institutes of the Christian Religion*）成为16世纪40年代起最具活力和影响力的宗教改革运动。尽管没有像路德那样得到王侯们的支持而将这种改革制度化，但加尔文仍然吸引了数以百万计的信徒，从欧洲西部的法国和英国到东部的波兰和匈牙利都遍布着他的追随者。

与此同时，噩耗不断向罗马教会传来，似乎不仅仅是一些城市或地区，整个帝国都在被新教吞噬。1527年，瑞典国王古斯塔夫·瓦萨（Gustavus Vasa）宣布信用路德教，并在接下来的几年里将新教确立为国教。不到10年之后，德国北部的王子弗雷德里克一世（Frederick I）成为丹麦国王，他驱逐了主教，废除了修道院，并将路德教确立为国教。由于当时挪威处于丹麦宗主权的统治之下，而芬兰又是瑞典的一个省，这使得整个斯堪的纳维亚半岛都成了新教的大本营，直到今天仍是如此。

在英国，之所以欢迎宗教改革原本是出于实用上的考虑，而不是一种宗教信仰的选择。在宗教改革兴起之初，亨利八世忠诚地站到了罗马教廷一边，他甚至创作了一篇论文来反对路德教，并因此被教皇利奥十世授予了"信仰守护者"（Defender of the Faith）的头衔。但是，由于亨利的妻子——阿拉贡的凯瑟琳（Catherine of Aragon）——未能给他生育一个男性继承人，随着岁月的流逝，亨利开始变得烦躁不安。为了让有魅力的女侍官安妮·博林（Anne Boleyn）取代凯瑟琳，亨利向教皇克莱门特七世（Clement Ⅶ，1523—1534年在位）申请废除他的婚姻。克莱门特本身是渴望与其皇室护卫者保持密切关系的，如果不是因为凯瑟琳王后是查理五世的姨妈这层关系的话，他很可能会准许亨利的请求。查理五世明确表示，任何废除凯瑟琳婚姻的企图都是在侮辱他的荣誉，而教皇克莱门特又不能拒绝他的主要盟友。于是他拒绝了这个请求，从而促使亨利与罗马教会断绝关系，并与安妮结婚，于1534年宣布自己成为独立的"英国国教"的领袖。

亨利对大陆改革者的教义毫无兴趣，他只是希望取代教皇而实现自己掌权。然而，一旦英国教会（即英国圣公会）与罗马教会决裂，那么实行新教的趋势似乎就是不可避免的了。在亨利的儿子少年国王爱德华六世（1547—1553年在位）的统治时期，英国的改革转而朝向激进的新教方向发展，这与他同父异母的姐姐玛丽一世（凯瑟琳的女儿，1553—1558年在位）正好是背道而驰的，因为玛丽一世在她喧嚣的5年统治时期恢复了天主教。直到安妮的女儿伊丽莎白一世（1558—1603年在位）即位之后，新教才被最终永久确立为国教。根据1563年的《三十九条信纲》[①]，英国教会保留了许多亨利赞同的罗马教会的外在形式，包括主教的设置、圣礼，以及在盛大而装饰华丽的教堂举行礼拜仪式。但是，从教义上来讲，英国国教并非遵从罗马教义，而是遵从日内瓦教义，它采用的是加尔文的核心教义。对于罗马教廷来说，英国已然成了一块失而不得之地了。

---

① 《三十九条信纲》（Thirty Nine Articles）是英国圣公会的教义文献，在伊丽莎白一世女王统治下经过几次努力于1563年公布。《三十九条信纲》并不是信经，而是安立甘宗就一系列有争论的问题提出的看法，其目的在于维持安立甘教会和安立甘宗的联合一致。一般而言，这些信纲既反对极端罗马派又反对极端再洗礼派，以基督圣餐、圣经与公会议的权威以及得救预定论等为主要内容。——译者注

随着改革的蔓延，人们很快清晰地认识到，宗教真理远不是唯一紧要的事情。伴随着教皇的谴责、皇帝的置之不理，以及所有当权者的质疑和嘲讽，整个社会秩序变得岌岌可危，改革一触即发。受人尊敬的改革者，如路德和加尔文，以及支持他们的保守的国王和公侯们，奋力通过宗教改革来缓解激情，但这些努力并不总是奏效的。早在1524年，德国南部的农民就曾奋起反抗他们的领主，要求在其统治领地上获得更多的自由和话语权。他们自称是路德的信徒，认为路德在信仰上打破罗马教会的权威只不过是一个前奏，接下来要打破的将是这种信仰所支持的社会和政治秩序。但是，路德在社会变革方面的思想是相对保守的，当看到自己的学说被深深地误解和滥用时，他感到不寒而栗。于是他激烈地谴责了起义叛乱，他的言论被印成宣传册，其标题为《反对杀人越货的农民暴徒》（Against the Murdering, Thieving Hordes of the Peasants）。虽然起义在一年之内即被天主教和新教诸侯联军粉碎，但人们对宗教改革可能引发社会动乱的恐惧心理已经扎下了根。

越来越多的改革者和想成为先知的人公开质疑现有的真理并挑战当权者的权威，使得对社会动乱的恐惧持续困扰着宗教改革。其中也有许多和平的改革者，像斯特拉斯堡的改革者马丁·布塞尔（Martin Bucer），以及圣洁的流浪者卡斯帕·冯·施文克费尔德（Caspar von Schwenkfeld）和塞巴斯蒂安·弗兰克（Sebastian Franck）。但另外一些人却并非如此。托马斯·闵采尔（Thomas Müntzer）是路德的早期追随者，由于看到路德拥护公侯们的权力和现有的社会秩序，他后来决定与路德决裂。1524年，他加入了农民起义，鼓动他的追随者推翻现有政权，并要公侯们偿还血债。他于1525年被捕，遭到了拷打并很快被杀害。但10年之后，他所留下的思想仍然具有影响力。当时有一群激进的再洗礼派（Anabaptists）接管了德国北部城市明斯特（Münster）的控制权，不同于主流的改革者，他们的教堂里包括了社区的所有成员，再洗礼派教徒坚持认为自己与所有其他教会都不同，只有他们才是上帝的选民、上帝的教会。在明斯特，他们证明了这种教义在获得了世俗权力时会变得多危险。在莱顿的扬·波克尔森（Jan Bockelson of Leyden）的领导下，再洗礼派教徒在明斯特实行了强硬统治，杀害或驱逐任何阻碍他们的人。当前任天主教主教在路德教会黑森州选帝侯的配合下围攻明斯特时，波克尔森宣称自己是弥赛亚①，并废除了私有财产，实行一夫多妻制。1535年，主教和选帝侯的军队终于击退了波克尔森的狂热追随者，并对再洗礼派教徒和任何疑似与他们有关联的人实施了血腥的报复。但在整个欧洲，这进一步加深了对所有社会等级制度和秩序行将崩溃的恐惧。

在那个年代里，许多欧洲人仿佛感觉到恶魔已经从地狱复活，它们开始在人间散播痛苦和混乱。当初的那些老教堂，自古起便一直为人们的生活提供慰藉和安宁，如今却被无数互相抵触的信条所摧残。在发生动乱的地方，似乎每天都能听到很多新的学说，似乎每一条真理都受到了质疑，似乎每一种确定性都在消逝。随着教会的分裂，接踵而来的便是政治分裂，这是天主教与新教公侯面对宗教分裂的必然结果。而在宗教和政治分裂之下，总是隐藏着社会革命的噩梦，它会使整个社会秩序荡然无存，这就是当时的人们所知道的唯一现实。那是一个充满冲突和混乱的时期，对于大多数欧洲人来说，令他们感到迷茫的一种混乱和不确定性就是：鉴于所有旧秩序都受到了质疑或破坏，而新的秩序又才刚刚出现，那么人们该如何辨别真理或谬误呢？人们该如何辨别是通向"天堂"之路还是通往"地狱"之路呢？

在大多数欧洲人看来，理应由罗马教皇为这些问题给出答案和解决办法。作为全世界基督教的教皇以及西方基督教的精神领袖，这是在他的领土上，并且是他的人民陷入了迷茫，或者是受到了外来宗教学说和分裂者的"蛊惑"。因此，在这时挺身而出，抓捕散布异端学说的新教领袖，并重新确立基督世界的统一性、秩序和稳定性，就成了教皇的职责。然而对于罗马教会来说，可悲的甚至灾难性的是，在这个时期坐在圣彼得位子上的人根本没有能力解决他们所面临的危机。

---

① 弥赛亚（messiah），基督宗教术语，意指受上帝指派来拯救世人的救世主。——译者注

16世纪初期的教皇在许多方面都是令人敬佩的。作为领先的意大利家族的后裔，他们博学多才并且具有很高的修养，因作为文艺复兴时期艺术的最大赞助者而在历史上占有一席之地。教皇朱利叶斯二世（Julius Ⅱ，1503—1513年在位）、利奥十世、克莱门特七世以及保罗三世，他们委托制作了许多艺术品，包括由米开朗基罗、拉斐尔和提香创作的绘画、壁画和雕塑作品，以及由建筑师圣加罗（Sangallo）和布拉曼特（Bramante）设计的教堂和宫殿。西方传统上最伟大的一些作品都与他们有关，如西斯廷教堂的天花板，还有圣彼得大教堂及广场。但在面对教会历史上的最大危机时，他们却发觉自己无能为力。虽然他们是称职的管理者，但在面对新教的挑战时，他们既没有解决问题所需要的宽阔视野，也没有精神上的权威。

问题在于，文艺复兴时期的教皇都不是基督教世界的领袖，而是"意大利太子党"，他们主要效忠于自己的家族。朱利叶斯二世属于罗马强大的德拉罗韦雷家族（della Rovere family），利奥十世和克莱门特七世都是佛罗伦萨的统治者美第奇家族的成员，保罗三世是古老的托斯卡纳法尔内塞家族（Tuscan Farnese family）的后裔，他很快将成为帕尔马公爵。他们中的每个氏族，都有自己的家族成员当选过教皇，这不仅是一份巨大的荣耀，同时也是一个聚敛财富和权力的千载难逢的机会。教皇被寄予厚望照顾自己的家族，并且为他们的亲属争取更多的领土、头衔（包括世俗和宗教的）、礼物和收入。需要充分认识到，如果没有家族的赞助，那么他们就永远不会获得他们的高位。因此，这就使得每位教皇的统治时期都成为一场与时间的赛跑，以便能为他们的家族积累尽可能多的财富和头衔。这是一种让人感到愤恨的世族关系和景象，它像一块令人反感的阴云悬在教廷上空，挥之不去，破坏了教皇施行精神和道德权威的任何努力。

而且，除了作为基督教世界名义上的领袖以及家族的首领之外，文艺复兴时期的教皇也是位于意大利中部的一个实实在在的国家的统治者。为了巩固和扩张他们的财富，在亚平宁半岛残酷的政治斗争中，教皇扮演着关键角色，他们利用一切现有的手段——从外交到武力等——来促进自己家族的利益。其中一个例子就是恺撒·博尔吉亚（Cesare Borgia），他是教皇亚历山大六世（1492—1503年在位）的首席军事指挥官，因在意大利的政治活动中所表现出的不道德行为和残酷手段而闻名，他就是马基雅维利（Machiavelli）所描写的一个狡猾和残暴的王子的原型。

教皇对意大利当地政治活动的积极参与，不仅削弱了他们在宗教上的地位，而且也拖累了他们在政治上的发展。为了保护他们的领土，教皇必须对抗日益崛起的法国和西班牙民族国家，这两个国家都在力争获得意大利半岛的统治权，而且其所拥有的军事实力和财力规模，绝不是一个意大利"王子"所能匹敌的。维护教皇辖境独立的唯一希望，就是让这两个王国互相对抗，绝不能让任何一个王国获得永久的胜利。教皇在几十年里相当成功地运用各种方式，但意大利人民为此付出了沉重代价，因为他们需要不断反复遭受强大邻国的入侵和反入侵战争。不过，灾难最终还是在1527年降临了，当时正处于一场周期性的战争之中，查理五世以西班牙国王的名义正与法国的弗朗索瓦一世开战。当时，查理五世的军队已经有几个月没发军饷，这最终导致了兵变，军队洗劫了罗马城，杀戮和抢劫持续了几个星期。教皇克莱门特七世及时逃出了梵蒂冈，并躲藏在圣天使城堡（Castel Sant' Angelo）附近的要塞里，与此同时，大屠杀正在他的周围上演。克莱门特七世最终向查理五世投降了，为他的妻子支付了赎金，并向西班牙割让了广阔的领土。在此后的几年里，受到羞辱和极大削弱的教皇勉强维持着与查理五世的关系。

所有这一切的结果是，当面临宗教改革的挑战时，文艺复兴时期的教皇没有任何回应。利奥十世首先试图利用他屡试不爽的方法，希望借助被逐出教会的马丁·路德来做文章，但没有起到任何作用。他与正直的路德相比，在道德上根本没有压制路德的制高点，况且他的言论也没多少分量。教皇的另一个选择是依靠罗马皇帝的军事实力来迫使分裂者就范，而且查理五世也十分愿意承担这个角色。然而，利奥十世之前的历任教皇都一直存在着一个顾虑：如果与罗马帝国结盟，那么也就意味着放弃了挑唆西班牙哈布斯堡王朝对抗法国瓦卢瓦王朝的策略。求助于查理五世就将有效地结束教皇辖境的独立性，并使教皇的世俗权力丧失殆尽。因此，接下来的几十年里，在查理五世镇压新教教徒并恢复统一的基督教世界的过程当中，教皇不是勉强地支持教廷，就是公开地表现出敌意。在当时的人们看来，似乎教皇宁愿看到基督教世界分崩离析，也不愿在意大利失去丝毫的权力。

到了1540年，宗教改革之火仍在罗马教会的领土上蔓延着，几个世纪以来一直处于罗马统治之下的领地正在一个接一个地流失。那些统一了西方基督世界的通用信仰和仪式被杂乱而互相抵触的信条所取代，互相斥责对方是骗子或是更糟的信仰。在这片土地上，混乱、战争和颠覆活动肆虐，虽然教皇被证明无力扑灭这场宗教改革之火，但其为家族牟利的企图却始终未变，仍在不断为其亲属积累头衔和收入，并保护自己领地的利益。伴随着领土分裂和上层问题，所有看到1540年欧洲景象的客观观察者都会得出这样的结论：古代罗马教会已时日无多了。

但在当年的9月27日，那时正处于风暴的顶峰时期，教皇保罗三世实施了一项不起眼的措施，但它似乎与当时的大事件产生了一些关联：他批准了一份由10位牧师发起的请愿书，由他们组成一个为教皇和教会服务的宗教机构。虽然这在当时很少会被注意到，但这也许是教皇拯救罗马教会并使其免于分裂所采取的最重要的一步。在保罗三世幸运宣布的这项新任命中，他还批准了由这个团队为这个新建宗教团体提出的名称：他们称之为"SJ"。

希望之光

SJ是由西班牙贵族依纳爵·罗耀拉创建的。1491年，依纳爵出生于巴斯克地区（Basque）一个古老的贵族家庭里，在早年间曾作为阿拉贡的斐迪南

（Ferdinand of Aragon）的朝臣追随过他。虽然据说依纳爵是一名虔诚的基督徒，但当时他却把大部分精力都放在了优雅的宫廷艺术和浪漫的爱情上面，而非放在宗教信仰上。由于继承了其祖先的尚武传统，加上他还是那个时代骑士文学的热心读者，他最渴望实现的是他的军事荣耀的梦想。1521年春天，在西班牙潘普洛纳市（Pamplona），他实现梦想的机会终于来临了。短短几个星期之前，路德刚刚在查理五世举行的沃木斯会议上声明了他的立场。随着法国军队持续攻城，西班牙军队节节败退，依纳爵说服了当地指挥官坚持他的立场，拒绝向法国投降。根据SJ的记载，当围城军队攻破了潘普洛纳的城墙时，依纳爵仍然不屈地站在他们进攻的道路上，然而他立刻被敌军砍倒了，随即整座城市被攻陷。虽然濒临死亡，但他得到了法国人的善待，被送回了他们家族的罗耀拉城堡。

依纳爵在其家族所在地罗耀拉城堡休养了10个月，这段时间应该被视为基督教历史的一个转折点。在缺少娱乐而且没有骑士文学可读的情况下，依纳爵开始研读圣人列传，这深深地影响到了他的核心思想。他意识到，"圣人是上帝的军队，他们永远在对抗魔鬼，防止魔鬼侵占人类的灵魂"。这是一场真正值得进行的战争，于是，依纳爵决定加入进来。一旦他的身体康复，他将进行一次耶路撒冷的朝圣之旅，并且愿为他的上帝奉献自己的生命。仿佛是为了印证他的新使命，据说在某一天晚上他得到了神启，看到了圣母马利亚的神秘异象。

到了1522冬天，走下病床的依纳爵仿佛变成了另外一个人。那个整天追求女人和战争荣耀的优雅朝臣已经不复存在了。站在这里的是一位"神圣的朝圣者"，发誓会承担在传播上帝之言的路途上所要经历的一切苦难和贫穷。在他踏上去往耶路撒冷的旅途之前，他在小镇曼雷萨（Manresa）停留了一年，在那里祷告冥想，乞求献身之道并得到圣父、圣子和圣徒的异象。他还草拟了《神操》（The Spiritual Exercises）——这部关于冥想的手册将会成为未来数百年SJ会士进行修行的基石。当他最终到达了圣地之后只停留了19天，因为负责圣地的方济会修士对这个奇怪的朝圣者的热情感到不安，然后直接把他遣送回了家。

在遭遇挫折之后，依纳爵回到了西班牙，开始在西班牙的几所著名大学系统学习神学，包括巴塞罗那、阿尔卡拉（Alcalá）和萨拉曼卡（Salamanca）的大学。已经32岁的依纳爵比他的同学都要年长许多，并且按照那个时代的标准，他已不再是一个年轻人了。但他沉湎于自己的学术研究之中，他的虔诚和自我强加的贫穷给他的同学留下了深刻的印象。他作为一名修行辅导员，获得了名望和一群忠实的追随者，这些追随者都曾学习过《神操》中的冥想课程。他的成功引起了西班牙宗教法庭的注意，他因涉嫌异端思想而被调查，并且还被囚禁了一段时间。虽然最终得到释放，但依纳爵还是认为，他无法安全地继续在西班牙从事自己的工作了，于是在1527年搬到了巴黎，在索邦大学①继续他的研究。

正是在索邦大学，依纳爵在他的追随者中结识了将会在未来成为SJ核心的几个人。短短几年内，依纳爵吸引了一群组织严密的神学学生，其中包括西班牙人、葡萄牙人和法国人，他们都比他年轻许多，并且在所有宗教和世俗的事情上，他们都视其为无可争议的领导者。他们决定再次前往耶路撒冷，这一次他们有了一个目的，那就是去圣地布道。但是，依纳爵鉴于上次朝圣之行的现实经验，在他们的计划里制定了一个备选方案：如果由于某种原因他们不能前往耶路撒冷或者不能留在那里，那么他们将取道罗马并效忠于教皇。

他们并未成功地到达耶路撒冷。1534年，他们聚集在威尼斯，等待乘船去往圣地，但由于缺乏资金以及查理五世和奥斯曼帝国苏丹之间的战争，朝圣之旅夭折了。在他们等待船只的期间，依纳爵的团队就地在威尼斯和附近的城镇宣讲，并为穷人、病患和生命垂危的人提供帮助。到了1539年，由于朝圣之行的希望破灭，他们决定通过建立一个新的团体来使他们的组织正式化，这将是一个在世界范围内效力于教会和教皇的团体。每个成员都立下了传统的修士誓言，即贫穷、贞洁和服从，这是基督教成员已秉承了千年的誓言。然后，他们增加了第四项誓言：个人需服从教皇本人。这项誓言使得他们与所有其他宗教团体区分开来。如

①索邦大学（Sorbonne），泛指巴黎大学。——译者注

依纳爵在给教皇发出的请愿书中所言，SJ将向"任何渴望成为上帝的战士并团结在十字旗帜下的人"开放。它将成为教皇自己拥有的军队。

依纳爵的孩子

用了将近一年的时间，保罗三世才最终批准了SJ。由于对这个新的团体抱有疑虑，他限制了其成员数量不得超过60人，但随着该团体的发展和繁荣，这个限制很快就被废除了。SJ早期的发展壮大的确可以称得上速度惊人。起初该团体只有10个人，他们都是依纳爵的密友，并且在1540年选举依纳爵为第一任会长。但是截止到1556年创始人依纳爵去世，该团体的成员数量已经增长了100倍，发展到了1000人。10年之后，其成员达到了3500人，而到会长阿奎维瓦1615年去世时，已经有至少13000人加入了SJ。此后，它的增长速度即使稍有减缓，但仍然保持在一个可观的水平。18世纪初，SJ的成员数量达到了20000人。在整个过程中，SJ从未为了扩大其成员的数量而降低新成员的质量。从一开始依纳爵就坚持，所有候选人在成为SJ的新成员之前都要经过严格的筛选。一旦被接受加入SJ，从新成员发展到正式成员将需要一个长期的过程并付出艰苦的努力，这个过程可能会持续几年的时间，有时甚至会持续几十年。尽管从未有过其他的宗教团体提出过这样严格的要求，但SJ从来没有放松过这些标准。但尽管如此——或许正因为如此——SJ从来不缺具有最高社会地位和学术水平的申请者。

SJ早期的很多领导者都来自于古老而高贵的家族，比如依纳爵本人以及他在索邦大学的同伴方济各·沙勿略（Francois Xavier，1506—1552）。SJ的第三任会长弗朗西斯·博尔吉亚（Francis Borgia，1510—1572）在加入SJ之前曾经是卡斯蒂利亚的甘迪亚公爵（也是著名的"博尔吉亚教皇"亚历山大六世的曾孙），克劳迪奥·阿奎维瓦是那不勒斯王国阿尔蒂公爵（Duke of Arti）的儿子。其他一些SJ会士虽出自平民，但也是那个时代的杰出学者。这样的例子如，西班牙神学家弗朗西斯科·托莱多（Francisco de Toledo，1532—1596）和弗朗西斯科·苏亚雷斯（Francisco Suárez，1548—1617），以及威尼斯人罗伯特·贝拉明（Robert Bellarmine，1542—1621）；克里斯托弗·克拉维斯、格里高利·圣文森特，以及安德烈·塔丘特，他们是领先的数学家；克里斯托夫·格林伯格（Christoph Grienberger，1561—1636）和克里斯托夫·沙伊纳（Christoph Scheiner，1573—1650）是杰出的天文学家；阿塔纳斯·珂雪（Athanasius Kircher，1601—1680）和罗杰·博斯科维奇（Roger Boscovich，1711—1787）是引领潮流的自然哲学家；还有在所有重要的SJ会士名单中都不可或缺的人物利玛窦（Matteo Ricci，1552—1610），他曾前往中国，并成了著名学者，是明朝时"西学东渐"的典型代表人物。以上列出的只是其中的一小部分，但这足以印证法国哲学家及散文家米歇尔·德·蒙田（Michel de Montaigne）于1581年访问SJ在罗马的总部时给出的评价——他称SJ为"伟人的摇篮"。

然而，SJ远不只是一个人才济济的宗教组织那么简单。作为一个训练有素和纪律严明的集体，他们被磨练成了一个强有力的工具，只专注于一个目标：传播天主教的教义，扩大其影响范围，并增强其权威性。这是依纳爵及其追随者们从一开始就立下的誓言，他们决心在世界各地都致力于效忠教皇。尽管设想在圣地宣讲这一使命从未实现，但没过多久，SJ就因其在四大洲出色的传教活动脱颖而出。早在1541年，方济各·沙勿略就从葡萄牙出发，去往印度的果阿、爪哇、摩鹿加群岛和日本进行宣讲，并在所到之处建立教会。他于1552年去世，当时他正在等待驶往中国的船只，希望能到世界上人口最多的国家传播罗马信仰。其他SJ会士同时前往了墨西哥、秘鲁和巴西，在那里他们加入到了道明会和方济会修士当中，努力使这个新世界基督教化。他们充满热情并高效率地工作，建立住所和教会，关照新移民的精神，不知疲倦地教化美洲的土著人。

然而，SJ的主要影响在于应对日渐逼近罗马的异教徒。在宗教改革的动荡岁月里，在老教会生死攸关的紧要关头，SJ成了罗马天主教的精英先锋，致力于守住防线，遏制似乎已呈破竹之势的新教势头。凭借卓越的才能、献身精神，以及充满活力的进取精神，他们领导了一场惊心动魄的天主教逆转之战，不仅阻止了宗教改革的继续蔓延，而且为教皇夺回了许多原本看似已经永远失去的领地。他们正如依纳爵所设想的那样——"上帝的军队击败了他的敌人"，这导致了后来被称为"反宗教改革"（Counter Reformation）的天主教回潮运动。

使SJ成为供教皇调遣的强大工具，SJ创始人的愿景早在1522年的《神操》中——在SJ正式成立将近20年之前——依纳爵就已经诠释了内在悖论，此后它影响SJ长达几个世纪。首先，《神操》是一个神秘的文本，旨在使读者超脱世俗环境，并指引他们与神合一。中世纪教会的历史充满了具有神赐能力的神秘主义者，有人像依纳爵一样能"看到基督和圣母显灵"，甚至"能以神圣的形式存在"，如菲奥雷的约阿希姆（Joachim of Fiore）和锡耶纳的凯瑟琳（Catherine of Siena）这样的神秘主义者。在他们的作品中，试图与他们的追随者分享一些自己的经验，从这方面来看，依纳爵的这本小册子是相当典型的。

不过，《神操》还有更重要的意义。它是一本十分详细地描述如何实现与神合一的实用手册。冥想的规定课程分为四"周"，不过每周并不需要精确地对应七天。每周的冥想有着不同的重点，从第一周罪恶的本质和地狱的折磨，到第四周基督的受难和复活，"操习者"必须严格遵循这些方向的指引，并且需要持有一颗开放的心，放弃自我意志，接受神的恩典。如《神操》中所指示的那样，"接近上帝之路不只是从我们堕落的世界到神圣天堂的神秘跃迁，它只有通过神的恩典才能解释"。这确实是一个漫长而艰苦的过程，需要自律和奉献，无条件地信任其上级的指引，严格遵从上级的指示。

《神操》的核心在于，如何处理令人神迷的神秘主义与严谨的纪律之间的矛盾，这也是《神操》与其他修行文本之间的本质区别。其他文本把重点放在了与神合一的荣耀上，而并没有给出如何实现这一目标的路线图。正是这种矛盾使得SJ充满生气，并使其成为掌握在教皇手中的一个强大而有效的工具。SJ会士毫无疑问属于神秘主义者：每个加入SJ的初学者都要通过《神操》的课程，并且要体验与神合一的喜悦，这是整个课程的高潮。此后，他们将满怀虔诚地身体力行，这是他们的职责，因为他们曾受到过"上帝"的启示，知道"上帝"希望他们做什么。传统的神秘主义者往往会被导向孤独的生活和深刻的内省，但SJ会士则与之相反，他们将自己内心的自信投射到了世间万物之上，践行自律、秩序和忍耐。其结果是，SJ会士呈现出了一种独特的综合特征，这使得他们成为世界历史上最有效的一个组织，在宗教及其他方面均是如此：他们具有神秘主义者的积极性和确定性，并且具有一支精锐部队所应具备的严密的组织和专注的目标。

除了创立SJ的指导原则之外，依纳爵还制定了能够将其付诸实现的机制。他认为，最大的挑战在于转化人们的思想，使其能够无条件地效忠于教会及其宗旨，并愿意为之付出终生的努力。如果遴选委员会认定一个人过于个人主义，不适合生活在一个有纪律的集体之中，那么即使他是一个才华横溢且道德高尚的人，也可能会被拒绝。一旦被录取，这名年轻人就脱离了他以前的生活，从此进入为期两年的见习期，在这期间，他会被灌输贫穷和服务的教会思想。他将实践《神操》中的一系列课程，并供职于SJ广布世界各地的教会、学院和社区。最重要的是，他必须毫无疑问地接受上级的权威，不管大事小情都要按照上级的指示行事。

在为期两年的见习期结束之后，初学者要立下贫穷、贞洁和服从的修士誓言。对于那些不期望受戒成为神父的人来说，正式培训到此就结束了。他们将成为"受到认可的助手"，几年之后将成为"正式的助手"，也许会成为管理员、厨师或者园丁。他们是教会的正式成员，但比受戒的会友低一个等级。见习者基本注定会成为神父，不过，如果在SJ院校经过几年的深造，也可能成为"学者"。这样的话，他们将受戒成为神父。从他们从事研究到教授新生，还需要经历几年的时间。学者们完成学业之后，还需要另外从事一年的"修行"。"修行"结束之时，他们将立下最后的誓言。有些人会再次立下那三个传统誓言，并成为"修行助手"。但其中的一些学者，他们在学术和品格方面都被认定为是最杰出的，将会另外再立下第四条誓言——这是SJ会士所独有的，即公开宣誓个人绝对服从于教皇。这些人被称为"发愿者"，他们是SJ之中名副其实的精英。总体而言，通过这个持续8—14年的漫长过程，最终他们将成为依纳爵所设想的标准的教士：智慧、博学并且充满活力。他们组成了一个组织严密的兄弟会，由SJ的目标、深厚的同志感情，以及归属于精英团队并服务于基督和教会的骄傲感紧紧地团结在了一起。

然而，SJ不只是一个"团结友爱"的兄弟会，它还是一种组织严密的自上而下的等级制度，建造得像现代军事单位一样运行通畅且高效。站在SJ权力顶端的是总会长——处于这一位置的当然是发愿的成员——他是由SJ的会长大会选举产生的终身总会长。他在教会内部的权力是无限的，可以任意任命或罢免教会内部任何职位上的任何一个会士。他下面是省级主管，负责教会较大地区的"省级"事务，如德国的莱茵河上下游区域，或者新大陆上的巴西；再下一级别是本地主管，负责特定的地区或城市，一直到各个学院和社区。在其他宗教团体中，当地社区享有相当大的自主权，可以选举自己的领导者。但SJ与它们不同，它内部的权力严格按照自上而下的顺序流动：它由罗马的总会长而不是由当地的成员来任命省级主管，然后再依次向下，由省级主管与罗马教廷密切磋商来任命本地主管。本地社区中的成员不管愿意与否，都要接受上级主管的决定，通常情况下他们都会对任命感到满意。

本地的SJ愿意服从来自遥远的上级主管的指令，但这也需要一些必要的解释。毕竟总会长远在罗马，尽管他有能力并致力于给出正确的指令，但他往往还是对本地的情况相当缺乏了解，他的指令可能会受到误导，甚至是灾难性的。例如，法国SJ在1594年就发生过一次这样的情况。当时，亨利四世是法国的新国王，刚刚改信天主教不久，他要求法国SJ宣誓效忠于自己。但总会长克劳迪奥·阿奎维瓦严令禁止接受这样的宣誓，这个决定导致他们被驱逐出巴黎，几乎造成其在法国宗教活动的终止。但是，即使在这种极端情况下，他们明明知道来自罗马的指令是错误的，给出的指令缺乏对本地情况的了解，甚至还要由他们来为其主管的失误付出代价，法国SJ还是服从了教皇的指令。

他们之所以这样做，是因为对于SJ会士来说，"服从"原则不仅仅是在实际上对主管提出的要求给予有效的执行，而且它还是罗马教廷的一个宗教理想。依纳爵在《神操》中写道："在摒弃一切个人意见之后，我们应该……服从我等主基督的真实净配，那就是我们的圣母圣统教会。"这种服从不仅表现在行动上，而且延伸到了个人意见，甚至感官知觉上。依纳爵写道："为能在一切事上中规中矩，我们应谨遵这一原则：如果圣统教会规定一物为黑色，我虽见它为白色，也应确信它为黑色。"

现代读者理解起来，可能会将这种绝对服从与极权政体联系起来。按照指令把白的说成黑的，这样的要求的确会让人联想到乔治·奥威尔（George Orwell）的《一九八四》。而SJ却并非如此，在SJ，服从是一个崇高的理想，它的实现完全是自愿的。依纳爵写道，服从上级的命令不是屈膝投降的行为，而是对教会使命的积极重申，并使自己参与其中。如此一来，虽然在SJ中的确存在诸如谴责甚至开除之类的惩戒措施，但在实际上却很少使用。他们已经通过了严格的培训规则并且成为合格的SJ会士，因此，很少需要用这样的惩戒措施来提醒他们服从的价值。最终，依纳爵写道，"一切权力来自于上帝"，因此应该做到愿意并且即刻服从上级的命令，"就如同命令是发自于我们的救世主一样"。

从广义上来讲，对混乱强加以秩序是教会的核心使命，无论是在其内部的运作，还是在其与外界的接触方面均是如此。这已经在《神操》中得到了证明，其中写到的转变和不可言喻的神秘体验，就像是一种学习的有序过程。这在依纳爵的《宪章》（Constitutions）中可以得到有效证明，它为教会的运作提供了详细的系统路线，最终具体到《教育计划》（Ratio Studiorum），这份文档非常详细地说明了在SJ学院必须传授什么课程、如何传授，以及由谁来传授。即使在他们的个人生活方面，SJ也在整洁和秩序方面提出了严格的要求。一位20世纪初SJ的历史学家记载道："只要是曾经在SJ的体制内学习过的人，必然会被频繁强调的整洁和秩序所触动。"不管是在个人宿舍还是在公共场所，整洁、干净和秩序都是"绝对要遵守的要求"。最重要的是，它在教会清晰的等级制度中得到了传达，在这个等级制度中，每个成员都被分配了一个明确而且没有争议的位置，权力自上而下平稳而畅通地流动。正是这种在混乱上强加秩序的能力，使得SJ在击退新教的斗争中，以及在重建教会制度的权力和威望的过程中，成了一个强有力的工具。

反击

受过高等教育的SJ会士狂热地投身到教会和教皇的事业当中，这使得SJ成为一支强大的"宗教军队"，这在欧洲是史无前例的。对于教皇来说，他们是前所未有的有利武器，这样的优势是此前历任教皇所不具备的。为了将教会的权威和教义强加给这个充满动荡和不确定性的世界，教皇毫不犹豫地对其充分利用。起初，SJ会士被派往那些受到攻击的地区，以加强当地对教会的信任。皮埃尔·法夫尔（Pierre Favre）是依纳爵早期在巴黎时的同伴，他是第一个前往德国工作的SJ会士。他认为，罗马教会的最大希望在于加强人们对传统神圣仪式和服务的依赖："如果异教徒看到教会频繁的圣餐仪式活动，真诚地接受自己的优势和生活……那么他们之中就不会有人胆敢宣传茨温利有关圣餐的教义了。"他走遍整个德国，拜访教区，在大型集会中向人们布道，并逐渐恢复了教会古老的社区传统。

法夫尔于1546年去世，其他两位优秀的SJ会士相继接任了他的职位：第一位是西班牙人赫罗尼莫·纳达尔（Jerónimo Nadal），然后是彼得·卡尼修斯（Peter Canisius）——德国的"第二使徒"。从16世纪40年代到60年代，卡尼修斯的行程大约有两万英里[①]，所到之处包括奥地利、波希米亚、德国、瑞士和意大利。除了

---

①约32186.88千米。——编者注

布道以及振兴教区生活的组织工作之外，卡尼修斯还发行了一系列通俗读物，用来指导教士及他们的信徒信仰正确的天主教教义和进行正确的宗教实践。他和其他两位SJ会士所取得的成果称得上是斐然卓著：例如，在维也纳，1560年复活节时有700名信徒，但9年之后这个数字增长到了3000人。同样地，在科隆，1576年有15000名信徒在SJ教堂接受圣餐，但仅仅5年之后，这个数字已经增加至三倍，到了45000人。这充分证明了在即将被新教接管的土地上，SJ复兴天主教生活的强大实力。

在天主教复兴运动中，SJ会士在其他职位上也起到了强大的助推作用。一些人像弗朗西斯科·苏亚雷斯，是杰出的神学家，他们制定了教会的教义，并且在与新教批评者的争论中不落下风；一些人像迭戈·莱内斯（Diego Laynez）和安东尼奥·波塞维诺（Antonio Possevino），担任教皇的个人使者并承担着重要的外交使命；一些人像罗伯特·贝拉明，兼任教皇的神学家和顾问；另一些人，像弗朗索瓦·拉雪兹（François de la Chaize），他是路易十四的个人忏悔神父，以他的名字命名了巴黎著名的拉雪兹神父公墓，他还为欧洲皇室提供道德上的指导和精神上的慰藉；还有一些人，像英国人艾德蒙·坎皮恩（Edmun Campion），被委以秘密使命派往他们的新教故土，冒着巨大风险发展天主教。在以上所提到及未提到的所有这些角色之中，SJ会士们证明了他们是出色的"宗教战士"：他们博学并大多是才华出众、能力超群和充满活力的，热情地致力于教会和教皇的事业。

学术帝国

虽然SJ在所有这些领域都是成功的，但在一个特定领域，它的"成功"可以说是举世无双，那就是教育领域。值得注意的是，除了培训新成员之外，依纳爵最初并没有考虑将教育列为SJ的重点。在他的愿景里，SJ会士是巡回流动的神父，时刻准备收拾行囊，一旦接到教皇或者上级主管的命令就可能奔赴世界各地，因此不适合开办学校。但是，当弗朗西斯·博尔吉亚于1545年在西班牙的甘迪亚（Gandia）设立第一所SJ学院时，城镇中的显要人物都恳求博尔吉亚让他们的儿子进入学院接受教育。博尔吉亚向依纳爵寻求意见。依纳爵发觉这是进一步拓展天主教复兴事业的一个契机，于是同意了他的请求。到1548年，甘迪亚学院已经向城镇上的青年们开放。

甘迪亚的经验为其他学院的成立起到了示范作用。1548年，在西西里岛成立了墨西拿大学，这是SJ第一所主要致力于教育世俗学生的机构。为了监督其成立，依纳爵派出了几名他最信任的下属，包括纳达尔和卡尼修斯，他们将墨西拿打造成了未来学院的一个参照模型。按照依纳爵的指示，课程包括拉丁语的精读课程、古典作家的作品，以及亚里士多德的哲学。在学业课程的顶层设置的是神学——"科学的皇后"，神学拥有对所有真知的最终发言权。墨西拿大学的教学人员由纳达尔领导，致力于使这一广泛的教学大纲成为系统而有序的课程，并针对"学业秩序"发布了几项提案，或者可以用更熟悉的拉丁语表达成——"课程计划"（ratio studiorum）。在经过几易其稿和数次修改之后，1599年"课程"正式经教会的会长大会批准通过，成为SJ在各地授课的蓝本。

伴随着这些早期的成功案例，接踵而来的是来自欧洲各地对SJ学院的需求。在大大小小的乡镇和城市，王子公侯、当地主教以及知名人士都呼吁教会在他们的社区建立学院。由于认识到了教育对于传播教会教义的重要价值，依纳爵决定接受这种新的SJ机构，并呼吁整个欧洲的SJ建立学院。到1556年依纳爵去世时为止，已经成立了33所SJ学院，而且这种需求还在持续增加：到1579年增至144所学院，到1626年增至444所学院以及100所神学院和学校，而到1749年则已经增至669所学院以及176所神学院和学校。其中大多数都分布在欧洲，但也并非全部如此。SJ学院向东发展远至日本长崎，而向西发展远至秘鲁利马（Lima）。这称得上是一个真正的世界范围内的教育体系，其规模在世界上是前所未有的，或者也可以说是空前绝后的。

这个庞大的教育网络的中心是罗马大学，当时普遍称之为罗马学院（Collegio Romano）。它成立于1551年，最初曾坐落在罗马周边几个相对偏僻的地区。教皇格里高利十三世是SJ的崇拜者和支持者，他决定为他们的旗舰机构找一个更合适的地点。他征用了科尔索大道附近的两个街区，并委托著名建筑师巴尔托罗梅奥·阿曼纳蒂（Bartolomeo Ammannati）为SJ的教育体系设计一个适合的总部。最终设计出来的是一座宏大而令人赞叹的宫殿，虽然算不上富丽堂皇，但它不仅反映了SJ的权势和威望，而且反映了其使命的严肃性和务实精神。罗马学院于1584年迁到了新址，在将近半个世纪之后，监督会长们裁决无穷小

图1-1　罗马学院当前的景象，由巴尔托罗梅奥·阿曼纳蒂设计，该建筑现为公立高中。［阿里纳利（Alinari）/Art Resource，NY］

量命运的会议就发生在这里。在未来的3个世纪里，它仍将继续矗立在罗马学院广场。

"罗马学院"这个简单的名字与任何其他城市的SJ学院没有什么不同，从名字就可以看出来，它旨在为罗马的年轻人服务，就好比建立"科隆学院"是为了教育科隆的青少年。但是，这是一种误解。虽然教育罗马的精英人才确实是这所学院使命的一部分，但它从一开始就同时是教育体系中其他学院的范本和学术航标。只有最有成就的SJ学者才会被召集到罗马，并在学院担任教授，这样就把教会中最伟大和最杰出的人才汇聚到了一起。数学家克里斯托弗·克拉维斯和克里斯托夫·格林伯格，自然哲学家阿塔纳斯·珂雪和罗杰·博斯科维奇，神学家弗朗西斯科·苏亚雷斯和罗伯特·贝拉明，以及许多其他学者——事实上，几乎包括所有领先的SJ学者——他们全部都在罗马学院授课。按照教会的等级设置，罗马教员有权力设定省级学院的课程，并确定在SJ学校可以或者不可以传授什么课程。正如SJ的总会长掌管着每个SJ教会一样，罗马学院掌管着世界范围内的数百家SJ学院。

为什么整个欧洲的天主教贵族和富有的平民都强烈要求在他们的城镇建立SJ学院呢？其中的原因其实很容易看出来。这是因为，传统的教区学校不仅教学质量令人堪忧，而且据说那些伟大的大学中的学生很少专注于实际的学术研究。SJ却与之截然相反，他们为学生提供了严格的课程设置，并由高素质的教师队伍进行授课，而且罗马学院的杰出学者还会对课程进行定期更新。那些大学的学生可以自由地沉迷于轻松无度的生活，而SJ学院的学生们是受到密切监督的，而且学习和祈祷也充实了他们的生活。那些将自己的儿子送去SJ学校学习的贵族或商人有信心认为，不管是在学术上还是在道德上，他们的儿子都将会取得长足的进步。

SJ学院的杰出校友名录足以支持这样的评价。除了杰出的SJ会士本身，SJ学院的毕业生还包括皇室成员，如罗马皇帝斐迪南二世，政治家如红衣主教黎塞留

（Richelieu），人文主义者如尤斯图斯·利普修斯（Justus Lipsius），以及哲学家和科学家，如笛卡尔和马兰·梅森。即使是教会的敌人也承认，SJ的教育毋庸置疑是整个基督教界里可以获得的最好的教育。甚至英国大法官弗朗西斯·培根（他没有在SJ的朋友）都曾不无感慨地写道："Talis quus sis，utinam noster esses."（你是那么出色，真希望你是我们中的一员。）

培根有足够的理由来感叹SJ在教育方面所取得的成就。因为在SJ对抗新教的斗争中，在它向教皇提供的所有服务当中，罗马学院的教育被证明是最强大和最有效的。不管在哪里，只要建立了一所SJ学院，它就会成为天主教生活的中心，并且也会成为向罗马教会做贡献的一个鲜活例证。路德教派或者加尔文教派的学校极少能够像SJ学院那样提供高质量的教育，而且在吸引平民精英的后代方面也很难有实力与SJ学院展开竞争。一旦被SJ学院录取，SJ将花费数年时间传授天主教教义，包括对新教教义具有学术性和权威性的反驳。学生们不可避免地会被灌输SJ会士要献身于教皇的思想，以及为了教会及其制度甘于奉献和牺牲的精神。随着数百个这样的学院在欧洲各地兴建，并且随着数以百计，有的甚至是数以千计的学生就读于各个学院，SJ教育系统培养了一代又一代受过良好教育且虔诚的天主教徒，他们最终都会在所在社区担任领导职务。实际上，作为天主教精英的主要教育工作者，SJ会士确保了罗马教会在欧洲的大部分地区得以生存并且实现复兴。

SJ学院的巨大影响是毋庸置疑的。神圣罗马帝国的第一所SJ学院于1544年在科隆成立，当时的帝国正处在屈服于路德教派的狂涛骇浪的边缘。但随着科隆大学的落成，这里成为一个天主教的大本营，并成了在未来拓展SJ活动的一个基地。在接下来的几十年里，凭借执政的维特尔斯巴赫家族（Wittelsbach）和哈布斯堡家族的大力支持，SJ在巴伐利亚和奥地利创立了几十所院校，并接管了现有大学的管理权。他们甚至进一步在罗马建立了一所特殊的学校，致力于培养有前途的年轻德国人，使之有希望胜任高级教会官员的职务。一旦完成学业，这个

"管理人才班"的毕业生会回到家乡，在那里他们将成为当地的主教或者大主教，并且会成为德国天主教复兴的中坚力量。在低地国家，SJ同样极其活跃：当北方各省转投新教并拿起武器反抗哈布斯堡王朝的统治者时，SJ帮助将南方各省建成了一个天主教的堡垒。在很大程度上要归功于SJ的努力，才使得该地区的天主教教会得以保存，并在后来获得了自己的独立身份，最终以现代国家比利时的身份取得独立。

与德国的情况十分类似，16世纪60年代波兰的天主教贵族邀请SJ去那里开办大学的时候，波兰似乎也正处于接受某种形式的新教过程中。SJ很快获得了王室的信任和支持，他们帮助SJ建立大学，从1576年的5所大学扩建到了1648年的32所大学。SJ会士成为波兰统治阶级的教育工作者，无论是农村的贵族还是城市的精英，他们在罗马被培训成了虔诚的神父骨干，然后返回波兰担任教会的领导职务。SJ与波兰君主之间的联系相当密切，国王西吉斯蒙德三世（Sigismund Ⅲ）被称为"SJ国王"（Jesuit King），还有他的儿子约翰二世·卡齐米日（Jan Ⅱ Kazimierz，1648—1668年在位），在登上王座之前曾是SJ成员，并且是一位红衣主教。波兰得到了转化：一个以宗教宽容为豪的国家，向改革者开放了它的教堂和教区，成了虔诚的天主教领地。如同在其他地方一样，SJ在波兰的介入被证明是具有决定性的。

依纳爵的忠诚门徒们完成了文艺复兴时期的教皇所不能完成的世俗任务：他们在欧洲阻止了新教看似不可阻挡的发展势头，并且重振了罗马教会的权力和威望。不管是在什么地方，只要他们实施教会的标准并设立教会大学，就会向古老教堂注入一股新的宗教热情，并开展一系列目标明确的行动，这鼓舞了其追随者对抗异教徒。教皇格里高利十三世在1581年写给SJ会长大会的信中，感激之情溢于言表：

你们的神圣教会……遍及了整个世界。目及之处都设有你们的学院和居所。你们管理着各个王国和省区，甚至可以说是整个世界。总之，在对抗异教徒的运动中，迄今为止没有哪个上帝的圣器能够比得上你们的神圣教会。在新的谬误正要扩散之时，你们的出现恰逢其时。最重要的是……你们的神圣教会正在变得日益强大和繁荣。

混乱中的秩序

《圣依纳爵的奇迹》（*The Miracles of St.Ignatius*）是一幅巨大的油画，原本打算用来装饰圣母主教座堂的祭坛，如今挂在维也纳的艺术史博物馆中。它是佛兰德画家彼得·保罗·鲁本斯（Peter Paul Rubens）的作品。在现代，鲁本斯很大程度上是因为他对丰满女性的描绘而著名，这种绘画风格挑战了我们对女性体态的现代观念。但鲁本斯是一位虔诚的天主教徒，他每天早上都会参加弥撒，并且在他的家乡安特卫普市与SJ的关系十分密切。1605年，在SJ争取使其创始人封为圣徒的运动中，鲁本斯为SJ的圣徒传记《依纳爵传》（*Life of Ignatius*）贡献了80幅版画。4年之后，依纳爵被宣福，使得他离被追封为圣徒更近了一步，SJ委托鲁本斯为耶稣教堂（Gesù，即SJ在罗马的母堂）以及圣母主教座堂绘制了几幅未来圣人的大型肖像。他创作完成的《圣依纳爵的奇迹》可谓气势非凡，这很可能是他为SJ贡献的最伟大的杰作。

这幅画将我们带入了极富戏剧性的一幕景象。故事发生在一个宽敞的大厅里，这很有可能是一个教堂，从拱形的天花板一直描绘到了石质地板。在顶部较明亮的位置，飘浮着几个顽皮的小天使，他们似乎没有注意到下面人们的混乱。事实上，教堂的地板上是一幅充满痛苦、恐惧和混乱的场景，一大群男人、女人和几个孩子都陷入了一种痛苦的狂乱之中。一个男人用后背撞击着地板，仿佛癫痫发作，而另一个背上布满血淋淋的条纹伤痕的男人正面朝着他；一个披头散发的女人拳头紧握、面部狰狞扭曲、眼神呆滞，正在奋力挣扎，在她身后有两个男人在试图安抚她；一个头发花白的男人绝望地向上凝视着，从画中只能看到他的头部，他的脸部则扭曲成了一副恐怖的模样。还有一些没有得到解脱的人，他们带着祈求和希望的眼光痛苦地向上注视着：他们能从饱受折磨的痛苦中得到解救吗？

他们凝视的对象正是依纳爵本人。他笔直地站立着，祭司长袍闪耀着光辉。依纳爵站在讲台上，虽然只在距离地板几个台阶之上，却处于一个完全不同的境界。他泰然自若而且威风凛凛，举起右手做赐福状。他正在执行一次驱魔仪式，从人们身上驱逐"恶灵"，为那些遭受痛苦和混乱的人带来和平与秩序。在画面的左侧，"恶魔"已经被驱离了人体，它在依纳爵面前逃之夭夭，而上空的一位"天使"在向"恶魔"表示出具有讽刺意味的告别。虽然画中的焦点毫无悬念地

图1-2 《圣依纳爵的奇迹》，彼得·保罗·鲁本斯，1617年。
［埃里希·莱辛（Erich Lessing）/Art Resource，NY］

落在了依纳爵身上，但他并非独身一人：在他身后的高台之上站立着他的追随者们——一长排身穿黑色长袍的SJ会士一直延伸到了远处。像依纳爵一样，他们也是冷静、严峻的，观察着他们面前的苦难。他们是依纳爵的"军队"，来到这里向他们的导师学习，跟随他的指引，并最终接替他的使命，将混乱变为有序，并将"安宁"带给那些受苦之人。

这些确实是圣依纳爵和他的追随者们创造的"奇迹"。只有他们能在被宗教改革冲击得四分五裂的领地上重建和平与秩序。他们赶走了异教徒和"混乱"，带来了正统的教义和统一的秩序；哪里的教会的统治被推翻，哪里的神父和主教被驱逐，他们就在哪里重建宏伟的老教堂，并重新确立教会的权威；哪里被"混乱"和"困惑"所统治，他们就在哪里恢复罗马教会不可动摇的"真理"和"确定性"。他们在所有这些活动中所取得的成功确实可以称得上是"奇迹"。在SJ会士看来，这个"奇迹"的主旨很简单，那就是他们所认为的——真理、等级制度和秩序。

SJ不相信少数服从多数，在他们看来，真理是绝对的。他们不相信权力和权威的多元化，一旦真理被发现，那么所有的权力必须归属于那些知道并承认真理的人，并将真理强加给那些还没有接受它的人。他们当然不相信民主——允许表达不同和反对的意见，并依靠辩论和竞争来获取权力得以崛起。"真理"不会给异议和挑战留下任何空间。他们认为，只有"上帝的使者"所具有的绝对权威以及他们所持有的"神圣真理"，才能使世界实现和平与和谐。这就是SJ会士的世界观，他们不仅努力地在自己内部施行这种世界观，而且还要在整个教会以及整个世界范围内施行这种世界观。这个世界清晰的等级结构，在《圣依纳爵的奇迹》中以视觉的形式呈现了出来。在顶部是光与真理的境界，在底部是充满痛苦和困惑的人们。在这两者之间是依纳爵和他的部下：他们自律、冷静并且指挥若定，驱逐产生冲突的"恶魔"，并将"光"和"真理"赐予人们。

第2章
数学的秩序

教学秩序

　　SJ之父依纳爵·罗耀拉在起初并不喜爱数学。在早期生活中，他曾经是一位贵族朝臣和潇洒的骑士，并且鄙视学者和数学家们的迂腐。他在后期对于宗教启示录的沉迷，只能使他进一步远离由数字和图形所构成的冰冷的逻辑世界。他在巴塞罗那、阿尔卡拉、萨拉曼卡和巴黎大学学习期间，显然也不会包括任何数学课程。到了1553年，SJ在他的领导下在全世界范围建立学院网络的过程中，依纳爵开始发觉有必要开展一定的数学教育，他写道，大学应该传授一些"神学家应该了解的数学知识"。然而必须承认，他们所涉及的数学知识并不算多。

　　在SJ初期的教育体系中，数学处于一个相对较低的地位，这其实并不非常令人感到惊讶。毕竟，SJ学院还有一个非常具体和迫切的目标，这个目标与现代继任者的目标截然不同，即阻止新教的传播，并重新确立天主教会的声望和权威。依纳爵的助理胡安·波朗科（Juan de Polanco）在1655年的一封书信中曾解释道，在很多国家，"真正的信仰"正在遭受威胁，而这些国家的SJ学院，则仍在"传授标准和纯正的教义……以保留基督教中现存的教义，并恢复那些丢失的教义"。像数学这样生僻和抽象的学科，对SJ的这个使命起不到多大作用。

　　但是，扭转宗教改革进程的目标，并不意味着SJ学院的课程重点仅仅集中在宗教教义上。依纳爵坚信，正确的宗教教育必须建立在更广泛的课程基础之上，包括哲学、语法、古典语言以及其他人文领域。同样重要的是，他们要遵守自己提出的承诺——为学生提供广泛和最新的教育。否则的话，当地的精英就会转向其他大学，为他们的后代寻找更好的教育机会，这将为SJ的宗教使命招致灾难。正如赫罗尼莫·纳达尔在1567年所提出的观点："对于我们来说，课程和学术实践就如同鱼钩一样，我们靠它来钓灵魂之鱼。"

依纳爵建议的"鱼钩"包括阅读古代大师著作可能需要的语言——拉丁语、希腊语和希伯来语，在一些学院还有迦勒底语①、阿拉伯语和印地语②。在哲学上，依纳爵决定学院将遵循古希腊哲学家亚里士多德的教义——自从亚里士多德的著作在12世纪被译成拉丁语以来，他就一直是西方最具影响力的哲学家。亚里士多德的著作集涵盖了各个不同的领域，在当时堪称是最为全面的，并且被大多数的欧洲学者认定为是最具权威性的，涉及的学科领域包括逻辑学、生物学、伦理学、政治学、物理学和天文学。依纳爵曾经在大学里研究过亚里士多德的著作，因此很容易在亚里士多德教义的基础之上为学院设置课程。依纳爵下令，在神学上，SJ将遵循圣托马斯·阿奎那（St.Thomas Aquinas）的教义。阿奎那是13世纪的道明会（多明我会）修士，调和了亚里士多德和教会的教义。他被称为"天使博士"（The Angelic Doctor），在他去世之后，成为西方最权威的神学家，并且在依纳爵看来，他的教义是永远正确的。由于托马斯主义（阿奎那的神学被称为托马斯主义）在很大程度上依赖于亚里士多德哲学，所以SJ学院的学生在完全从事宗教研究之前，必须要潜心研究亚里士多德哲学。

SJ学院的课程既是多元化和广泛的，也是严格、有序并且等级分明的。不同学科有着不容置疑的相对价值：处于顶层的是神学，由天主教会永远正确的教义组成；神学之下是哲学，包括自然哲学和道德哲学，它传授的是有关自然界和人类世界的真理，还有为理解宗教教义而可能需要掌握的知识；哲学之下是辅助学

---

①迦勒底语（Chaldee），旧约圣经中使用的古叙利亚语。——译者注
②印地语（Hindi）又称北印度语，是印欧语系印度-伊朗语族中印度-雅利安语支下的一种语言，1965年1月26日成为印度中央政府的官方语言（连同英语）。——译者注

科，如语言和数学，它们本身不涉及真理，但有助于理解更高的学科。在学科设置方面，SJ学院与基督教世界的其他地方一样，都强调秩序的重要性。在庞大的学科体系中，每个学科都有它自己应有的位置。神学真理是至高无上的，没有哪种哲学学说可以与神学真理相抵触，即使是权威的亚里士多德本人所支持的学说也绝不可以。数学仍然排名较低，而且数学结果甚至没有资格被当作真理，只能被当作假说。这是一个天衣无缝的知识等级结构，在其中，托马斯主义神学处于最高统治地位。

SJ学院有着清晰有序的学科设置，这与同时代的其他大学形成了鲜明的对比。其他大学的学习往往是杂乱无章的，学生们更是经常参加不相关的课程，许多学生在这样非结构化的课程迷宫里迷失了方向。与之相反，SJ提供了一系列逻辑清晰的课程，从语言以及亚里士多德哲学的许多分支开始，然后逐步学习到神学。得益于学院规范而有序的生活以及SJ导师们良好的道德榜样，这种严格的学习进程能使学生始终保持在正轨之上，使他们远离困扰着其他同龄人的那些诱惑。

但是，对于SJ来说，真理的等级划分不只是一种教学策略。它还反映了SJ所坚持的信仰，即为了重建在宗教改革中失去的神圣秩序，这种清晰和无可争议的等级制度是必不可少的。等级制度不仅统治着SJ本身，而且也统治着教会，从教皇到普通会众，所有人都包括在其中。SJ相信，要想击败异教徒，使真理战胜谬误，必须在世界范围内施行这种等级制度。说到底，宗教改革本身不正是正确的知识秩序崩溃所造成的结果吗？路德仅仅作为一个修道士就敢于独自挑战教皇的权威吗？不正是路德以及后来的茨温利、加尔文等人，用他们自己的新神学取代了教会的权威教义吗？这些带来的结果是什么呢？只有混乱和困惑，罗马教会唯一的权威声音在一片刺耳的反对声中淹没了。SJ能够清楚地认识到，古代基督世界统一体的崩溃以及随之而来的混乱，都是正确的知识秩序崩溃所造成的直接结果。只有通过保持这种严格的知识等级制度，才能让真理占得上风，才能打败异教徒。

由于真理对于SJ会士来说是不变和永恒的，并且建立在教会权威的基础之上，因此新的事物和创新会带来不可接受的风险，必须对它们进行强烈抵制。1564年，罗马学院的神学家贝尼托·佩雷拉曾警告说，"每个人都不应被新的观点，即新的发现所吸引"，而必须"坚持旧的以及被普遍接受的观点……并遵循正确而纯正的教义"。20年后，总会长阿奎维瓦又告诫SJ会士，不仅要避免创新，而且要避免"任何人怀疑我们在试图创造新的东西"。创新在今天看来是弥足珍贵的，但当时的SJ会士却认为，它是与深深的怀疑密不可分的。

"Legem impone subactis"——用你的规则统治所有学科！——是罗马学院下宗座学院（Parthenic Academy）的座右铭，这所学院只向那些对SJ的理想和生活方式非常虔诚的学生开放。与座右铭相对应的是其同样显眼的盾徽，它被称为"impresse"。在盾徽的顶部，坐在宝座上的是象征神学的女性形象。在她两侧较低的位置站立着她的仆人——哲学和数学，他们倾斜着身体正在听候她的命令。在SJ的学校同样如此，神学如同"科学的皇后"一样统治着其他学科，并将它的规则强加给其他从属科目。这是一个不同于现代的知识体系，更令人感到压抑的是，这样设计的体系是用来建立绝对真理和排除异议的。但SJ认为，教育的目的并非在于鼓励思想的自由交流，而在于灌输一定的真理。从这方面来看，他们无疑是成功的。

一个怀才不遇的人

故事发生在SJ创立之初的第一个十年里，当时的数学虽然已经成为一门学科，但其涉及的范围也仅限于为其他更高的学科提供支持。如果不是因为这个人坚持不懈的努力，这种状况很可能会一直持续下去。他毕生致力于将数学提升到SJ课程的中心位置。到17世纪来临之际，正是由于他的努力，才使得一些SJ会士不仅成为熟练的数学老师，而且成为该领域的知名学者，并能跻身于全欧洲最杰出的数学家行列。这个人就是克里斯托弗·克拉维斯。

对于克拉维斯的早年情况人们知之甚少，甚至连他的真实本名都仍存疑问，但我们能够确定的是，他于1538年3月25日出生在德国南部省份弗兰肯（Franconia）的班贝格（Bamberg）。班贝格处于一个天主教王子主教的势力范围之内，但被纽伦堡、黑森和萨克森州等新教领地包围着，因此，其处在为神圣罗马帝国灵魂而战的最前线。SJ的彼得·卡尼修斯把像班贝格这样的几座城市指定为他在罗马帝国的巡视城市，以重振信徒们低落的士气，鼓励他们坚定信心，对抗正在不断入侵的新教浪潮。很容易想象这样一幅情景，年轻的克拉维斯正在班贝格大教堂参加由卡尼修斯主持的一场隆重的弥撒，并且被他热烈的布道所感动。不过，我们并不能更进一步地了解到实际情况。我们只知道，在1555年，当他的家乡城市抵御新教侯爵阿尔伯特·亚西比德（Albert Alcibiades）的时候，克拉维斯已经身处罗马。当年4月12日，他由依纳爵·罗耀拉本人批准加入SJ，成为一名初学者。

克拉维斯在加入教会时只有17岁，但直到他37岁时，他才立下最后的庄重誓言。即使考虑到SJ漫长而严格的培训计划，然而对于一个聪明的年轻人来说，从初学者发展成为完全合格的SJ会士用了20年，这也算是一个非常漫长的过程了，特别是他很早就加入了教会，并且最终还成为那个时代最著名的SJ会士之一。不过，这也许和他所坚持的事业有关。在此期间，克拉维斯在教会花了大量时间去推动一件不受欢迎的事情：在SJ的等级体系中提高数学的地位，并改进教会学校的数学教义。一些SJ会士极力反对他的这种做法，比如他在罗马学院的同事贝尼托·佩雷拉。但当1575年克拉维斯加入到"发愿"SJ会士行列的时候，他开始逐渐取得这场斗争的胜利。

克拉维斯获准加入SJ之后，只在罗马生活了一年时间，随后就被派往了位于葡萄牙科英布拉（Coimbra）的SJ传教所。不同于像本笃会那样的传统隐居修道院，SJ的"传教所"（或"住所"）坐落在城市或城镇的中心地带。在那里，当地的SJ在一位主管的领导下以紧密的社区形式生活，并且主管每天都会在这片广阔的社区中指导他们的活动。克拉维斯在科英布拉的这4年生活鲜为人知，他在这里度过了他20岁前后的时光，但可以肯定的是，这里的生活是程式化的。科英布拉在当时很有名，因为它是一所古老大学的所在地，这里最著名的居民非佩德罗·努内斯（Pedro Nuñez）莫属，他是那个时代最伟大的数学家和天文学家之一。没有直接的证据表明克拉维斯曾在努内斯门下学习，但数学家贝尔纳迪诺·布拉迪（Bernardino Bladi，1553—1617）写过一篇关于克拉维斯的个人传记，在其中提到过他们两人确实互相认识。当然，考虑到这名年轻德国人的兴趣，加之科英布拉大学也不是一个很大的地方，很难想象这两个人没有遇见过。但根据布拉迪的记载，克拉维斯在很大程度上是自学成才的，他是通过自己细心钻研古典数学课本获得数学知识的。

1560年，克拉维斯被召回罗马之后，继续从事哲学和神学方面的研究，并且开始讲授数学课程。1563年，他开始在罗马学院讲授数学，并于1565年左右，即在他30岁的时候成为数学教授，此后他几乎一直担任这个职务，直到47年之后他去世为止。到这时为止，克拉维斯的职业生涯可以说是值得尊敬的，但很难称得上是卓越的。虽然他的数学能力得到了上司的赏识，但他仍然只是一个默默无闻的年轻教员，他的同事们也并不是十分尊重他的专业领域。即使在多年之后，克拉维斯仍在努力为数学教授们争取参加公共仪式以及与其同事一起参加辩论的权利，这表明数学教授并没有和其他学科的教授享有同样的权利。尽管克拉维斯在SJ的旗舰学院拥有一席之地，但他还是被排除在"发愿"会士的行列之外多年，因此，对于他在SJ严格的等级制度中所处的地位，我们也可见一斑。

但是在1572年到1575之间的一段时间，即克拉维斯从科英布拉归来十多年之后，他的职业生涯发生了戏剧性的转折。新当选的教皇格里高利十三世（1572—1585年在位）组建了一个著名的委员会，目的是解决已经困扰了教会几个世纪的一个问题：历法改革。教皇担任委员会的技术顾问，他在罗马学院的年轻教授中选出了一些在数学和天文方面有一定名望的专家。这项任命对于克拉维斯来说无疑是一项莫大的荣誉，这是教会所从事的最雄心勃勃的项目之一，而教皇的任命则使他进入了这个项目的中心。这也使他成为SJ的正式代表，出现在罗马教会的一个高级别的官方小组里面，他们的建议将会被所有人知晓，并且会被整个欧洲的学者仔细检验。处于这样一个醒目的位置，克拉维斯被期待能为SJ带来荣耀，并提高其在罗马教廷的威信。对于一个年轻而默默无闻的数学教授来说，这无疑是一个充满困难甚至风险的职务。但克拉维斯和他的事业一直在等待着的就是这样的一个机会。

格里历

委员会所要解决的这个问题已经持续了1200多年。早在公元325年，尼西亚会议（Council of Nicea）就曾规定，应该在春分之后的第一个满月庆祝复活节，根据这个规定，复活节被定在了3月21日。遗憾的是，当时所使用的儒略历（Julian Calendar）并不完全符合太阳年（太阳在天球上回归到完全相同点所需要的时间）的实际时间长度。儒略历中的一年为365天又6个小时，而实际的太阳年则几乎比儒略历精确地少了11分钟。这么小的差异在年与年之间并不明显，甚至在人的一生中也不算明显，但如果这11分钟的误差重复发生1200多次，则能累积产生一个很大的误差。到16世纪70年代，春分日已经提前到了3月11日，导致在基督教历法中最重要的节日复活节也要跟着一起提前。如果不对这个问题进行一些纠正，那么这个误差将会继续扩大，而复活节也要继续提前。与此同时，用来计算满月发生日期的阴历也存在着类似的问题，即每310年会相差1天的时间。到16世纪，满月发生的日期比儒略历预算出的日期已经晚了4天。

这一切对于教会来说都是不可接受的：这不仅事关复活节的日期，而且还包括整个宗教历法中的节日和圣徒纪念日，更不用说节气和农历也陷入了一片混乱。早在13世纪，英国哲学家培根就曾抱怨道，现在的历法"令智者无可奈何，令天文学家望而生畏，并受数学家愚弄嘲笑"。时间规律确实是困扰着整个基督教世界的一个问题，人们希望教会这个"神圣生活节律的守护者"能够着手解决这个问题。从康斯坦茨会议（Council of Constance，1414—1418）开始，此后的几次教会会议都在试图解决这个问题，但这些努力并没有取得什么实际成果。最后，1545年至1563年间，在意大利北部举行的定期会议——特伦托会议（Council of Trent）中，颁布了一项法令，决定为实行历法改革而成立一个特别委员会。大约在10年后，新当选的教皇格里高利十三世终于执行了特伦托会议的这项法令。

克拉维斯所在的这个委员会的任务相当复杂。首先，他们必须确定儒略历和阴历之中的确切误差；然后，他们需要制定一个新的阴历，使之能够准确预测未来的月相；最后，他们需要纠正已经发生的累计偏差，并制定一个新的日历，使之能够防止再次发生类似的错误。1577年，该委员会向一些领先的天主教学者发布了一份修改"纲要"，用以征求意见和建议。在审议并整理完众多的反馈意见之后，委员会对阿洛伊修斯·里利乌斯（Aloysius Lilius）博士所提出的精确而简洁的建议情有独钟。1580年9月，委员会向教皇提交了他们的结论——它在很大程度上基于里利乌斯的建议。

第一个建议是为了立即对日历进行一次性校正，需要在当前日期上删除10天。为了防止在未来的几个世纪再度出现类似的问题，委员会还对儒略历提出了一个永久性的调整建议：与旧历法相同的是，每个能被4整除的年份为一个闰年，闰年包括366天而不是365天；但与旧历法不同的是，能被100整除的年份（即1800年、1900年等）为标准年份，包括365天，例外的情况是，能被400整除的年份仍然是闰年。这些措施产生的综合效果就是，能够消除每年10分48秒的误差，从而有效地同步日历年与太阳年。从今以后，春分将总是落在3月21日这一天。1582年2月，在教皇诏书中，教皇颁布了官方旨令：接受委员会的建议，并下旨令，当年10月4日星期四之后，次日将是10月15日星期五——这使得1582年成为历史上唯一仅有355天的年份。他还颁布了由克拉维斯及其同事设计的历法，这一历法在世界各地一直沿用至今，通常被称为"格里历"（Gregorian calendar，即公历或格里高列历）。

在历法改革的整个过程中，克拉维斯在天文学和数学方面的专业知识是必不可少的。他一直在为委员会中那些专业技能不太熟练的同事提供先进的天文计算。在重新计算月相以及审议各个学者的历法改革建议方面，他无疑也发挥了主导作用。通过这一切，克拉维斯证明了自己不仅是一名出色的数学家和天文学家，而且还可以有效地驾驭教廷内错综复杂的政治关系。在此后的几年里，该委员会的其他成员陆续回归到他们的正常职务，这时克拉维斯脱颖而出，成为这个新历法体系的公众发言人。他发布了关于新历法的一部600页的"说明"，并承担由此产生的所有批评。这位在罗马学院默默无闻、怀才不遇的教授已经一跃成为一位领先的数学家，并且成为处于上升势头之中的数学科学的发言人，而且他还是"发愿"SJ会士和SJ的公众形象。从此，他将一往无前。

一场数学的胜利

在与新教"异教徒"斗争的黑暗岁月里，历法的公历改革是天主教会取得的一场空前胜利。这次是教皇行使了他的无上权力，纠正了一个已经困扰全体基督徒长达一千多年的问题。为了使世界各地不计其数的人能够摆脱这个问题，教皇通过展示"上帝"一般的权力，改造了年份、宗教节日以及季节。为了纪念教皇格里高利十三世，在位于罗马的圣彼得大教堂里，由雕塑家卡米洛·卢斯科尼（Camillo Rusconi）创作的浮雕显示了这样一幅景象：克拉维斯在几位历法改革委员会成员中间，（根据SJ传统）跪在教皇宝座之前，他正在向教皇呈上新的历法。教皇坐在宝座上展开双臂，用手指向地球仪，仿佛世界又一次回到了他的手中。

虽然教皇的新教敌人会认为，他们的领先学者也如克拉维斯及其委员会成员一样博学多才，但是，没有哪个新教公侯或神职人员能够像教皇那样，成为修正时间的大师。

新教徒没有别的选择，他们只能无奈地承认教皇法令的效力，以及教皇重新制定"宇宙秩序"这一无可匹敌的能力。这究竟有多么地令他们感到担忧，可以从一篇名为《依纳爵的秘密会议》（*Ignatius His Conclave*）的诗歌中窥见一斑。这是由英国诗人和牧师约翰·多恩（John Donne）在1611年所作的一篇反对SJ的讽刺诗，在多恩的描述中，依纳爵与他的同伴居住在"地狱"，克拉维斯也在其中。依纳爵宣布道：

> "我们的克拉维斯应该为他的巨大付出感到荣幸……他为格里历费尽心血，它不仅使教会失去了安宁，而且使民众生活陷入了极度混乱；天堂也没能逃脱于他的暴行，连远古的圣人都要听命于他的调遣：圣斯德望[①]、施洗者约翰，所有的圣人概莫能外，他们受命在约定的时间去创造奇迹……像他们惯常的那样，他们会准时在约定的时间出现，然而到时他们会发现早醒了10天，并且还要受他的约束从天堂下凡去做圣事。"

这篇辛辣的讽刺诗并无法掩盖反对天主教的多恩的惶恐心理，因为他不得不屈从于教皇对宗教和世俗时间秩序的重新设定。

那些新教公侯被迫面临着一个棘手的选择：他们可以选择接受格里历，从而默认教皇的普遍权威性；或者他们也可以选择拒绝格里历，并故意延用令人难堪的错误历法。他们感觉被逼进了死胡同，所以表现出了一些困惑，这当然是可以理解的。英国女王伊丽莎白一世起初宣布将采用新历法，但当面对来自英国教会的反对时，她又收回了成命。直到1752年，格里历才登陆不列颠群岛。荷兰共和国则分为两极，有一些省份立即采用了新历法，而其他一些省份则延用儒略历

---

① 圣斯德望（St. Stephen）是教会首位殉道者。天主教定其庆日于12月26日。——译者注

直到1700年。瑞典一直在两种历法之间摇摆不定，直到1753年才最终确定使用格里历。再往东的俄罗斯东正教——他们与教皇之间的对抗比路德还要早上700多年——也坚持延用儒略历，直到1918年。最后采用格里历的欧洲国家是希腊，希腊直到1923年才采用格里历，那时距离克拉维斯及其同事完成新历法的制定差不多已经过去了三个半世纪。通过颁布一部席卷世界的历法，罗马教会表现出了强大的指挥权，而它的竞争对手所能表现出的只有软弱和困惑，以及国家性教会所固有的局限性。

历法改革正是SJ所希望实现的那种胜利。天主教要将真理、秩序以及规律强加给这个失控的世界，这次历法改革无疑成了一个完美的案例。就像圣依纳爵在鲁本斯的杰作中所表现出的那样，教皇格里高利将普世真理之光带给了那些一直在黑暗和混乱中挣扎的人们。对历法改革的响应证实了这一点：只要是教皇统治的领土，则无论哪里都布满着法律、秩序与和平；而只要是异教徒和分裂者统治的领土，则无论哪里都充斥着谬误、混乱和冲突。没有什么能比这更好地诠释教皇统治方法的正义性了，这正体现了SJ的核心世界观。他们认为，这是罗马教会取得最终胜利的一个典范。

相比在神学领域普遍存在的一些争执不下的僵局，罗马教会在历法问题上的决定性胜利显得尤为引人注目。例如，天主教徒认为，只能通过神圣的教堂和圣礼，由祝圣司铎将上帝的恩典赐予有罪的人们；相反，新教徒则信仰"信徒皆祭司"，意思是说，上帝会将恩典直接赐予人们。天主教徒认为，在弥撒圣餐仪式中，基督实际存在于面包和酒之中；新教徒则认为，基督是无处不在的（路德），或者说弥撒只不过是一个纪念基督受难的仪式（茨温利）。天主教徒认为，上帝会通过考察一个人在现世的善举来决定他是否能够得救；新教徒则认为，只有信仰和恩典才是最重要的。天主教徒认为，圣经需要通过教会的等级制度和传统进行解释；新教徒则认为，圣经是对正义行为的明确指导，任何人都可以接触，等等。这些争论存在（并且至今仍存在）的共同点是，它们都是无法确定的问题。

从路德的时代开始，时至今日，双方都没有任何让步。

可以肯定的是，双方的拥护者都参与到了这场充满热情，甚至是充满暴力的辩论之中。他们分别印发了赤裸裸的讽刺漫画来攻击对方，一方把路德描绘成魔鬼的使者，而另一方则把教皇称为反基督者。随着新的印刷技术的出现，这些讽刺画也传播得越来越广。他们出版了通俗的小册子，互相谴责对方的学说为异端邪说；还出版了教义问答的小册子，详细介绍各自信仰中的基础问题。他们还撰写了学术论文，例如，加尔文的《基督教要义》，或者SJ会士佛朗西斯科·苏亚雷斯的《形而上学辩论》（*Disputationes Metaphysicae*）。他们偶尔会正式辩论，就像路德与埃克在1519年曾进行的辩论那样。尽管双方在这些争斗中投入了大量的时间、精力和资源，但是，没有哪一方能将自己的立场强加给对方。这些纠缠不清的争斗，与历法改革带给罗马教会的荣耀和干净利落的胜利，两者之间形成了鲜明的对比！如果历法改革胜利的秘诀可以注入到其他领域，那么教皇和教会的最终胜利将指日可待。

克拉维斯相信，他知道这个秘诀是什么：那就是数学。他认为，神学和哲学争论可能永远甚嚣尘上，因为不存在普遍接受的方式来决定谁对谁错。即使当一方占有绝对真理（如克拉维斯所认为的那样）而另一方根本是谬误的时候，谬误的信徒仍然可以拒绝接受真理。但是数学不一样：在数学领域，真理可以通过自身的证明强迫读者接受它，不管他们喜欢与否。人们可以争辩关于圣礼的天主教教义，但不能否认毕达哥拉斯定理（勾股定理）；没有人可以挑战新历法的正确性，正是因为它基于详细的数学计算。克拉维斯相信，这就是教会最终取得胜利的关键所在。

数学的确定性

克拉维斯在一篇论文中详细阐述了他对数学的观点，收录在他所编写的欧几里得①几何学中，这本几何学最早发行于1574年，当时正处于历法改革委员会开始投入工作之际。论文的标题很简单，即"数学引论"（"关于数学科学的引论"）。这篇论文实际上是在极力呼吁大家承认数学科学的作用，以及数学相对于其他学科的优越性。克拉维斯写道："如果一门科学是由其所使用的证明方法的确定性，来判断这门科学是否高贵和卓越，那么毫无疑问，数学学科在所有学科中应该是首屈一指的"；"这些数学方法可以通过最强的推理来证明一切争论，并且在听者的头脑中形成真正的知识，彻底消除任何疑虑，它们以这种方式来证实推理的正确性"。换句话说，数学可以强加在听者的头脑中，甚至能迫使那些最顽固的人接受数学真理。

他继续写道：

欧几里得的定理，以及其他数学家的定理，它们在如今仍像许多年前一样，在学校里保留着它们真正的纯洁性、真正的确定性，以及强大而严格的证明过程……因此，数学是如此渴望、尊重和促进真理，它不仅会拒绝所有错误的知识，甚至会拒绝所有不确定的知识，它不承认一切无法通过最可靠的证明得出的知识。

但其他一些所谓的"科学"却并非如此。克拉维斯指出，为了评估结论的正确性，人的头脑需要处理"大量的意见"和"各种各样的观点"。结果，由于数学会导致确定性，所以它能终结所有争论，而其他科学只能使头脑产生困惑和不确定。克拉维斯继续写道，事实上，鉴于非数学领域所固有的不确定性，"我想没有人会不承认，其他科学与数学的差距是如此之大"。他总结道："毫无疑问，应该把所有科学之中的首要位置让给数学。"

严谨、有序并且不可抗拒，数学对于克拉维斯来说就是SJ体系的具体化。通

---

① 欧几里得（公元前325—前265年），古希腊数学家，被称为"几何之父"。他活跃于托勒密一世（Ptolemy Ⅰ）时期的亚历山大里亚，他最著名的著作《几何原本》（Elements）是欧洲数学的基础，提出五大公设。欧几里得几何被广泛认为是历史上最成功的教科书。欧几里得也写了一些关于透视、圆锥曲线、球面几何学及数论的作品。——译者注

过强加真理和清除谬误，它用固定的秩序和确定性取代了混乱和困惑。然而，应该记住，当克拉维斯提到"数学"时，他在头脑中会有一些非常具体的想法。当然，商人使用的算术已经有了它的一席之地，新兴的代数科学也同样如此，它教导人们如何解二次、三次和四次方程。但对于克拉维斯来说，真正完美的数学模型是几何学，正如欧几里得的伟大巨著《几何原本》所呈现出的那样。他认为，没有哪个数学领域能像几何学那样，以其最纯粹的形式掌握着权力和真理。当克拉维斯希望强调数学的永恒真理时，他引用了"欧几里得的演绎推理法"。而且，他的教科书包括很多数学领域，但他唯独选择将自己的"绪论"附在了他所编写的欧几里得几何学中，这肯定不是巧合。

　　大约在公元前300年写就的《几何原本》，可以说是历史上最有影响力的数学教科书。并不是因为它提出了新的或者原创的几何成果，而是因为《几何原本》是在前几代几何学家作品的基础之上总结而成的，书中大部分的几何知识很可能已经为数学家们所熟知。欧几里得作品的革命性在于其系统而严格的几何方法。它从一系列的定义和公设开始证明。公设非常地简单，它们被看作是不证自明的真命题：根据定义"图形是由一个边界或者几个边界所围成的"，根据公设"所有直角都相等"，等等。从这些看似微不足道的开端，欧几里得一步一步地证明出了越来越复杂的几何结果：等腰三角形的两个底角相等；在一个直角三角形中，两条直角边的平方之和等于第三边的平方（勾股定理）；在同一个圆中，同弧或等弧所对的圆周角相等，等等。在每一步推导中，欧几里得不只证明其结果是合理的，或是有可能的，而是证明其结果是绝对正确的，不可能有别的结果。以这种方式，欧几里得一层一层地构造出了一个数学真理的庞大体系，它由互相关联和不可撼动的真命题组成，每一个命题都依赖于之前的一个命题。如同克拉维斯在"绪论"中所指出的那样，这是知识王国里最坚固的大厦。

　　我们来领略一下欧几里得的方法，以他在第一卷中命题32的证明为例，即任何一个三角形的全部内角之和等于两个直角之和（或者说等于180度）。到这里，欧几里得已经证明了，当一条直线穿过两条平行线时，它与两条平行线相交所形成的内错角相等，同位角相等（第一卷，命题29）。他在以下的证明中很好地利用了这个定理：

命题32：在任何一个三角形中，如果一条边被延长，那么外角等于不相邻的两个内角之和，并且三角形的三个内角之和等于两个直角之和（180度）。

证明：

设一个三角形为△ABC，令其中的一条边BC延长到D点。那么可以得到，外角∠ACD等于不相邻的两个内角∠BAC与∠ABC之和，并且三角形的三个内角∠ABC、∠ACB、∠BAC之和等于180度。

假设过点C作一条直线CE，与直线AB平行。

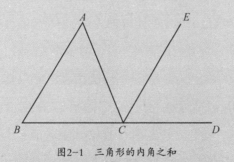

图2-1 三角形的内角之和

那么，由于AB平行于CE，并且AC与它们相交，因此，内错角∠BAC与∠ACE相等。

同样，由于AB平行于CE，并且直线BD与它们相交，因此，同位角∠DCE与∠ABC相等。

由于∠ACE也证明了等于∠BAC。由此可得，∠ACD（由∠ACE和∠DCE组成）等于两个内角∠BAC和∠ABC之和。

令∠ACB加上∠ACE和∠DCE，由此可得，∠ACB和∠ACD之和等于三角形的内角∠ABC、∠ACB、∠BAC之和。

由于∠ACB和∠ACD之和等于两个直角之和（180度），由此可得，三角形的三个内角∠ABC、∠ACB、∠BAC之和也等于两个直角之和（180度）。

证明完毕。

欧几里得的证明是基础而简单的：他将三角形的边BC延长到点D，然后过点C画了一条与AB平行的直线。利用他已经证明的有关平行线的性质，他把三角形的∠A和∠B转移到了直线BD上的∠C旁边，从而可以看出三个角一起组成了一条直线，即180度。但即使在这个简单的证明过程中，所用到的所有定理也都清晰可见，这使得欧几里得的证明相当令人信服。这次证明是基于从之前的一些证明中得出的定理，在这个例子中使用的是平行线的独特性质；从这开始，它逐步、系统地进行证明，清楚地论证每一个小的步骤在逻辑上都是正确和必要的；最终，它得出了结论，该结论是绝对正确和通用的。不仅是这个特定三角形ABC的内角之和等于180度，而且每一个三角形都一直、永远或者只能表现出这种完全相同的特性。最终，命题32的证明，以及所有其他欧几里得的证明，它们都是欧几里得几何这个整体的一个缩影。正如每一个证明都是由一些小的逻辑步骤组成的，这些证明本身也同样只是欧几里得几何体系中的小的步骤。并且如同每个单独的证明一样，几何学作为一个整体也是通用的、永远正确的，它每时每刻、无处不在地维护着世界秩序并且统治着世界的等级结构。

SJ一直想把一种正确、永恒和不可挑战的秩序强加在看似混乱的现实之上，而这实际实现起来却举步维艰。但克拉维斯很清楚地认识到，欧几里得的方法已经成功地实现了SJ一直梦寐以求的事情。我们周围多样化的世界，由看似无限的形状、颜色和材质构成，这对于我们来说也许是混乱和难以控制的。但多亏了欧几里得，我们才能更清楚地认识到：所有这些多样性和表面上的混乱，其实已经被永恒而普遍的几何学真理赋予了严格的秩序。安东尼奥·波塞维诺是罗马教皇的教廷大使，并且是克拉维斯的朋友和合作者，他在其1591年的著作《物竞天择》（*Biblioteca selecta*）中指出：

> ……如果有人把上帝想象成是世间万物最聪明的几何建筑师……他就会明白，世界是上帝用各种各样的物质搭建起来的。由于他希望万物和谐有序，所以用了比例、尺寸和数字来装饰它……因此世界上的工匠才能模仿最完美和永恒的典范。

上帝将几何学强加到了不规则的物体之上，因此几何学的永恒规则才能够一直普遍适用。

数学，尤其是几何学，对于克拉维斯来说是SJ最高理想的表达，并且在SJ努力建立一个新的天主教秩序的过程中，为其提供了一个清晰的路线图。在某些情况下，数学可以直接用于提高教会的权力，就像它在历法改革中所起到的作用一样。在其他情况下，数学可以作为真正知识的一个理想模型，这样一来就能够被其他学科效仿。不管怎样，对于克拉维斯来说有一件事是明确的：数学再也不能作为SJ学术帝国里的附属课程而萎靡下去，它必须成为课程计划中的一个核心学科，以及SJ组成中的关键部分。

克拉维斯对抗神学家

想要把数学确立为SJ课程中的核心学科并非易事。首先克拉维斯必须要面对那些反对他的同事，他们根本不认为数学应享有如此高的地位。他们指出，依纳爵并不太看重数学，他指定的权威人物也并不特别喜欢数学。阿奎那是依纳爵所选择的神学权威，但他只有限地使用过简单的数学；亚里士多德是SJ在哲学上的权威，相比他的老师及哲学上的对手柏拉图来说，他对数学更不重视，在他的物理学和生物学中，数学根本没有一席之地。

克拉维斯在罗马学院最公开的对手，似乎一直是神学家贝尼托·佩雷拉，正是他曾宣称，人们必须始终"坚守旧的和被普遍接受的观点"。1576年，当克拉维斯开始进行历法改革的时候，他曾宣称："在我看来，数学学科是不合理的科学。"根据佩雷拉的观点，数学的问题在于，它的证明是乏力的，因此也不会产生真正的知识，缺少当时的哲学语言所谓的"格物致知"（scientia）。这是因为，根据亚里士多德的理论，合理的证明要从真正的原因（那些植根于所讨论对象的本质属性的原因）出发。例如经典的三段论：

所有人都会死

苏格拉底是人

所以，苏格拉底会死

三段论从死亡是人生的必要组成部分这一事实出发开始证明。佩雷拉指出，在数学中则不是这样的，因为数学证明不会考虑到事物的本质。相反，它们指向数字、直线、图形之间的复杂关系。这些几何关系的确很有趣，但缺乏由真正原因开始进行证明的那种逻辑力量。例如，利用平行线我们得出，三角形的内角之和等于两个直角，但平行线并不是导致命题为真的原因。佩雷拉指出，总而言之，数学甚至没有一个真正的主体，并且是由不同属性之间的关系得出的结论。如果一个人想寻求强有力的证明方法，那么他必须转向其他方法——亚里士多德物理学的三段论证明方法，在其中几乎完全没有出现数学。

事实并非如此，克拉维斯在"绪论"中进行了反驳。数学的主体就是物质本身，因为所有的数学都是"沉浸"在物质之中的。他提出，这就把数学置于了知识体系中一个特殊的位置：既沉浸在物质之中，又从物质之中抽象出来，它是介于物理学（仅涉及物质）和形而上学（只涉及从物质中分离出的思想）之间的学科。克拉维斯指出，不该将数学与形而上学的神学等同来看，因为神学所涉及的是完全不同的内容。尽管如此，相比佩雷拉所青睐的亚里士多德物理学，数学仍明显处于优势地位。克拉维斯是否赢得了这场争论见仁见智。同时代的人认为，他至少坚持了自己的观点，这就是他真正需要的。作为教会历法改革委员会的代表，他不断提高的声望比他的逻辑和修辞更能支持他的论点。但无论如何，他更感兴趣的还是实际的教学改革，而不是抽象的哲学辩论。这才是他斗争的起因，而且他终将会取得教学改革的胜利。

为了提高数学在SJ中的形象，克拉维斯发布了他的计划，这是一份名为《在SJ学校推广数学的方法》（*Modus quo disciplinas mathematicas in scholis Societatis possent promoveri*）的文件，该文件于1582年左右开始广为流传，也就是在历法委员会刚刚制定完成新历法之后不久。他认为，为了使教学改革计划取得成功，首先要提高数学在学生眼中的威望。这需要他的同事给予一些合作，他毫不犹豫地把目标直接瞄准了那些在他看来可能妨碍自己计划的人。他抱怨道，据他掌握的可靠消息，某些老师曾公然嘲笑数学科学。他所指的当然就是佩雷拉及其盟友。他写道：

> 为了促进数学的发展，希望一些哲学教师能放弃对数学的质疑。他们提出的一些观点，既无助于学生对自然事物的理解，又非常有损数学在学生眼中的权威，比如他们曾教导学生说，数学并不是科学，并且没有证明过程……

他严厉地补充道："经验告诉我们，这些质疑对学生产生了很大的障碍，对他们毫无益处。"

除了反击敌对同事的不良影响，克拉维斯还为SJ学校的数学发展积极建言献策。首先，他认为，高级教师必须建立"非同寻常的学识和权威"，因为如果没有这些，学生就"似乎无法被吸引到数学课程中来"。为了培养一些有能力的教授，克拉维斯建议成立一个专门的学校，SJ学院里那些最有前途的数学学生可以在这里从事更高的学术研究。以后，一旦他们就职于自己的日常教学岗位，这个学校的这些毕业生"就不应再投身于其他的职业"，而应该专注于数学教学。为了对抗反对数学的偏见，非常重要的一点是，这些训练有素的数学家需要得到他们同事最大程度的尊重，并邀请他们与神学和哲学教授一起参与公开辩论。他解释道，之所以需要建立数学的威望是因为：

……现在的学生似乎全都藐视数学的相关学科，他们认为这些学科是没有价值的，甚至是没用的，因为他们的数学老师从来没有被邀请与其他教授一起参加公开活动。

如同现在一样，学生们很快就能选出哪些学科和教师是有价值的，哪些是没有价值的，让学生们认真对待那些被轻视学科的教师几乎是不可能的。现在更可能出现的情况是，哲学和人文学科的教师会抱怨自己的领域受到数学教师的轻视。虽然不同学科的角色大致颠倒过来了，但这种动态关系仍然是大同小异的。

欧几里得几何的关键

为SJ学院配备合格的教师是一回事，而为这些教师提供教材则是另外一回事。在这方面，克拉维斯也提出过建议。早在1581年，他就提出了一份详细的数学课程，他称之为"Ordo servandus in addiscendis disciplinis mathematicis"，字面上的意思就是"学习数学的顺序"。克拉维斯的完整课程包括22节课，分布在3年的学期里，最终证明，这一计划有些过于宏大，而不能普遍推行。在SJ学院，神学和哲学仍然居于首要地位，但这并没有阻止克拉维斯争取尽可能多地引入他的课程。

毋庸置疑，克拉维斯课程中的核心部分必然是欧几里得几何。每个初学者都要从欧几里得的前4册书开始学起，其内容为平面几何；然后再学习算术的基本原理，以及天文学、地理学、美术和音乐理论，这些学科都是根据各自领域内权威学者的理论设置课程的，比如，算术领域中的约丹努（Jordanus de Nemore）、天文学领域中的萨克罗博斯科（Sacrobosco）以及地理学领域中的托勒密，等等。但在整个学习过程中，初学者会多次学到最伟大的数学大师欧几里得的著作，直到其彻底掌握了《几何原本》整个13卷的内容为止。这不仅是一种学习的逻辑顺序，对于克拉维斯来说，它还代表了一种更深层次的思想信念。几何学的严格性和层次性，使得几何学成为SJ会士心目中的理想科学。数学科学以及天文学、地理学、美术和音乐等，它们都来源于几何学真理，并展示了这些几何学真理是如何统治世界的。因此，克拉维斯的数学课程并不只是教给学生具体的技能，更重要的是，它论证了绝对永恒的真理是如何塑造世界和统治世界的。

在克拉维斯人生的最后30年里，他大部分时间在努力推行这一计划。起初，他希望将他的计划纳入SJ的"教育计划"——已经执行了数十年的SJ学院教育的纲领性文件。罗马学院于1586年通过了一项草案，几乎完全遵循了克拉维斯的建议，甚至于自己就可以编写数学教材。例如，草案规定，一位数学教授"比如说克拉维斯神父"，需要教授为期3年的高级数学课程，以培养未来的SJ数学教师。后来在1591年颁布的一项草案中，重申了很多相同的内容。克拉维斯曾经警告过那些持反对意见的教师，说他们会破坏数学的权威性和重要性，而这次的草案也同样警告了他们。教育计划的最终版本于1599年颁布，并由SJ大会正式批准。与之前那个略显浮夸的版本相比，这个版本显得更加平实和简洁，但也大体上接受了克拉维斯的建议。每个学生都要先学习欧几里得《几何原本》中的基础知识，然后再学习一些更高级的课程。此外，"对于那些偏好数学并擅长数学的学生，应该在课程结束后单独培训"。虽然克拉维斯最终并没有得到他所希望的数学学院，但他仍获得了很多他所争取的权利。

克拉维斯对数学的极力主张并不局限在课程设置这一个方面的问题，他还投入到编写新教科书的艰巨工程之中，希望以之取代教会学校一直在使用的中世纪教科书。这些中世纪教科书虽然被认为是权威的，但它们毕竟已经沿用了数百年，而且所呈现的风格已不再能吸引16世纪的学生。萨克罗博斯科的《天球论》（*Tractatus De Sphaera*）就是标准的中世纪天文学教科书。克拉维斯在1570年发布了第一版经他注释的《天球论》，并在1574年发布了经他注释的欧几里得的多部著作。随后，在1581年，他又发布了关于指时针（日晷的垂直部分）理论与实践的教科书；同在1581年，他还发布了关于星盘（用于测量恒星在宇宙中的位置）的教科书；后来他还发布了实用几何（1604年）和代数（1608年）的教科书。这些教科书往往是在传统文本的基础上加了他的注释，如欧几里得的《几何原本》和萨克罗博斯科的《天球论》，不过，它们都保留了原书的核心教义（如萨克罗博斯科的假设：太阳围绕地球转动）。然而，克拉维斯的版本仍属于实际意义上的新版教科书，它们不仅引入了一些与时俱进的内容，强调应用，而且以更清晰和吸引人的方式呈现了教学内容。在整个16世纪和17世纪，这些教科书被更新了许多个版本，作为SJ的标准教材一直使用到了17世纪。

然而，克拉维斯最大的心愿还是在罗马学院建立一所数学学院。起初，在16世纪70年代和80年代，它是由经过选拔的数学学生组成的一个非正式小组，其成员跟随克拉维斯学习高级课程。到16世纪90年代初，当时神学家罗伯特·贝拉明正担任罗马学院的校长，克拉维斯设法说服了他的朋友贝拉明推行一项计划。在一到两年的学习期间，该学院的成员可以免于从事其他职务并允许他们专门从事数学研究。1593年，总会长阿奎维瓦行使自己的权力准许了这项计划，他下令，在SJ学院体系内，最好的数学学生将被送往罗马，接受神父克拉维斯的指导。结果，克拉维斯很快成了一群年轻数学家的领袖。他们不仅是称职的教师，而且可以称得上是杰出的数学家，其中包括：有政治家风格的神父克里斯托夫·格林伯格，他后来成为克拉维斯在罗马学院的继任者；性格暴躁的神父奥拉奇奥·格拉西（Orazzio Grassi），他因与伽利略略争论彗星的性质而闻名；还有神父格里高利·圣文森特以及神父保罗·古尔丁。他们全部都是那个时代首屈一指的欧洲数学家。1581年，克拉维斯曾抱怨道，SJ会士对数学知之甚少，一提到数学他们就会沉默不语。但几乎全凭克拉维斯的一己之力，在他顽强和不懈的领导下，仅仅用了几十年的时间，SJ就已经能够制定欧洲数学研究的标准了。

在整个过程中，即使在更高级数学的教科书中，SJ会士从来没有偏离过他们对欧几里得几何的信仰。这不仅是他们教学的核心内容，也是他们数学实践的基础。这不是一种风格上的选择，而是一种根深蒂固的意识形态上的信仰：学习和传授数学的全部意义就在于，它展示了如何将普遍真理以理性、有序和不可避免的方式强加给这个世界。SJ会士相信，在理想情况下，就像几何定理那样，宗教的真理也将被强加于这个世界，不会给新教徒和其他异教徒留下任何回避或拒绝的余地，并且必然会使罗马教会取得最终的胜利。对于SJ会士来说，必须遵循欧几里得的原则和程序来研究数学，否则的话，它根本不值得研究。与欧氏几何背道而驰的数学研究不仅是徒劳无功的，而且也挑战了他们那不可战胜的信念，即通过世界范围内的天主教等级制度所传递的真理必将大行其道。

迟钝的野兽

克里斯托弗·克拉维斯于1612年2月2日在罗马去世，这时的他正处于权力和威望的鼎盛时期。克拉维斯已经今非昔比，正如SJ档案所提到的，克拉维斯是SJ的一块瑰宝。他是人才辈出的数学学院无可争议的创始人和领导者，在他的努力领导下，SJ逐步将自己打造成了天主教会的学术权威。他不仅为SJ会士带来了荣耀，而且增加了他们的政治影响力。虽然他们的主要对手道明会并没有什么可与之比肩的成就。就在1610年，克拉维斯被要求对伽利略在天文学方面的惊人发现给予评判，伽利略的论点包括：在月球上存在山脉，以及木星有4颗卫星。克拉维斯的介入是具有决定性的：他支持伽利略的观点，从而确保了他的发现得到普遍的接受。

　　SJ会士对数学家克拉维斯的崇敬，在SJ天文学家詹巴蒂斯塔·里乔利（Giambattista Riccioli，1598—1671）的话语中能够得到很好的印证，他在1651年的评论中说："人们宁愿受到克拉维斯的责备，也不愿得到其他人的赞扬。"克拉维斯在SJ之外也有很多崇拜者，包括丹麦天文学家第谷·布拉赫（Tycho Brahe），意大利数学家费德里科·科曼迪诺（Federico Commandino）和吉多巴尔多·德·蒙蒂（Guidobaldo del Monte）。此外还有像科隆大主教这样的杰出人物，他在1597年写道，克拉维斯可谓"数学之父"，并且"受到了西班牙人、法国人、意大利人和大多数德国人的崇敬"。但克拉维斯也不乏批评者。可以预料到的是一些新教徒，如德国天文学家和数学家迈克尔·马斯特林（Michael Maestlin）——以

图2-2　1606年前后的克里斯托弗·克拉维斯。根据弗朗西斯科·维拉梅纳（Francisco Villamena）的绘画，由埃·德·布隆尼斯（E. de Boulonois）雕刻。（图片提供：Huntington Library）

约翰内斯·开普勒（Johannes Kepler，1571—1630）导师的身份而闻名，他曾严厉地批评历法改革；还有法国人文主义者约瑟夫·尤斯图斯·斯卡利杰（Joseph Justus Scaliger），他曾鄙视所有的SJ会士，并称克拉维斯为"肥硕、迟钝和病态的德国野兽"。

还有一些是天主教徒，比如红衣主教雅克·戴维·杜伯龙（Jacques Davy Duperron），他也很不雅地称克拉维斯为"德国肥马"；还有法国数学家弗朗索瓦·韦达（François Viète），他与克拉维斯就新历法的优劣进行过激烈的辩论，他抨击克拉维斯为"假数学家和假神学家"。

在现在看来，如此刻薄的谴责会被认为已经超出了学术语言的范围，但在16世纪和17世纪，这是常有的事情。他们还炮制了一条对于克拉维斯来说更深刻的批评，而且很难对其置之不理。雅克·奥古斯特·德图（Jacques Auguste de Thou）在其1622年发表的《他的时代的历史》（History）一书中，引用了韦达对这位SJ会士的评价。他明确写道，克拉维斯是一位评注大师，他拥有一种善于解释他人发明的天赋，但在其所从事的学科中却没有做出原创性的贡献。这样来看，克拉维斯无非就是一头入不敷出的"野兽"，为了他的事业，他耗费掉了大量资源，但却不能产生原创性的见解。

必须指出，这一观点并非是完全不公正的评价。毫无疑问，克拉维斯是数学科学的伟大促进者，在SJ内部与外部同时提高了数学科学的形象和地位。他也是一位有效的组织者，能够克服政治和组织上的障碍，在罗马学院建立他的数学学院。他是一位宗师，深受几代学生的爱戴和尊敬，其中有很多人凭借自身的实力成为领先的数学家。他是那个时代领先的教育家之一，在此后的许多年里，他详细的数学课程对欧洲的数学教学产生了深远的影响。也许最具影响力的是，他编写了新的教科书，他在几何学、代数学和天文学领域的教科书被不断再版发行。

那么，他是一位原创型的数学家吗？他的教科书的确没有提供多少有关原创性的证据。虽然有人指出他在组合理论方面包含一些新的成果，但他的欧几里得几何在本质上还是对古代文本所进行的近代注释。经他注释的萨克罗博斯科的《天球论》，确实使用了一些中世纪的原创性观测结果和理论，而当传统的地心说世界观被尼古拉斯·哥白尼、第谷·布拉赫和开普勒挑战的时候，克拉维斯的教科书则成了旧的正统学说的顽强捍卫者。虽然他了解韦达所得出的富有开创性的研究成果（近代代数的基础），但克拉维斯的代数教科书却没有包含他的任何新成果，而是总结了早期意大利和德国的代数学家的一些著作，两者比较起来可谓是高下立判。德图把克拉维斯描述成非原创数学家，说他永远不会与前人的传统背道而驰。这里想说的是，前面提到的这些情况都可以作为支持德图观点的有力证据。尽管这样的描述无疑是在有意侮辱这位老SJ会士，尤其在我们这个时代，这样的评价似乎更为严厉，因为现在几乎完全是根据数学家的创造性和原创性来对其成就进行评判的。

然而，根据这个标准来评判克拉维斯却是不公正的。克拉维斯从来没想过要在数学方面做出原创性的贡献，并且如果其他人也能像他这样的话，他还会感到十分高兴。他在"绪论"中解释道："欧几里得和其他数学家的数学定理，古往今来都保持着它们真正的纯洁性、确定性以及强大而严格的证明过程。"在克拉维斯看来，数学之所以值得研究，不是因为这个学科可以进行开放式的研究并取得新的发现（现代数学家正是这种看法），而是因为它是永恒不变的，它的结果不仅在遥远的过去是正确的，而且在今天以及遥远的未来也将依然如此。与所有其他学科不同，数学能够提供稳定、有序和不变的永恒真理。基于这个目的，新的发现不仅是无关紧要的，而且还具有潜在的破坏性，因此绝不应该受到鼓励。从这个角度来评判的话，克拉维斯可能确实称得上是那个时代的伟大数学家之一，尽管他与我们今天所了解的数学家非常不同。

依靠严格遵循已有的数学真理，克拉维斯做到了始终忠于教会的学术传统和教皇的命令。总会长阿奎维瓦曾警告说，不应该让任何人怀疑SJ在进行创新，而且这种根深蒂固的保守主义也延伸到了各个知识领域，在数学方面尤为突出。为了提高数学在SJ学校的地位，克拉维斯所做的一切都是依赖于这样一个事实，即相比其他任何科学，数学都是更加严格、有序和永远正确的。研究其他学科可能有其他的一些原因：研究神学是因为它是关于"上帝之道"的学问；研究哲学是因为它是关于世界观的学问，而且是理解神学所必不可少的。但是，为什么研究数学呢？只因为它提供了一种完美的具有理性秩序和确定性的模型，并且提供了一个普遍真理如何统治世界的典范。如果把数学打造成为一个充满创新的领域，不断提出新的真理，然后再接受质疑和争论，那么这门学科将会变得徒劳无益；这样的数学是危险的，因为它不仅不会对真理的根基起到支撑作用，而且还将对其产生损害。

克拉维斯为SJ的数学传统留下了深深的印记。几个世纪以来，SJ的数学家一直坚持使用经过检验的方法，尽可能地遵循欧几里得的方法，并且避免接触不确定的新领域。但就在克拉维斯建立强大的SJ数学学院的这几年时间里，一种非同寻常的数学实践方法正在悄然而起，它将会挑战克拉维斯所珍视的数学原则。SJ会士坚持明确和简单的公设，而新一代的数学家则依赖于对物质内部结构的一种模糊的直觉；SJ会士乐于见到绝对的确定性，而新一代的数学则提出一种带有矛盾的方法，并且似乎为这些悖论而着迷；SJ会士不惜一切代价尽量避免争议，而新的方法似乎从一开始就陷入了难解的争议。它是SJ会士怎么也想象不到的一种方法，但这种方法却蓬勃发展起来了，不断获得新的支持和新的追随者。它被称为不可分量法。

第3章
数学的无序

科学家与红衣主教

　　伽利略是托斯卡纳大公费迪南多二世统治时期的数学家和哲学家。1621年12月，他收到了一位崇拜者寄给他的一封信，这位崇拜者就是23岁的米兰修道士博纳文图拉·卡瓦列里。几个月以前，卡瓦列里曾在佛罗伦萨拜访过伽利略，这位年轻修道士敏锐的数学头脑给伽利略留下了深刻的印象，伽利略希望与他继续保持书信来往。卡瓦列里也确实这样做了，他的信中充满了对这位佛罗伦萨圣人的钦佩和赞赏之情，他报告了自己最新取得的数学成果，并就自己激进的新研究方向征询伽利略的意见。

　　伽利略当时正处于权力与名誉的顶峰，他已经习惯了雄心勃勃的年轻人向他寻求意见和资助。这时距离他制造第一架望远镜已经过去了12年——那时他还是帕多瓦大学的一位数学教授。他用望远镜遥望天空，从中看到的景象永远地改变了人类的宇宙观。他观测到了肉眼看不到的无数星辰、月球表面上的山脉和峡谷，以及太阳表面上的黑斑。其中最重大的发现就是，他观测到了4个微小的斑点，他推断那是围绕木星运行的卫星，类似于月亮绕着我们地球运行。伽利略很快将他的新发现编写成了一本名为《星际信使》（*Sidereus Nuncius*）的小册子，并把它送给了当时的一些著名学者和天文学家。这本小册子的影响很快就显现了出来，这位默默无闻的教授几乎一夜之间在整个欧洲家喻户晓，他被认为是开创了天体研究先河的人。在1611年访问罗马期间，伽利略与教皇分享了关于他的新发现的故事，并得到了SJ红衣主教贝拉明个人的友好接见。而罗马学院的神父克拉维斯对创新永远抱有怀疑态度，他首先提出了异议，并讽刺道，要想看到这些东西，必须先把它们放到望远镜里面才行。但是，在SJ天文学家证实了佛罗伦萨人的发现并表达了他们的祝福之后，克拉维斯的立场也发生了转变。这位久负盛名的数学家在他生命的最后一年，仍然出席了SJ会士在罗马学院为伽利略举办的奢华的庆祝仪式。

像许多当时或者现在的教授一样，伽利略也并不喜欢大学的教学工作。他似乎察觉到了一个机会，能够彻底摆脱这种令人厌烦的负担。伽利略将他的《星际信使》献给了佛罗伦萨的统治者——托斯卡纳大公科西莫二世·德·美第奇（Cosimo Ⅱ de'Medici），并明显地暗示，他希望加入到这位王子的麾下。他还进一步示好，为了向大公及其家族致敬，他将新发现的木星的卫星命名为"美第奇星"，从而将美第奇家族的名字永远地铭刻到了天体之上。这些努力最终奏效了，1611年，伽利略离开帕多瓦，投奔位于佛罗伦萨的美第奇宫廷。在那里，他被任命为大公的首席数学家和哲学家。令伽利略感到十分满意的是，他的新职位不但没有教学义务，而且他还被正式授予了比萨大学的数学家头衔。此外还有高出他之前几倍的工资，这明显高于之前他作为普通教授所能享受到的待遇。

虽然已经成名，但伽利略并没有满足于他已有的成就。作为一个充满着热情又有着敏捷思维和犀利文笔的人，他十分享受科学论战所带来的喧嚣。来到佛罗伦萨之后没过多久，他就完成了《论浮体》（*Discourse on Floating Bodies*），这本书实际上是对亚里士多德物理学原理的直接攻击。到1613年，他出版了《论太阳黑子》（*Letters on Sunspots*），书中记录了他与一个人进行的争论，这个人被神秘地命名为"阿佩莱斯"（Apelles），他们争论的内容主要涉及他的新发现以及这种太阳现象的本质。在这本书中，伽利略声称他是第一个观察太阳黑子的人（可

图3-1 处于顶峰时期的伽利略。奥塔维奥·莱奥尼（Ottavio Leoni，1578—1630）所作肖像。（RMN-Grand Palais/Art Resource，NY）

能是他真诚的说法，但事实上并非如此）。他还认为，太阳黑子位于太阳表面或非常接近于太阳表面，并且证明了太阳绕着它的轴发生自转。最终，他更进一步声称，太阳黑子为哥白尼学说提供了重要的支持（哥白尼将太阳而不是地球放置在宇宙的中心）。伽利略深知，他的这些说法必然会激怒传统的亚里士多德学派的学者，因为他们坚信天堂是完美的，而那些耀斑则应该是靠近地球的大气现象。当"阿佩莱斯"被揭露为是SJ学者克里斯托夫·沙伊纳时，事情变得愈发紧张，因为伽利略的嘲讽极大地冒犯了沙伊纳。这是伽利略与SJ之间出现的第一次摩擦，而这距离他在罗马学院被公开致以荣誉才仅仅过去两年时间。但事情还远没有结束，在未来的几年里，伽利略与SJ之间的关系还会变得越来越紧张，以至于在20年之后，这位佛罗伦萨的科学家会受到宗教裁判所的审判，会被指控并且最终被判为异端，而这正是SJ带头发起的。

伽利略是在铤而走险。亚里士多德是教会神学家所珍视的权威人物，而他不仅挑战了亚里士多德的权威，而且还要违反圣经的明确含义——圣经曾在几个地方明确暗示过太阳围绕地球转动。如果是一个小心谨慎的人，他可能会避开这样一个潜在的爆炸性问题，但伽利略显然并非如此。他没有坐等对手的攻击，而是决定出版他自己的神学著作，以争取斗争的主动权。伽利略把《致大公夫人克里斯蒂娜》（*Letter to the Grand Duchess Christina*）寄给了克里斯蒂娜本人。克里斯蒂娜是托斯卡纳大公的母亲，她曾表示过对伽利略的关注，并称他的体系与"上帝的启示"不一致。这本书流传于1615年，没过几年即获出版，其中包含了伽利略对克里斯蒂娜所提出问题的回应，它被称为关于"两本书"的学说。他解释道，自然之书与圣经之书永远不会发生冲突。一本书包含的是我们在所处的世界中看到的一切事物，另一本书包含的是"神圣的启示"，但这两本书最终都来自于同一来源——"上帝本身"。因此，如果在两者之间产生了冲突，那么唯一可能的解释就是，我们没有正确地理解其中的某一本书。

伽利略承认，只要没有专门的论文能够作为科学"依据"，我们就应该一直接受圣经之书的权威性，领会它最简单、最直接的含义。但是，如果我们确实有了科学依据，那么两者的角色就应该互换，圣经需要得到重新解释，以使圣经之书与自然之书保持一致。伽利略还警告说，否则的话，我们就不得不相信那些明白无误的谬误，这只会为教会招致嘲笑和诋毁。伽利略坚称，正因为如此，教会才应该接受哥白尼的学说。他还坚称，他能够证明地球和行星确实是围绕着太阳转动的，教会这样与昭然若揭的真理背道而驰的做法，只会使自己名誉扫地。伽利略认为，必须用新的科学解释来替换对圣经的传统理解，这样才能使圣经与科学真理保持一致。并且他还在书中加入了他自己对圣经关键段落的解读，以说明它们与哥白尼的学说是完全一致的。

《致大公夫人克里斯蒂娜》有着优雅的笔触和出众的说服力，这不仅是对哥白尼学说的一次强有力的辩护，而且也是对信仰的兼容性和自由的科学研究的一次强有力的辩护。但是，17世纪的宗教权威并不打算善待这位擅自闯入他们领地的不速之客。伽利略诚然是一位天才的天文学家，但他没有多少资格能够谈神学，他在神学领域终究只能算是一个外行。警告这位闯入者的任务落到了克拉维斯的老同学——受人尊敬的SJ红衣主教罗伯特·贝拉明的身上。1615年4月，贝拉明就一本书发表了一次自己的看法，这本书的作者是伽利略的一名狂热追随者——加尔默罗会修士保罗·佛斯卡里尼（Paolo Foscarini）。虽然这些看法在名义上是说给佛斯卡里尼听的，但这显然是为了引起伽利略的注意。贝拉明承认，如果确实存在关于哥白尼学说的科学依据，那么圣经上的说法就应该给予重新考虑，"我们应该说我们不理解经文，而不是说已经证实了一些经文是假的"。他继续说道，但由于"并未向我出示过"这样的科学依据，所以我们必须坚持"圣经的旨意"和"圣父的共识"——所有这些都一致认为太阳围绕地球转动。

贝拉明无疑一语中的。伽利略可能确实提出了许多强有力的论据来支持哥白尼体系，但尽管他敢于声称可以证明它，却并不能真正地去证明它。他根据潮汐的起落而假定的"证据"是很难站得住脚的，甚至像一些同时代的人所指出的那样，他的"证据"是漏洞百出的。由于缺乏证据，所以贝拉明认为圣经应该被采信的观点也就显得合乎情理了。他没有进一步禁止伽利略把哥白尼体系作为一个与观测结果非常契合的假设来进行研究，他只是要求伽利略不再坚持认为，哥白尼学说是正确的且真实地描述了太阳和行星的实际运动。

贝拉明发表了这项意见之后不到一年，它就成了教会的官方立场，从而对伽利略提倡哥白尼学说施加了严格的限制。但在1616年的时候，教会还没有准备放弃他们昔日的英雄，因为伽利略不仅是欧洲最有名气的科学家，而且也是一位虔诚的天主教徒。鉴于伽利略在罗马享有的崇高名望，教皇保罗五世与贝拉明召见了伽利略，保罗五世向伽利略保证了他的善意，而贝拉明则向他解释了禁令的条款，并进行了书面确认。16年之后，伽利略正是因为涉嫌违反这项禁令，而导致他接受宗教裁判所的审判。

在随后的几年里，伽利略不得不把这件令人痛心的事情暂时搁置起来，而且在表面上表现得像什么都没有发生过一样。他依然是一个有名望的人，是意大利甚至整个欧洲的领先科学家，安稳地享有着他在美第奇宫廷的地位。他与教会权威之间的摩擦使得他在一些圈子里受到了质疑，其中SJ首当其冲。不过，这也使他成了一部分意大利人的英雄，这些人更加崇尚自由学说，他们厌恶教会坚持认为自己是所有真理的裁决者，甚至更厌恶SJ专横的行事方式。"自由派"的堡垒是位于罗马的林琴科学院①，伽利略是他们当中最杰出的成员。该学院由贵族费德里科·切西（Federico Cesi）于1603年创立，它是罗马一些最杰出的学者的聚集地，无论是神职人员还是世俗平民都聚集于此。在1615年至1616年这段充满纷扰的岁月里，林琴人成了伽利略的坚强后盾，他们的支持无疑更能分担一些他的痛苦。在随后的几年里，当伽利略开始再次发表被禁令限制的观点时，他们还将发挥同样重要的支持作用。

悖论与无穷小量

到1621年，伽利略仍保持着谨慎的态度，但他应该很乐于收到卡瓦列里的一

---

①林琴科学院（Academia dei Lincei），于1603年在罗马成立，原意为猞猁科学院（Academia Linceorum，音译"林琴科学院"），当时所用徽章上有猞猁标志。猞猁这种动物目光明锐，以它为名象征着对自然奥秘的洞悉。当时著名的物理学家伽利略也是院士之一。1615年，由于对哥白尼学说的看法产生了分歧，学院分成两派。它是欧洲历史最悠久的科学院，是意大利科学院前身，也是意大利的最高学术研究机构。——译者注

个看似安全的数学问题。卡瓦列里提出，假设我们有一个平面图形，在该图形内画出一条直线，然后，假设我们继续在这个图形内画出所有可能的直线，使之与第一条直线平行。他写道："在这种情况下，我们认为已经画出了这个平面上的'所有直线'"。类似地，假设有一个三维实体，对于实体内与一个既定平面平行的所有平面，我们称之为"所有平面"。他需要向伽利略询问的是：是否可以将这个平面图形等同于该图形内的"所有直线"，并且是否可以将这个实体等同于该实体内的"所有平面"？进而，如果有两个图形，是否可以将一个图形的"所有直线"与另一个图形的"所有直线"进行比较，或者是否可以将一个实体的"所有平面"与另一个实体的"所有平面"进行比较？

卡瓦列里的问题看似简单，但它直指有关无穷小问题的核心矛盾。从直觉来说，平面似乎确实是由一些平行的直线构成的，实体也是由一些平行的平面构成的。但正如卡瓦列里在信中所提到的问题，我们可以在任何一个平面上画出无穷多条平行线，也可以在任何一个实体中画出无穷多个平行面，这就意味着，"所有直线"和"所有平面"的数量总是无穷的。现在，如果给每条直线设定一个宽度，那么，无论这个宽度有多么小，这无穷多条线都将累积成为一个无穷大的平面——它与我们最初假设的那个平面不相等。但是，如果线是没有宽度的（或者宽度为零），那么无论累积多少条直线，我们最终得到的依然是零宽度和零面积，也就是说，我们根本没有累积出任何图形。这也同样适用于一个三维实体的"所有平面"：如果它们存在一个厚度，那么无论厚度多小，它们都将不可避免地构成一个无穷大的实体；但如果它们没有厚度，那么无论将它们累积多少，所得到的结果总会是零。

从毕达哥拉斯和芝诺的时代以来，这个问题就一直困扰着哲学家和数学家们，这是一个有关连续体构成的老问题。基于这个熟悉而又棘手的问题，卡瓦列里现在又增加了另一个疑问：是否允许将构成一个图形的"所有直线"与构成另一个图形的"所有直线"进行比较？他在信中指出，这涉及到两个无穷大量之间的比较问题，而这是被传统的数学规则所严格禁止的。因为根据"阿基米德公理"，如果有两个数值，那么当且仅当人们将较小的数值放大足够多的倍数时，它才会大于那个较大的数值。然而，无穷大却不符合这种情况，因为无论人们将无穷大放大多少倍，总会得到一个不变的结果：无穷大。

遗憾的是，我们无法得知伽利略对年轻的卡瓦列里做出了什么样的回应，因为只有卡瓦列里的信件被保存了下来。从卡瓦列里接下来几个月的信件中可以看出，伽利略起码鼓励了卡瓦列里继续进行他的研究。这可能也在卡瓦列里的预料之中，因为伽利略对于连续体的构成问题曾经持有过非正统观点，并因此而闻名。早在1604年，在研究自由落体的规律时，伽利略就已经在尝试使用这样一个概念，即三角形的表面积（代表物体运行的距离）是由无穷多条平行线构成的，每条平行线都代表着物体在某一时刻的速度。几年之后，到了1610年，伽利略仍然在研究连续体悖论，并声称打算用一整本书来论述这一问题。这本书最终并未成形，也许是因为这些年的戏剧性事件改写了他的人生历程。但在30年之后，他还是在他最后一本伟大的著作中相当详细地提出了他的看法，这本著作即《论两种新科学及其数学演化》（*Discourses and Mathematical Demonstrations Relating to Two New Sciences*，以下简称《论述》），其中被认为包含了他的许多最重要的科学贡献。众所周知，这本著作是伽利略在1633年被宗教裁判所审判之后，在漫长的软禁岁月里，于佛罗伦萨城外的阿尔切特里（Arcetri）的别墅内完成的。虽然该书于1638年在荷兰出版，但它的内容却是基于他数十年之前的研究成果——当时他还在比萨和帕多瓦大学担任教授。

《论述》是以三个朋友间的对话形式完成的，这三个人分别是萨尔维亚蒂（Salviati）、沙格列陀（Sagredo）和辛普利西奥（Simplicio）。这三个人物已经被读者所熟知，因为仅在几年之前，同样三人的对话曾出现在《关于托勒密和哥白尼两大世界体系的对话》（*Dialogue on the Two Chief World Systems*，以下简称《对话》）一书当中，这是伽利略关于哥白尼体系的一本非常流行的著作，它最终导致了伽利略被宗教裁判所审判并定罪。《对话》一书中包含了大量的思想火花与机智的对话，尽管这些特点在《论述》一书并没有得到延续，但在《论述》中仍保留了这三个朋友的角色：萨尔维亚蒂的身份是伽利略的代言人；辛普利西奥的身份是伽利略的批评者，并且是亚里士多德的支持者；沙格列陀的身份是明智的仲裁者，他经常站在萨尔维亚蒂一边。在前4天的对话当中，这三个朋友都在讨论关于"内聚力"（cohesion）的问题：是什么使物质聚合在一起并使其不会因外力而解体呢？萨尔维亚蒂首先从讨论绳索开始，说明了绳索的内聚力源于它们是由大量互相编织在一起的绳线构成的。然后，他的讨论延伸到了木头上，他认为，木头的内聚力也是源于它是由大量紧密排列的纤维构成的。他随后提问：但是像大理石或者金属这类其他物质的情况又会如何呢？是什么力量使得它们如此有力地聚合在一起呢？

根据萨尔维亚蒂的说法，问题的答案就是"厌恶真空"——大自然对真空的厌恶。他指出，由经验我们得知，厌恶真空是一种非常强大的力量：两块表面十分光滑的大理石或金属很难被分离，因为将它们分开时会产生瞬间的真空。这种强大的力量不仅在物体之间存在，而且在每个物体的内部也一样存在，正是这种力量使得物体能够聚合在一起。就像绳索是由独立的绳线构成的，以及木头是由独立的纤维构成的一样，一块大理石或者一片金属也是由紧密排列在一起的无数原子构成的。不过，它们之间的区别在于：一条绳索是由大量但有限数量的线绳构成的，一块木头也是由大量但有限数量的纤维构成的，而一块大理石或者一片金属却是由无限数量的无穷小的原子或"无穷小量"构成的。将它们分开会产生无穷多个无穷小的空间，这些无穷小的空间里的真空就是将物体聚合在一起的粘合力，也就是导致其内部聚合力的原因。

这就是萨尔维亚蒂（伽利略）的物质理论，正如他自己所承认的，这是一个难以理解的理论。萨尔维亚蒂感叹道："这是一片深不可测的海洋，我们早已置身其中，却对它一无所知！""对于真空、无穷大和无穷小量……即使我们经过上千遍的讨论，我们真的能够最终达到这片汪洋的彼岸吗？"难道有限数量的物质真的是由无穷多的原子以及无穷多的真空空间构成的吗？为了证明他的观点，他转向了数学，试图寻求答案。

　　萨尔维亚蒂通过中世纪的一个悖论研究了连续体的问题，尽管该悖论与亚里士多德这位古代哲学家没有任何关系，并且它提供的启示也基本与亚里士多德无关，但这个悖论仍被称为"亚里士多德的车轮悖论"。萨尔维亚蒂对他的朋友提出，假设有一个六边形ABCDEF，并且在它里面有一个较小的六边形HIJKLM，这两个六边形有一个共同的中心G。进而再假设，我们将大六边形的边AB延长，形成一条直线AS，并将小六边形中与之平行的边HI延长，形成另一条直线HT。接下来，我们绕着点B旋转大六边形，使边BC落在直线AS上的线段BQ之上。与此同时，较小的六边形也会跟着一起转动，最终边IK会落在直线HT上的线段OP之上。萨尔维亚蒂指出，由大六边形得到的直线与由小六边形得到的直线之间是存在着差别的：由较大的六边形得到的是一条连续的直线，因为线段BQ正好与线段AB相邻；然而，由较小的六边形得到的线却是有缺口的，因为在线段HI和线段OP之间有一个空间IO，六边形在其旋转过程中从未与IO有过接触。如果我们让大六边形沿着直线完成一周完整的旋转，将得到一条连续的线段，它的长度等于

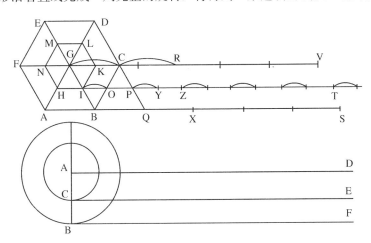

图3-2 亚里士多德的车轮悖论。（伽利略，《论述》）

大六边形的周长。同时，较小的六边形旋转所走过的距离大致与直线HT相等，但由它得到的直线将是不连续的：它由六边形的六条边以及边与边之间六个相等的缺口构成。

根据萨尔维亚蒂的论述，适用于六边形的情况，同样适用于任何多边形，甚至是一个有十万条边的多边形。将它沿着直线旋转将得到一条与其周长相等的直线，而其内部较小但类似的多边形将随之得到一条长度相等的直线，但该直线是由十万条线段及间隔的十万个缺口构成的。如果我们把有限边数的多边形替换成无限边数的多边形又会如何呢？换句话说，如果是一个圆呢？如图3-2中位于下方的图所示，将圆旋转一整圈将得到一条直线BF，它的长度等于圆的周长；其内部的圆与之同时完成一圈旋转之后，将得到一条长度相等的直线CE。在这个例子中，圆与多边形的原理没有什么不同。但这里出现了一个问题：线段CE的长度等于BF，而BF是由周长更大的圆所得到的直线。更小的圆如何能画出一条长于自己周长的线段呢？根据萨尔维亚蒂的说法，答案就在于，看似是连续线的CE，其实就像由旋转多边形得到的线段一样，它的中间也间隔着一些真空空间，因此导致了它的长度大于周长。由十万条边构成的较小的多边形所得到的线段，是由十万条线段间隔着十万个缺口构成的；同理可以得出，由较小的圆所得到的线段，是由无穷多条线段间隔着无穷多个缺口构成的。

通过将"亚里士多德的车轮悖论"延伸到其逻辑上的极限情况，伽利略得出了一个激进并且矛盾的结论：一条连续直线由无穷多个不可分点以及点与点之间的无穷多个微小间隙所构成。这一结论可以同时支持他的物质结构理论，以及他的这样一个观点，即物体是由遍布其中的真空聚合起来的。这为思考物质世界提供了一个新的途径，也提出了一个新的数学愿景：根据萨尔维亚蒂的观点，在新的数学愿景中，"任何连续体都是由绝对不可分的原子构成的"。数学连续体的内部结构与绳索中的绳线、木头中的纤维，或者构成光滑物体表面的原子别无二致：它是由紧密排列着的无穷小量以及它们之间的微小真空空间构成的。在伽利略看来，数学连续体是以物理现实为模型的。

伽利略的方法让那些同时代的数学家们一筹莫展，因为它直接违背了现有的悖论，违背了自古以来人们认识连续体的指导方法。不过，他至少还有一个主要的支持者，那就是卢卡·瓦莱里奥——他就是在伽利略的鼓励下加入林琴科学院的。瓦莱里奥是罗马智德大学的修辞学和哲学教授，被公认为是意大利领先的数学家之一。在他分别于1603年和1606年完成的《重心》（*De centro gravitatis*）和《抛物线》（*Quadratura parabola*）两本书中，他曾广泛地使用不可分量，以使能够确定平面图形和实体的重心。

瓦莱里奥是在罗马学院和SJ会士一起学习数学的，并且是在克拉维斯的亲自指导下。不过在这个杰出的群体中，伽利略的数学原子论却并不受欢迎。在SJ会士看来，不可分量数学显然与合理而正确的数学方法背道而驰。我们还能记得，SJ会士之所以看重数学，是因为它代表着一种严格理性的秩序，并且这种秩序可以用来规范这个看似无序的世界。数学，特别是欧氏几何，代表着思想战胜了物质，理性战胜了难以驾驭的物质世界，这不仅反映了SJ的数学理想，而且反映了他们在宗教上，甚至是政治上的理想。但是，伽利略却把他的数学分析建立在了一种对物质结构的直觉之上，而非建立在那些不证自明的欧几里得公设之上，他把这个顺序颠倒过来了。伽利略指出，数学连续体的构成，可以由绳索的构造以及木头的内部结构推断得出，并且可以通过想象车轮的滚动来进行验证。与SJ的方法不同，伽利略提出，像平面和实体这样的几何对象，与我们周围的物质对象没有什么不同。他不是通过数学推理来将秩序强加给这个物理世界，而是由物理对象创造纯数学对象，而且这些数学对象还存在着模糊和不一致的情况。对于这种观点，克拉维斯肯定不会感到高兴。

虽然伽利略对无穷小的支持为这种观点增加了一定的可见度和可信度，但他本人在他实际的数学研究中却很少使用不可分量。为数不多的几次例外之一，是在他关于自由落体下落距离的著名论证中。在《论述》一书中萨尔维亚蒂提出，假设有一个物体被静止地放置在点C，然后以一定的加速度下落，如自由落体运动，最终到达点D。现在，用线段AB表示该物体从C运行到D总共花费的时间，用垂直于AB的线段BE表示物体到达D时的最大速度。从A到E画一条直线，并且在AB与AE之间以固定的间隔画出一些与BE平行的线段。萨尔维亚蒂指出，这些线段分别代表了物体在其加速运动过程中某一时刻的运动速度。因为AB上有无穷多个点，并且每个点都代表着某一时刻，因此也有无数多条这样的平行线，它们充满了整个三角形ABE。因此，在所有这些点上的速度总和就等于该物体在时间AB内走过的总距离。

萨尔维亚蒂继续说道，现在如果我们在点B与点E的中间位置取一个点F，并通过F画一条平行于AB的线，再画一条平行于BF的线AG与之相交，则矩形ABFG的面积等于三角形ABE的面积。因为三角形的面积表示均匀加速运动的物体走过的距离，而该矩形的面积表示匀速运动的物体走过的距离，萨尔维亚蒂由此得出结论，如果匀速运动物体的速度是均匀加速运动物体的最大速度的一半，那么一个物体在一定时间内从静止开始以均匀加速运动所走过的距离，等于另一个物体

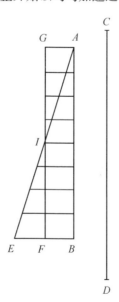

图3-3　伽利略对均匀加速运动物
体的讨论。（伽利略，《论述》）

在相同时间内以匀速运动走过的距离。

这就是通常所说的"落体定律"（law of falling bodies），它现在已经成为中学生在物理课上应该学到的一项基础知识，但在当时那个年代，这个定律可以称得上是革命性的。这是在现代科学中首次对运动进行的定量数学描述，它奠定了现代力学以及现代物理学的基础。伽利略深知这项定律的重要性，他将其收录在了自己最受欢迎的两部著作之中，即1632的《对话》和1638年的《论述》。虽然该定律主要依赖于欧氏几何关系，但它的确表明了伽利略的意愿，即假设一条直线是由无穷多个点构成的。这也正是卡瓦列里在1621年向他提出过的问题，不管伽利略给他的回复是什么，可以肯定的是，这位年轻的修道士并没有气馁。在17世纪20年代，卡瓦列里坚持了无穷小的思想，并把它发展成了一种强大的数学工具。他称之为"不可分量法"，这一名称将永存史册。

虔诚的修道士

1598年，卡瓦列里出生于米兰的一个中产阶级家庭里，并很可能是一个有名望的家庭，甚至有可能是贵族。他的父母给他取名为弗朗西斯科，但在他15岁加入圣杰罗姆会（St.Jerome，也称圣杰罗姆传教会，或译作圣哲罗姆派）成为见习修道士的时候，他把名字改成了博纳文图拉。这两个团体却有着很大的差别。SJ是一个现代的宗教团体，成立于宗教改革危机的关头；而卡瓦列里的圣杰罗姆会则可以追溯到14世纪，它是在黑死病①肆虐之后的几十年里虔诚信仰的产物。SJ是一个庞大的体系，它的学校和传教团遍布世界各地；而圣杰罗姆会只是一个意

---

①黑死病（Black Death），人类历史上最严重的瘟疫之一。它起源于亚洲西南部，一说起源于黑海城市卡法（Kaffa），约在14世纪40年代散布到整个欧洲，而"黑死病"之名是当时欧洲的称呼。这场瘟疫在全世界造成了大约7500万人死亡，根据估计，瘟疫爆发期间的中世纪欧洲约有占人口总数30%的人死于黑死病。——译者注

大利的本地宗教团体，他们因在救死扶伤方面所做的贡献而受到尊重，但完全没有依纳爵追随者们的那种雄心壮志。我们已经知道，一个SJ会士可能需要几十年才能成为合格的成员，但圣杰罗姆会成员的培养过程却非常简短。1615年，17岁的卡瓦列里在他进入见习期两年之后，就穿上了白色的长袍，并系上了深色的皮带，这标志着他已经成为圣杰罗姆会的正式成员。几个月之后，他离开家乡米兰，去往位于比萨的圣杰罗姆会的传教所。

我们不知道调往比萨是卡瓦列里的主意还是其上司的主意，但结果证明，无论是对这位年轻的修道士来说，还是对数学学科来说，这都是一次幸运的调动。他在多年之后给埃万杰利斯塔·托里切利的一封信中写道："我很自豪，而且将永远自豪，能够在如此良好的氛围下得到数学基础知识的滋养。"他的数学启蒙老师是贝内代托·卡斯泰利（Benedetto Castelli，1578—1643）。卡斯泰利是伽利略以前的学生，也是伽利略终身的朋友和支持者，他当时正在比萨大学担任数学教授。卡斯泰利指导卡瓦列里学习了伽利略在物理学和数学方面的著作，并且还在适当的时候向这位伟大的佛罗伦萨人引荐了卡瓦列里。1617年，卡瓦列里搬到了佛罗伦萨，在他的米兰资助人——红衣主教费德里戈·博罗梅奥（Federigo Borromeo）——的帮助下，加入了由伽利略在美第奇宫廷的门徒和崇拜者组成的学术圈子。这位红衣主教写信给伽利略道："在您的帮助下，卡瓦列里必将能够达到更高的专业水平，这已经可以从他非凡的志向和能力上看出一些端倪。"

次年卡瓦列里回到了比萨。由于卡斯泰利被召进了大公科西莫王室，成为科西莫儿子的私人导师，所以卡瓦列里接替了他的职位，开始在比萨大学独立讲授数学课程。至此，卡瓦列里不再只是名誉上的数学家了，他已经成为一名专业的数学家，但在未来的10年里，他会一直在自己的数学职业和圣杰罗姆会的宗教职责之间左右为难。1619年，他申请了博洛尼亚大学数学教授的职位，这一职位自从两年前乔瓦尼·安东尼奥·马吉尼（Giovanni Antonio Magini）去世之后就一直空缺着。只有得到伽利略的积极支持，才有可能保证这么年轻的一位申请人能够获得如此享有声望的职位，但伽利略似乎不愿介入，于是这个机会就这样溜走了。相反，在1620年，卡瓦列里被召回到了圣杰罗姆会在米兰的传教所，成为红衣主教博罗梅奥的执事。远离了杰出的美第奇宫廷，卡瓦列里发现自己的才华并不总是受到赏识。他在给伽利略的信中写道："我现在在自己的家乡，这里有很多老的教会成员希望我在神学以及传教上取得更大的进步。您可以想象他们在看到我如此喜爱数学时是多么的不快。"

尽管越来越沉浸于数学之中，但卡瓦列里仍在认真地履行他的宗教职责。他开始学习神学，出乎所有人的意料，他很快弥补了因数学而占去的时间。由于取得了很大的进步，再加上红衣主教的支持，他在教会的等级得到了迅速的提升。1623年，他被任命为圣杰罗姆会圣彼得修道院的院长，这所修道院位于离米兰城不远的洛迪镇（Lodi）。3年之后，他又被晋升为圣本笃修道院的院长，这所修道院位于较大的城市帕尔马。但与此同时，卡瓦列里也在寻求机会成为职业数学家。1623年，他再次提出申请，希望获得博洛尼亚大学的教授职位，不过，博洛尼亚参议院虽然没有直接拒绝他的申请，但一再要求他提供更多的学术成果。1626年，当他的老恩师卡斯泰利被任命为罗马智德大学的数学教授时，卡瓦列里似乎又感觉到了机会。为了促成这个机会，他卸去了教会的职务，并在罗马待了6个月的时间。在此期间他一直和颇具影响力的乔瓦尼·钱波利（Giovanni Ciampoli，1589—1643）在一起——钱波利不仅是伽利略的朋友，而且是林琴科学院的成员。但是尽管如此，卡瓦列里最后仍然一无所获。回到帕尔马之后，他开始接近掌管帕尔马大学的SJ神父，但就像他在给伽利略的信中所写到的那样，这里根本不会允许一个圣杰罗姆会成员在这所大学任教，更别说是伽利略的学生了。

直到1629年，命运终于开始垂青卡瓦列里。由于同情他的学生，伽利略终于公开声明"自阿基米德之后，很少有学者——也许根本没有哪位学者——能像卡瓦列里那样对几何有如此深刻的理解"。博洛尼亚参议院被彻底说服了，并在当年8月25日为这位圣杰罗姆会成员提供了博洛尼亚大学空缺的数学教授职位。这是卡瓦列里近10年努力寻求的职位，他没有再犹豫，马上就接受了任命。他很快搬进了圣杰罗姆会在博洛尼亚的传教所，并于同年10月开始在大学任教。在余下的19年里，他一直留在这座城市，住在修道院并在大学教书。虽然依照现代标准他还算得上是年轻人，但他的身体状况却每况愈下。由于受到痛风反复发作的折磨，这使得旅行变得非常困难。在那些年当中，他只有一次冒险远离自己的城市。促使他远离自己舒适的常规生活的唯一原因就是，1636年，在伽利略漫长而孤独的软禁岁月中，他获准拜访这位已经年迈的大师。

从卡瓦列里调到比萨直至被任命为博洛尼亚教授的这10年时间，对于这位年轻的修道士来说是不顺利的10年，但这也是他数学创作最旺盛的时期。事实上，这导致他后来成名的几乎所有原创素材，甚至他书中的很多实际文本，都可追溯到这段动荡的岁月。自从在博洛尼亚安定下来，他就被教学职务拖累住了，此外还有参议院对他的要求——参议院规定数学教授需要填报一系列天文学和占星术的表格。即便如此，这位勤劳的修道士还是努力在1632年出版了《燃烧的镜子》（*Lo speccio ustorio*），在1635年出版了《不可分量几何学》（*Geometria indivisibilibus*），并且在1647年出版了《六道几何学练习题》（*Exericitationes geometricae sex*）。卡瓦列里的这些著作大部分构思并完成于17世纪20年代，它们奠定了卡瓦列里作为不可分量的主要倡导者的声望和地位。

织线与书本的比喻

正如伽利略是从讨论绳索和木头的内部结构着手，试图对连续体在数学上进行理论化，卡瓦列里同样是根据人们的物质直觉来创立他的数学方法的。他写道："很明显，我们应该将平面图形想象成由平行的织线织成的布匹那样，而把实体想象成由平行的页面构成的书本那样。"任何物体的表面，无论它多么光滑，实际上都是由微小的平行线构成的，这些平行线彼此紧挨着排列在一起；任何三维图形，不管它看上去多么坚固，都不过是由一摞极薄的平面构成的，这些平面彼此重叠着摞在一起。这些极薄的切片或者原子，相当于物质中的最小组成部分，他将其称为不可分量。

卡瓦列里很快指出，物理对象与其表亲数学对象之间有着重要的区别。他指出，布匹和书本都是由有限数量的织线或页面构成的，但平面和实体是由无限数量的不可分量构成的。这是处于连续体悖论核心位置的一个简单区别，伽利略在《论述》一书中掩盖了这个问题，而更加谨慎的卡瓦列里把它呈现了出来。但很显然，卡瓦列里也像伽利略一样，不是从抽象的通用公理着手来进行数学推理的，而是借助于形而下的物质进行猜测的。他用自下而上的方法进行概括，得出我们对物质世界的一种直觉，并把其变成一种通用的数学方法。

我们来一起感受一下卡瓦列里的方法，思考《六道几何学练习题》中第一道练习题的命题19：

如果在一个平行四边形中画出一条对角线，那么这个平行四边形的面积是由对角线分割成的每个三角形面积的两倍。

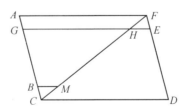

图3-4 《六道几何学练习题》，命题19，卡瓦列里。

这就意味着，如果在平行四边形AFDC中画出一条对角线FC，那么该平行四边形的面积等于△FAC和△CDF面积的两倍。如果用传统的欧几里得方法进行证明，它几乎是不值一提的，只要证明△FAC和△CDF是全等的即可。首先，它们共用边CF；其次，∠ACF等于∠CFD（因为AC平行于FD）；再次，∠AFC等于∠DCF（因为AF平行于CD）。因此可得△FAC和△CDF是全等的。由于这两个三角形构成了这个平行四边形，并且它们是全等的，所以它们的面积相等，由此可得，平行四边形的面积是每个三角形面积的两倍。证明完毕。

卡瓦列里当然非常了解这个证明过程，而且他也不会在他的书中浪费篇幅来证明如此基本的问题。但卡瓦列里是在力求得到一些其他的结论，并且以一种非同寻常的方式进行了证明：

沿着边FD和AC，分别由点F和点C作两条相等的线段FE和CB，并由点E和点B分别作两条线段EH和BM，使之平行于CD，这两条线分别与对角线FC相交于点H和点M。

卡瓦列里继续证明得出，小三角形FEH与CBM是全等的，这是因为边CB等于FE，∠BCM等于∠EFH，并且∠MBC等于∠FEH。由此得出，线段EH与BM是相等的。

以同样的方式，我们可以证明其他平行于CD的线段，也就是说，只要它们沿着边FD和CA到点F和点C的距离相等，那么这两条平行线本身就是相等的，正如极端的情况，AF与CD是相等的。因此△FAC中的所有线段与△CDF中的所有线段都是相等的。

卡瓦列里认为，由于一个三角形的"所有线"等于另一个三角形的"所有线"，所以它们的面积是相等的，并且平行四边形是每个三角形面积的两倍。证明完毕。

卡瓦列里的证明与传统的欧几里得证明之间形成了鲜明的对比。欧几里得是以经典的"自上而下"的方法进行证明的：从平行四边形的普遍特性开始，这些普遍特性来自于欧氏几何不证自明且不可辩驳的基本假设。从这种普遍特性出发，他一步一步地在逻辑上进行证明，从而推导出这个具体命题（即一个平行四边形被分成两个三角形）的最终答案。这表明，这种推理的普遍法则在本质上要求这两个三角形是相等的。但卡瓦列里没有从这些抽象的普遍法则着手进行证明，而是以一种物质上的直觉开始进行证明。他问道：每个三角形的面积是由什么构成的？他的回答是：根据与一块布匹的粗略的类比，它是由整齐排列着的一组平行线构成的。为了证明每个三角形的总面积，他继而着手"计算"那些构成三角形的平行线。因为在每个平面中存在着无穷多条线，所以实际上的计数是不可能的，但卡瓦列里证明了，两个三角形各自所包含的平行线的数量和大小都是相等的，因此得出这两个三角形的面积是相等的。

卡瓦列里进行证明的目的，并不是要说明这个定理是正确的（因为它是显而易见的），而是要说明它为什么是正确的：两个三角形之所以相等，是因为它们是由相同数量的完全相同的不可分割线排列构成的。而正是由于在几何图形中引入了这种元素，使得卡瓦列里的方法与经典的欧氏几何的方法产生了明显的差别。欧几里得的方法，凭借着其普遍适用的第一原理①和无可辩驳的逻辑推理方法，统治着所有几何对象，并最终统治着整个世界；相反地，卡瓦列里的方法从对世界的直觉入手，然后再推广到更广泛和更抽象的数学归纳，这种方法可以被恰当地称为"自下而上"的数学。

卡瓦列里对平行四边形的证明显示，他的不可分量法是有效的，但并没有达到具有足够优势而采用这种方法的程度。恰恰相反，卡瓦列里给出的是一个冗长而费解的证明过程，如果运用传统的欧几里得方法，则只需一到两行文字就可以证明该定理。如果卡瓦列里这些冗长的证明不是为了证明该定理的话，那么他只能是想通过对平行四边形的证明来说明不可分量法的可靠性。为了证明不可分量法的强大作用，卡瓦列里又转向了更为艰巨的挑战。

"阿基米德螺线"（Archimedian spiral）自古以来闻名已久，它是指一个点沿着动射线以固定速率运动的同时，这条射线本身又以固定的角速度围绕原点旋

---

①第一原理（First principle），又称第一性原理，哲学与逻辑名词，是指一个最基本的命题或假设，不能被省略或删除，也不能被违反，在数学中指基本的公理，最早由亚里士多德提出。——译者注

转，这个点的轨迹就称为"阿基米德螺线"。在图3-5中，该曲线是由一个点从A稳步运动到E所产生的轨迹，与此同时，射线AE本身又在以一个固定的速率围绕原点A旋转。经过一周的旋转之后，螺线到达了E点，并包围了一个"蜗形"的面积AIE，它位于半径为AE的大圆MSE之内。卡瓦列里打算证明的是，螺线AIE所包围的面积等于圆MSE的三分之一。阿基米德曾用他巧妙的方法证明这个命题确实成立。但是，卡瓦列里使用了一种新的直觉方法解决了这个问题，他利用不可分量法将复杂的螺线转换成了熟悉并且易于理解的抛物线。

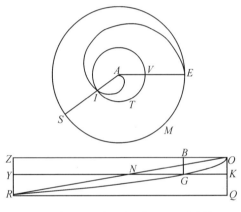

图3-5　卡瓦列里对螺线所包围面积的计算。

卡瓦列里假设了一个矩形OQRZ，其中，边OQ等于圆MSE的半径AE，边QR等于圆的周长。然后他回到螺线上，沿着半径AE随机选择了一个点V，并且围绕中心点A作圆IVT。圆IVT包括两个部分：一部分为VTI，位于由螺线围成的面积之外；另外一部分为IV，位于螺线之内。他将曲线VTI（螺线之外的部分）转换为矩形中的直线KG，两者的长度相等，并且KG平行于QR，点K位于线段OQ上，OK（即O到K的距离）等于半径AV。然后，他沿着AE对每一个点都做了同样的处理，同时将圆上位于螺线之外的部分转换到矩形中，使这些点都沿着边OQ处于一个适当的位置。AE上的每个点都在OQ上对应着一个等效的点，并用直线表示在圆中位于螺线之外的部分。最终，所有螺线之外的面积AES中的圆形线，都等于矩形内组成区域OGRQ的所有直线。因此，根据卡瓦列里的证明，由OGRQ包围的面积等于圆MSE内螺线之外的面积。

接下来就是要确定图形OGRQ的面积（等于圆中位于螺线外侧部分的面积），然后再将其与整个圆的面积进行比较。卡瓦列里的做法分为两步：第一步，利用经典的几何方法，他证明得到曲线OGR是一条抛物线；第二步，利用不可分量法，他证明得到，三角形ORQ的面积等于整个圆的面积。很明显，如果我们将圆的面积看成是由连续的同心圆的圆周构成的，那么它从中心点开始（半径为"0"），并最终以边缘结束（半径AE）。卡瓦列里认为，将所有这些圆周长一个挨着一个地放到一起就会形成三角形ORQ。他在此前已经证明过，由半抛物线定义的面积（OGRQ）等于封闭三角形ORQ面积的三分之二。因为ORQ等于整个圆的面积，并且OGRQ等于位于螺线外的圆的面积，因此可以得出，位于螺线内的圆的面积等于整个圆的剩余面积，或者说等于整个圆面积的三分之一。证明完毕。

卡瓦列里对螺线所包围面积的证明表明，他的方法可以解决几何图形的面积与体积问题，而这些正是当时数学研究的最前沿问题。它确实表明，不可分量接触到了几何学的最核心问题，而这些也是欧氏几何所不能证明的问题。不可分量不仅证明了某种关系确实成立，而且也证明了它所形成的原因。构成一个平行四边形的两个三角形是相等的，因为它们是由相同的不可分割线组成的；阿基米德螺线包围的面积等于其整个圆面积的三分之一，因为其不可分割的所有曲线可以被重新排列成一个抛物线所围成的面积。虽然欧几里得的证明推导出了关于几何图形的必然真理，但不可分量却能让数学家一窥几何图形的内部秘密，并观察它们隐藏着的结构。

谨慎的不可分量论者

虽然他的方法是激进的，但从气质和信仰上来看，卡瓦列里还是相当保守和正统的数学家。由于深深地意识到了无穷小量所表现出来的逻辑谬误，于是他尽可能地保持了传统的叙述风格。为了避开悖论，他还在自己的方法中引入了一些限制条件。

从卡瓦列里在1639年6月写给年迈的伽利略的一封信中，可以看出他的作品所表现出的内部张力。在此不久之前，他刚收到伽利略的《论述》一书，于是他写信感谢这位大师对不可分量的大胆认可。卡瓦列里引用了古罗马诗人贺拉斯（Horace）的话，将伽利略比作"第一个敢于驾驭浩瀚的大海，并投身于海洋的人"，然后他继续写道：

> 可以说，凭借出色的几何方法和您出众的才华，您已经轻松驾驭不可分量、真空、光以及其他众多充满挑战和艰难险阻的领域，它们可能让任何人折戟沉沙，即使是最伟大的人也不例外。哦，多亏了您的巨大贡献，才使这个世界产生了如此新奇和美妙之物！……至于我，我应该向您表示极大的感激，因为我的几何学中的不可分量法，将从您的不可分量的高贵和圣洁中获得不可分的荣光。

到目前为止一切进展顺利——卡瓦列里对这位老宗师的赞美之情溢于言表，并沉醉在他所给予的肯定之中。这时，卡瓦列里毫无预兆地后退了一步，放弃了刚刚赞美过的伽利略的学说。他写道："我不敢肯定，连续体是由不可分量构成的。"他坚持认为，他所做的一切都是为了证明"在连续体之间存在着与不可分量集合之间相同的比例"。

卡瓦列里到这里已经非常接近于否认自己的不可分量法了。而在他的书中，他曾大胆地将几何平面与一块由织线织成的布料进行类比，并且将实体与由页面构成的书本进行类比。他现在却暗示，他其实并不是这个意思。他暗示，在数学连续体的真正构成问题上，他不采取任何立场；他所做的一切都是为了引入一个新的主体，他称之为平面图形的"所有线"或者实体的"所有面"。既然一个图形的"所有线"和另一个图形的"所有线"之间存在着一个比例，那么，他就可以认为这两个图形的面积之间也存在着相同的比例。这对于实体的"所有面"也同样适用。

卡瓦列里受到了评论家的抨击，于是他坚称，自己对于连续体构成这个棘手的问题持不可知论的观点。他指出，无论连续体是否由不可分量构成，他的方法都是合理的。他甚至在书中避免使用带有冒犯性的术语。值得注意的是，尽管卡瓦列里最有名的作品被称为《不可分量几何学》，并且他在作品中讨论的是不可分量在方法论和哲学上的问题，但他在自己的数学证明中却从未真正提到过这一数学术语，这个概念一直表达为"所有线"或者"所有面"。他还为使用不可分量法设置了严格的限制，并想方设法地以欧几里得传统的假设、证明和推论的模式呈现他的证明过程，以使其作品看上去显得更加传统与正统。至于那些新的和前所未知的结果，卡瓦列里则统统避免。

然而，这一切都无济于事。与卡瓦列里同时代的人，无论是敌对的还是赞同的，都根本不相信他的说法，不相信他对连续体的构成问题持有不确定的观点。他们认为，他的方法一目了然，明显地依赖于这样一个概念，即连续体是由无穷小的部分构成的。如果我们没有隐含假定是由"所有线"构成平面的，那么我们为什么还会对称作"所有线"的概念感兴趣呢？如果我们不认为是由"所有面"构成物体体积的，那么我们为什么又要将一个物体的"所有面"与另一个物体的"所有面"进行比较呢？卡瓦列里所做的关于布料和书本的大胆类比是对不可分量的公开支持。这些类比具有创造性和启发性，并且促成了前所未有的发现。谨慎的免责声明所带来的后果只能是笨拙的术语和繁琐的方法，这在很大程度上否定了不可分量的效用和前途。

在未来几年里，一些不喜欢卡瓦列里方法的数学家，比如SJ会士保罗·古尔丁和安德烈·塔丘特，谴责他违反了传统的经典方法；而那些欣赏其方法的数学家，比如意大利人埃万杰利斯塔·托里切利和英国人约翰·沃利斯，则声称自己是卡瓦列里的追随者，全然不顾圣杰罗姆会的全面限制，而自由地使用着无穷小量。但实际上，他们之中没有一个人真正地遵循了卡瓦列里的严格体系。

当数学家遭到无穷小的批评者的攻击时，他们经常会引用卡瓦列里的名字及其著作。卡瓦列里用拉丁文和欧氏几何结构写就的著作，不仅是一部沉重的大部头，而且带有庄严的权威气息，这为后来无穷小方法的信徒们提供了一些掩护。他们认为将这位圣杰罗姆会大师作为他们数学体系的源头，这样做是安全的，何况这位大师还在这部厚重的著作中解决了关于不可分量法的所有难题。毕竟，他们深知，几乎没有人真正地阅读过卡瓦列里的著作。

伽利略的最后弟子

最终，是与卡瓦列里同时代的年轻人，才华出众的托里切利将无穷小量推进到了卡瓦列里所不曾企及的高度。托里切利出生于一个中等收入家庭，极有可能位于意大利北部的法恩扎（Faenza）。在他16岁或者17岁的时候，年轻的托里切利搬到了罗马，并且开始迷恋上数学。正如他在1632年写给伽利略的信中所提到的，他没有受过正式的数学教育，但"在SJ神父的指导下进行过自学"。而指导他的人就是本笃会修士贝内代托·卡斯泰利（他也曾在比萨鼓励过卡瓦列里从事数学研究），他对这位年轻人的职业选择具有很大的影响作用。与他的老师伽利略不同，卡斯泰利似乎更乐于指导他人，并有意培养有前途的年轻数学家。现在他作为罗马大学的教授，又将托里切利招至麾下，并向他传授伽利略和卡瓦列里的著作。

1632年9月，毫无疑问是在卡斯泰利的鼓励之下，托里切利给伽利略写了一封信，在信中介绍自己是"一名专业的数学家，虽然还很年轻，但已经跟随神父卡斯泰利学习了6年数学"。当时《对话》刚刚问世几个月，将导致伽利略在随后几年遭受审判和软禁的一系列事件正在进行之中。托里切利首先向老宗师保证，卡斯泰利会利用一切机会来捍卫《对话》，以避免"轻率的决定"。然后，他开始介绍自己作为一名几何学家和天文学家，以及作为伽利略的忠实追随者的学习经历。他写道：

> 在罗马，我是第一个刻苦钻研过您的著作的人……对此我感到十分荣幸。您能想见，一个在几何学方面经历了很多尝试的人，在看到您的著作之后的那份喜悦。我学习过阿波罗尼奥斯（Apollonius）、阿基米德、西奥多修斯（Theodosius）的几何学，并且研究过托勒密的学说，阅读过第谷、开普勒和隆哥蒙塔努斯（Longomontanus）的几乎所有著作，最终我信仰了哥白尼学说……并公开承认我属于伽利略学派。

对于托里切利来说不幸的是，《对话》及其作者在不到一年之后即受到了审判，事实证明，这时在罗马作为一名狂热的伽利略信徒是相当危险的。这也可能解释了为什么在此后的将近10年里，我们再没有听到关于托里切利的任何消息。他仍留在罗马，在私下里从事他的数学研究工作。他研究了伽利略在1638年出版的《论两种新科学及其数学演化》，并一直低调行事。他只在1641年3月再次被提及，当时卡斯泰利获准访问阿尔切特里，并写信给伽利略宣布这个好消息。卡斯泰利说托里切利曾经是他10年前的学生，并答应将会给他带来由这位年轻人写的一份手稿。他对这位老人奉承道："您会看到，一个非常有道德的年轻人将如何继承您为人类文明铺就的道路。他将向我们展示，您在运动研究方面播下的种子将会结出如何丰硕的成果。您还将看到他为阁下的学派所带来的荣誉。"

这时，伽利略已经被软禁在自己的住所长达8年之久，这位孤独的老者很可能被手稿呈现出来的广阔前景和丰硕成果所打动了。这就是托里切利的杰出作品对他的最大影响。卡斯泰利交给他的手稿给他留下了深刻印象，他要求会见这位年轻的数学家。卡斯泰利对伽利略虚弱的身体和近乎失明的状态感到担忧，并十分担心他可能会不久于人世。他们一起筹备了一个计划：将托里切利带到阿尔切特里来担任伽利略的秘书，帮他编辑并出版他的最新作品。4月初收到邀请之后，托里切利回信说，他对突如其来的荣幸感到受宠若惊和"困惑"。不过他似乎并不急于离开繁华的罗马，搬到德高望重的大师所在的孤独寓所。他再三托辞，但最终还是在1641年秋天动身了。他收拾行李，搬进了伽利略在阿尔切特里的别墅。在那里，他主要编辑《论述》一书中的"第五天"内容，准备把它添加到1638年出版的四天对话内容之后。

托里切利到来仅仅3个月之后，他的使命便戛然而止了。1642年初，伽利略因患有心悸并伴发烧而病倒了。1642年1月8日，一代宗师与世长辞，享年77岁。作为一个被判决为"有强烈异端嫌疑"的人，他被安葬在了佛罗伦萨圣十字大教堂的一个侧面的小房间里，一个世纪以后才被迁到位于中央大殿的荣誉位置。与此同时，托里切利收拾他的东西，准备回到罗马。而就在这时，他收到一份令人吃惊的任命通知：他可以作为伽利略的继任者继续留在佛罗伦萨，并担任托斯卡纳大公的数学家以及比萨大学的数学教授。这项任命不包括伽利略的宫廷"哲学家"职位，这极可能是因为，伽利略凭借他哲学家的身份发表了对世界结构的看法，而这最终导致教会找上了他的麻烦。但即使没有这份额外的荣誉，这项任命也为托里切利提供了一个千载难逢的机会：一个稳定的终身职位，并且有着丰厚的薪水，使他能够不受干扰地从事自己的研究，还有作为欧洲最伟大的科学家的继承人所获得的公众认可。他毫不犹豫地接受了这项任命。

在接下来的6年里，托里切利成果斐然。此前的托里切利一直鲜为人知，以至于伽利略几乎没有听说过他，卡斯泰利必须把他作为以前的学生来引荐给伽利略。但随着伽利略的去世，以及他被任命为美第奇的宫廷数学家，他一跃成为欧洲领先的科学家之一。他与法国科学家和数学家保持着长期并富有成效的通信，包括马兰·梅森和吉尔斯·德·罗伯瓦尔（Gilles de Roberval，1602—1675）；他还与意大利同事加利利·拉斐尔·马吉奥特（Galileans Raffaello Magiotti，1597—1656）、安东尼奥·纳迪（Antonio Nardi），以及卡瓦列里保持着联系。由于受到《论述》一书的启发，他仔细考虑了伽利略的论点，即大自然"厌恶真空"的特性使得物体聚合在一起。这促使他在1643年通过实验证实了真空确实存在于自然界，并最终制成了世界上第一个气压计。

与伽利略和卡瓦列里经常出版作品不同，托里切利的大部分成果都体现在了他的书信和未发表的手稿中，而这些手稿只在他的朋友和同事之间传阅。唯一的一个例外是一本名为《几何运算》（*Opera Geometrica*）的书，它出版于1644年，包括一系列的论文，内容范围从物理学中的运动到抛物线围成的面积。其中的一些论文依赖于传统的数学方法，并源自于古人的命题，比如托里切利对球体的讨论。然而，第3篇题为"关于抛物线的面积"（de Dimensione parabolae）的论文，所使用的却远非传统上的方法：它以显著的托里切利的形式介绍了他自己的不可分量法。

21项证明

虽然这篇论文被命名为"关于抛物线的面积"，但令人吃惊的是，其目的不是要计算抛物线所围成的面积。阿基米德早在1800多年以前就对这个问题进行过计算和证明，并且其结果已经被托里切利和他同时代的人所熟知。这个问题无须再进一步证明。这篇论文所给出的确实是对同一个结果的至少21种不同的证明方法。托里切利连续21次面对同一个定理，即"一条抛物线所围成的面积等于与它同底等高三角形面积的三分之四"（见图3-6），并且以不同的方法对同一个结果成功地进行了21次证明。这很可能是数学史上唯一一篇只为了证明一个单一的结果，而提供了如此之多不同的证明过程的论文。这是对托里切利作为一名数学家所应具备的精湛技巧的一次证明，但它的目的却并非如此。它的真正目的在于：将传统经典的证明方法与根据不可分量得出的新证明方法进行对比，从而说明新方法的明显优势。

"关于抛物线的面积"的前11次证明完全符合欧氏几何最高的严格标准。

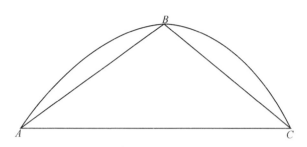

图3-6 "关于抛物线的面积":由抛物线包围的面积是三角形ABC面积的三分之四,托里切利。

为了计算抛物线所包围的面积,托里切利使用了"穷举法"(The Method of Exhaustion)(见图3-7),这也是生活在公元前4世纪的希腊数学家欧多克索斯(Eudoxus)所使用的方法。在该方法中,抛物线(或另一种曲线)被一个内接多边形和一个外切多边形包围。多边形的面积是很容易计算的,由抛物线围成的面积则介于两者之间。随着不断增加两个多边形的边数,两者之间的差值会变得越来越小,从而限制了抛物线面积的可能范围。

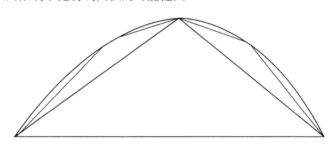

图3-7 穷举法。随着不断增加内接多边形边的数量,它就越来越接近于抛物线。外切多边形也是同理。

随后的证明导致了矛盾:如果抛物线的面积大于同底等高三角形面积的三分之四,则可以通过增加外切多边形的边数,从而使其面积小于抛物线的面积;如果抛物线的面积小于同底等高三角形面积的三分之四,则可以通过增加内接多边形的边数,从而使其面积大于抛物线的面积。这两种可能性都与一个多边形外切于该抛物线以及另一个多边形内接于该抛物线这个假设相矛盾,因此抛物线的面积必须恰好等于同底等高三角形的三分之四。证明完毕。

托里切利指出,虽然这些传统的证明是完全正确的,但它们确实也存在着

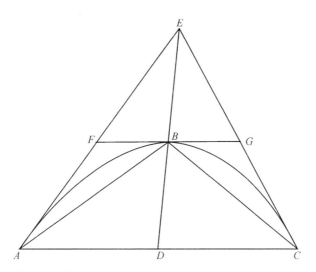

图3-8　抛物线弓形面ABC，三角形ABC是其内接三角形，三角形AEC是其外切三角形。随着两个多边形的边数增加，如梯形AFGC，它们所围成的面积越来越接近于由抛物线弓形面所围成的面积。

一些缺陷。其中最明显的是，根据穷举法进行的证明，需要人们事先知道所期望得到的结果，在本次证明中，即为抛物线与三角形的面积之间的关系。一旦知道了结果，穷举法就可以证明，任何其他的关系都会导致矛盾，但至于为什么这种关系能够成立，或者如何发现这种关系，却没有提供任何线索。由于缺少这些线索，导致托里切利和许多他那个时代的人相信，古人肯定拥有一种秘密的方法来发现这些关系，而他们随后又将这种方法从他们出版的作品中仔细地删除了。（20世纪，人们发现了阿基米德于10世纪写在重写本上的一些论文，这些有擦除痕迹的论文记录的是他所发现的一些不严格的方法。这些论文表明，托里切利和当时人们的猜测也许并非是完全错误的。）经典方法的另一个主要缺陷就是它很繁琐，需要大量的辅助几何构造，并且要通过曲折和反直觉的方法才能得出结论。换句话说，经典的证明可能是完全正确的，但它们远不是获得新见解的有用工具。

　　"关于抛物线的面积"的最后10次证明，放弃了穷举法的传统模式，而以不可分量法取而代之。托里切利指出，这些证明结果可以由命题中几何图形的形状和构成直接得出，它们是直接并且直观的方法，不仅证明了其结果是正确的，而且也说明了其结果为什么是正确的。我们已经看过了卡瓦列里如何证明构成一个平行四边形的两个三角形全等（通过证明它们是由相同的不可分割线构成的），或者如何证明由螺线所围成的面积与抛物线所围成的面积全等（通过将曲线的不可分量转换为直线的不可分量）。托里切利提出用相同的方法来计算抛物线围成的面积。托里切利写道，不可分量法可以通过"简洁、直接和积极的证明"来解决涉及无穷量的定理，这是一种"新的并且值得赞赏的方法"。与古人"令人惋惜"的几何方法相比，它是"通过数学荆棘之路的捷径"。

正如托里切利所说，不可分量法是一项"了不起的发明"，这要完全归功于卡瓦列里，而他自己在《几何运算》中的贡献仅仅是使这种方法更容易理解。无疑托里切利的方法更易于理解，因为卡瓦列里的《不可分量几何学》是出了名的晦涩繁琐，它通过无数的定理和引理来推导出几乎是最简单的结果。相反，托里切利的方法直奔主题，没有华丽的辞藻，没有冗长的证明过程，也没有在欧氏几何严格的推理上浪费笔墨。托里切利写道，"我们避开了卡瓦列里无边无际的几何学海洋"，以此承认了卡瓦列里文本的晦涩难懂。他继续写道，至于他自己和他的读者"不会太过于冒险，我们仍在岸边"，不必为细致的表现形式分散精力，而只需专注于得到结果。

相比卡瓦列里的文本，托里切利的文本要容易理解得多，卡瓦列里的文本甚至对下一代数学家造成了相当的困惑。英国的约翰·沃利斯和艾萨克·巴罗（Isaac Barrow），以及德国的戈特弗里德·威廉·莱布尼茨（Gottfried Wilhelm Leibniz），都声称研究过卡瓦列里的著作，并学习过他的方法。事实上，他们的著作清楚地表明，他们研究的是托里切利版本的卡瓦列里著作，他们认为它仅仅是原著的一个清晰诠释版本。这种安排当然有其优点：托里切利不用捍卫他的方法，而只需提到让感兴趣的读者参考卡瓦列里的几何学，并向他们保证，他们会在那里找到想要的答案。后来的数学家遵从了他的指引，并且当有人对不可分量法的前提提出质疑时，他们也很乐意让批评者到卡瓦列里笨重的大部头里寻找答案。

痴迷于悖论

事实上，卡瓦列里与托里切利的无穷小量方法之间存在着重要的区别。最关键的是，在托里切利的方法中，所有的不可分割线都组合在了一起，实实在在地构成了一个平面图形，而所有的不可分割面也在实际上构成了实体的体积。而在卡瓦列里的方法中，我们还会记得，他曾尽量设法避免这种定义，他称之为"所有线"和"所有面"，好像它们与平面和实体是完全两回事一样。但是，托里切利却没有这样的顾虑。在他的证明中，他直接将"所有线"指向了"面积本身"，并将"所有面"指向了"体积本身"，他没有受到逻辑上的细枝末节的困扰，而这些细节曾令他的前辈感到十分纠结。这样的做法为托里切利招致很多批评，因为他违反了连续体构成的古老悖论。但事实上，尽管卡瓦列里曾慎之又慎地斟酌过自己的方法，但他也几乎遭受了同样多的批评。同时，托里切利的直截了当使得他的方法比卡瓦列里的更为直观和明确。

他们对于悖论的态度也是截然不同的。较为传统的卡瓦列里曾不惜一切代价尽量避开悖论，当在他的方法中遇到潜在的悖论时，他会曲折地解释它们为什么实际上不算是悖论。但托里切利却沉迷在悖论之中。他的文集包括至少3个独立的悖论列表，详细列举了各种巧妙的悖论，也就是，假设连续体由不可分量构成所产生的悖论。对于一个数学家来说，其方法的可信度正是建立在这个前提的基础之上，而他不但没有回避涉及立论前提的悖论，反而列举了大量悖论，这似乎显得有些出人意料。对于托里切利来说，这些悖论另有用途。它们不仅仅只是充当令人费解的消遣项目，而当人们从事严肃的数学研究时就把它们搁置在一边；恰恰相反，它们正是揭示连续体的实质和结构的研究工具。从某种程度上来说，悖论其实是托里切利的数学实验。在一项实验中，人们会创建一个非自然的环境，使之能将自然现象推广到极端状态，从而揭示隐藏在正常环境下的真理。对于托里切利来说，悖论起到了大致相同的作用：它们将逻辑推广到了极端状态，从而能够揭示连续体的本质，这是用正常的数学方法所不能实现的。

托里切利提出了几十种悖论，其中许多都是相当微妙而复杂的，但即使是最简单的一个，也能捕捉到本质问题：

在平行四边形ABCD中，边AB大于边BC，点E沿对角线BD移动，EF和EG分别平行于AB和BC，从而EF大于EG，并且所有其他平行线均为如此。因此，△ABD中所有类似于EF的线均大于△CDB中所有类似于EG的线，从而可得△ABD大于△CDB。但这个结果是不正确的，因为对角线BD平分了平行四边形。

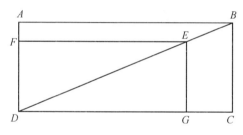

图3-9　平行四边形悖论，托里切利。

将矩形分成两半的两个三角形不相等，这个结论是荒谬的，但它似乎正确地遵循了不可分量的概念。数学家针对这样的问题，都采取过什么样的措施呢？古代的数学家清楚地认识到无穷小量可能会导致这样的矛盾，他们所做的只是在数学上禁止使用无穷小量。卡瓦列里重新引入不可分量，但他试图通过设置使用规则来处理这样的矛盾，以确保这种矛盾不会再度出现。例如，他坚持认为，为了将一个图形的"所有线"与另一个图形的"所有线"进行比较，那么两个图形中的线都必须平行于一条基准线，他称之为"准线"（regula）。由于托里切利悖论中的线EF和EG是不平行的，那么卡瓦列里就可以说，它们根本不可比较，从而就可以避免这个悖论。然而在实践之中，卡瓦列里的人为限制却被他的追随者和批评者同时忽略了，因为前者认为它们是使用上的障碍，而后者根本不相信它们解决了最根本的问题。

托里切利采取了不同的方法。他不是试图回避矛盾，而是不断地努力去了解它，思考它对连续体的构成究竟有什么意义。他的结论是惊人的：平行于EG的所有短线形成的面积之所以等于相同数量的平行于EF的长线形成的面积，是因为短线比长线"更宽"。更广泛地说，按照托里切利所说，"不可分量之间都是相等的，即点与点相等，线与线在宽度上相等，面与面在厚度上相等，这个观点在我看来不仅难以证明，而且实际上是不正确的"。这是一个惊人的想法。如果某些不可分割线比其他线"更宽"，那是否意味着它们其实可以被分割，以达到"窄"线的宽度呢？如果不可分割线有一个正的宽度，那么是否可以得出，将无穷多条线累积起来将会得到无穷大——而不是△ABD和△CDB有限的面积呢？并且同样的观点也适用于具有大小的点和具有"厚度"的面。这个假设似乎很荒谬，但托里切利坚持认为，他的悖论表明，不可能存在其他的解释。而且不仅如此，他还把整个数学方法建立在了这一想法之上。

为了将这一基本思想转换到一个数学体系里面，只在原则上说不可分量具有不同的大小是不够的，还必须精确地确定它们之间的差别。为了实现这一目标，托里切利再次转向了平行四边形悖论。在图中，具有同样数量的长线EF和短线EG形成了相同的总面积。为了使其成立，短线EG的"宽度"需要与长线EF的"长度"达到一个完全相同的比例，这就是BC与AB的比例。换句话说，也就是对角线BD的斜率。这样一来，托里切利一下子就将有关连续体的一个相当可疑的猜测转化成了一个可量化并且可用的数学量值。

然后托里切利具体说明了，如何通过计算各类曲线的切线的斜率，来对有"宽度"的不可分量进行数学上的应用。我们可以把这些曲线表示成 $y^m=kx^n$，他称之为"无限抛物线"（infinite parabola）。在这方面，他远远超越了卡瓦列里，卡瓦列里曾计算过几何曲线的面积和体积，但从来没有计算过它们的切线。的确，卡瓦列里坚持只对"所有线"或"所有面"的集合进行比较，也就不会为精细的切线计算留下任何空间，因为只能在单一的不可分割点才能计算斜率。但是，托里切利更灵活的方法区分了不同不可分量的大小，从而使这一切成为可能。他首先指向了平行四边形悖论中的图形ABEF和CBEG。这两个图形被称为"半晷"（semi-gnomons），因为它们分别与全等三角形DFE和EGD构成了全等三角形ABD和CDB，所以它们的面积相等。这个命题永远是正确的，而且，无论E点位于对角线BD上的哪个位置，即使当它移动到B点本身时，该命题也都同样为真。因此，线BC在面积或"量"上等于线AB，即使线AB更长一些。之所以这样是因为，就如同半晷CBEG一样，不可分割线BC相比AB"宽出"的比例，恰好等于AB"长出"的比例。

现在，只要我们面对的是直线，如对角线BD，半晷就总是相等的，并且不可分量的"宽度"由斜率确定。但是，如果不是一条直线，而是一条广义的抛物线（用现代术语可以被定义为$y^m=kx^n$），那么将会发生什么呢？在这个"无限抛物线"中，半晷不再相等，但它们却保持着一个固定的关系。正如托里切利利用经典的穷举法所进行的证明那样，如果在曲线上的线段非常小的话，那么这两个半晷的比例则为$\frac{m}{n}$。如果半晷的宽度只有一个不可分量的大小，那么与曲线相交的两条不可分割线的"大小"之比为$\frac{m}{n}$（见图3-10）。

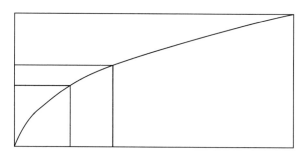

图3-10　两个半晷与"无限抛物线"相交。如果这些线段非常小，或者不可分的话，那么半晷的面积之比为$\frac{m}{n}$。

这一结果使托里切利能够计算"无限抛物线"上每一点的切线斜率，如图 3–11曲线AB所示。托里切利的主要观点是，在B点，两条不可分割线BD和BG与抛物线相交，它们也与直线（即曲线在该点的切线）相交。而两个不可分量相对于曲线的"面积"比为$\frac{m}{n}$，它与直切线相等（如果将切线延长为矩形的对角线）。因此，如图3–11所示，BD与BG的"面积"之比为$\frac{m}{n}$，但BD与BF的"面积"之比为1。这就意味着BF与BG的"面积"之比为$\frac{m}{n}$。现在，BF和BG在托里切利的体系里具有了相同的"宽度"，因为它们都以相同的角度与曲线BF（或其切线）相交于点B。这两条线段的区别仅在于它们的长度，并可以得出长度BF与长度BG的比例为$\frac{m}{n}$。现在BF等于ED，并且BG等于AD，因此，切线的横坐标ED与曲线的横坐标AD的比例为$\frac{m}{n}$，或更简单地，$ED = \frac{m \cdot AD}{n}$。因此切线在点B处的斜率$\frac{BD}{ED}$为$\frac{n \cdot BD}{m \cdot AD}$。这样，对于"无限抛物线"上的任意一点，都可以根据它的横坐标和纵坐标，求得它的斜率。

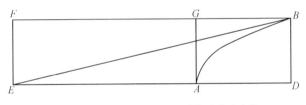

图3–11 托里切利对"无限抛物线"斜率的计算。

托里切利的这些精巧的证明过程固然值得关注，但其意义远远超越了证明本身，其意义更在于，它对数学传统本身所形成的挑战。自古以来，数学家们一直对数学悖论退避三舍，将它们视为难以逾越的障碍，并将悖论视为他们的计算已经进入死胡同的一个标志。但托里切利打破了这个古老的传统：他不是回避矛盾，而是寻求答案并为其所用。伽利略曾猜想过连续体的无穷小结构，但仅止于承认连续体是一个伟大的"谜团"。卡瓦列里尽其最大的努力去回避悖论，并严格遵守传统经典，甚至不惜让他的方法变得既烦琐又难以理解。但托里切利却当仁不让地利用悖论发明了一种精确而强大的数学工具。托里切利没有将连续体悖论驱逐出数学王国，而是将其放在了该学科的核心位置。

尽管它有明显的逻辑风险，但托里切利的方法还是给当代数学家留下了深刻的印象。虽然不断游走于错误的边缘，但它也非常灵活，并且相当有效。在熟练和富有想象力的数学家手里，它成了一个有力的工具，可能导致新的，甚至惊人的结果。在17世纪40年代，这种方法被迅速传播到了法国。罗伯瓦尔和皮埃尔·德·费马（Pierre de Fermat，1601—1665）等人促进了这种方法在法国的使用，他们都是与托里切利有直接书信往来的人。多亏了他与马兰·梅森之间的通信，因为马兰·梅森是欧洲"学界"的信息交流中心，所以托里切利的著作进一步传播到了英国，也使沃利斯和巴罗将其误认为了是卡瓦列里的著作。托里切利激进的证明方法很快席卷了整个欧洲大陆，它承载着新的无穷小量数学的威力和承诺，当然，还有危险。

对于新取得的突出成就，托里切利并没能享受多久。1647年10月5日，他病倒了，不到3个星期之后，在10月25日，他就去世了，年仅39岁。在他去世前的一个小时，他头脑清醒的时候，托里切利指示他的遗嘱执行人，将他的手稿交给在博洛尼亚的卡瓦列里，让其选择合适的论文进行发表。但这已经太迟了，11月30日，仅仅在托里切利过世一个月之后，卡瓦列里也因折磨多年的痛风而去世了。在短短几年时间里，意大利数学界一再被夺去了指路明灯——伽利略及其两个主要的数学弟子。在这几十年的时间跨度里，这3位数学家改变了数学的面貌，开拓了前进的新途径和可能性，这是整个欧洲数学家翘首以盼的机遇。在下一代数学家成长起来的时候，他们的"不可分量法"将被转化为牛顿的"流数法"（method of fluxions）和莱布尼茨的微分学与积分学。

然而，伽利略、卡瓦列里和托里切利在他们自己的领域却没有继承者。正当意大利数学界失去了伽利略及其弟子的领导之际，意大利的数学潮流就骤然开始了反扑。SJ早就对不可分量法持有怀疑和不屑的态度，他们此前已经趁机采取了行动。在长达数十年激烈的斗争中，SJ曾不遗余力地抹黑无穷小学说，剥夺其信徒在数学界的地位和发言权。他们的努力终于没有白费：随着1647年接近尾声，意大利数学界的辉煌传统也即将结束。意大利这个天才辈出的数学时代属于伽利略、卡瓦列里和托里切利，此后要再过几个世纪才会再次出现像他们这样最高层次的创造性数学家。

第4章
生存还是灭亡

无穷小的危险

以当时的标准来看，SJ数学家安德烈·塔丘特算是一个全球化的人。尽管他可能从未离开过自己的家乡佛兰德，但他的通信网络却跨越了欧洲的宗教隔阂。他的书信来往不仅限于意大利和法国，而且还与信仰新教的荷兰和英国学者保持着联系。就在他去世的几个月前，他款待了荷兰博学家克里斯蒂安·惠更斯（Christiaan Huygens）。塔丘特当时被视为是SJ历史上最有潜力的数学明星之一，惠更斯这次就是为了与塔丘特的会面才专程来到安特卫普。两个人虽然只在一起待了几天时间，但他们相处得很好，于是这位SJ会士认为，他应该尽力说服惠更斯信仰天主教（尽管没有成功）。但最终不是他的个人魅力，而是他的数学才华超越了17世纪的偏见。在英国，伦敦皇家学会（Royal Society of London，英国皇家学会的前身，简称皇家学会）的秘书亨利·奥登伯格虽然在SJ没有朋友，但他在1669年1月的学会会议上却用了相当长的时间介绍了塔丘特的《数学文集》（*Opera Mathematica*），以至于最后他不得不为占用参会者的时间而道歉。他坚持认为，塔丘特的这部《数学文集》可以称得上是"历史上最好的数学著作之一"。

塔丘特在数学上的名望主要是因为他于1651年出版的著作《圆柱体和圆》（*Cylindricorum et Annularium Libri Ⅳ*），在这套包括4卷的数学文集中，他展现了当时所有数学工具和方法的全貌。在书中，他计算几何图形的面积和体积所使用的方法，不仅包括古典方法，而且包括由同时代和前辈数学家发明的新方法。但是，当论述到不可分量时，这位平时温和的SJ会士却开始变得生硬起来：

我不认为不可分量提供的证明方法算是合理的或者是几何的方法……许多几何学家认同这样的观点，即由移动的点形成线，由移动的线形成面，由移动的面形成体。但是，说一个量体是由不可分量的运动产生的，这是一回事；而说一个量体是由不可分量构成的，则完全是另外一回事。前者已经是确立的真理，而后者使得几何学的战争已经到了"不是你死，就是我亡"的程度。

生存还是灭亡——这就是塔丘特面对无穷小量时需要权衡的利害关系。他的话语的确强硬，但对于与这位弗莱芒人①同时代的人来说，这不并令他们感到特别惊讶。毕竟，塔丘特是位SJ会士，并且SJ正在展开持续且不妥协的斗争，以完成塔丘特所提倡的：在世界范围内消除"连续体由不可分量构成"这一学说。他们担心，一旦不可分量学说盛行，那么导致灾祸的就将不只是数学，还有使整个SJ得以维继的充满秩序和等级的理想。

当SJ会士提到数学时，他们所指的是一个清晰的目标：欧几里得几何。因为神父克拉维斯曾教导过，欧几里得几何是合理的等级和秩序的体现。它的证明过程从普遍适用的、不证自明的假设开始，然后富有逻辑地一步一步进行推导，以此来描述几何对象之间固定和必要的关系：一个三角形的内角和总是等于两个直角（180度），直角三角形两条短边的平方之和等于长边的平方，等等。这些关系是绝对的和普遍正确的，不能被任何理性的人所否认。

于是，从克拉维斯开始，在此后的200年里，几何学成了SJ会士数学实践的核心。即使到了18世纪，当高等数学的方向已经明显地由几何学转向了像代数和数学分析这样的新领域的时候，SJ的数学家仍在坚守着几何实践方法。这是SJ数

①弗莱芒人（Fleming），比利时的弗莱芒语社群，主要集中在比利时北部弗莱芒地区，布鲁日、安特卫普和佛兰德位于该地区内。——译者注

学学校明确无误的标志。他们相信，只要神学和其他领域的知识能够复制欧氏几何的确定性、等级结构和秩序，那么所有的纷争肯定都会结束。宗教改革及其带来的所有混乱和颠覆永远不会存在于这样一个有序的世界之中。

在SJ会士看来，这个永恒和不可辩驳的目标是他们学习数学的唯一原因。事实上，正是由于克拉维斯从未停止过与那些持怀疑态度的同事进行争辩，才使得数学代表了SJ的最高理想，并且多亏了他的努力，SJ才能不断招收并培养数学人才。到了16世纪后期，数学已成为罗马学院和其他SJ学校最负盛名的研究领域之一。

SJ会士认为，欧几里得几何是数学可能达到的最高和最好的状态，由伽利略及其追随者所提倡的新的"不可分量法"则刚好与之相反。几何学的证明起始于无懈可击的普遍原理，而新的方法却起始于对基本物质的不可靠的直觉。几何学按照固定的步骤从一般原理证明出特殊现象，而新的无穷小方法则反其道而行之：起始于对物质世界的一种直觉，然后由此进行归纳，从而得到一般的数学原理。换句话说，如果几何学是自上而下的数学，那么不可分量法就是自下而上的数学。最具破坏性的是，欧氏几何是严格的、纯粹的、绝对正确的，而新的方法则充满了悖论和矛盾，虽然可能产生真理，但同时也容易导致谬误。

对于SJ来说，如果无穷小量盛行起来，那么欧氏几何这座永恒且不可挑战的大厦将被名副其实的巴别塔①所取代，它将会建立在一个摇摇欲坠的基础之上，充满着冲突和斗争，随时都有可能倾覆。在克拉维斯看来，如果欧氏几何是普适的等级结构和秩序的基础，那么新的数学则正好相反，它是在破坏普适的秩序，必然会导致颠覆和斗争。塔丘特在写到几何学和不可分量之间的斗争时，并没有夸大其词，它们的确是到了"不是你死，就是我亡"的程度。而SJ也正在进行着

---

① 巴别塔（tower of babel，也译作巴贝尔塔，或意译为通天塔），巴别在希伯来语中有"变乱"之意。据《圣经·创世记》第11章记载，当时人类联合起来兴建塔顶通天能传扬己名的高塔。为了阻止人类的计划，上帝让人类说不同的语言，使人类相互之间不能沟通，计划因此失败，人类自此各散东西。——译者注

这样的行动。

监督委员会

早期的SJ神父为了拯"救欧洲的灵魂",曾与路德及其追随者们进行过顽强的斗争,所以连续体的结构问题在他们的头脑中可谓根深蒂固。第一个注意到这个问题的SJ会士不是别人,正是克拉维斯在罗马学院的老对手贝尼托·佩雷拉。1576年,为了数学在SJ课程设置中的合适的地位问题,他与克拉维斯争得不可开交,佩雷拉出版了一本关于自然哲学的著作,意在确立SJ应该采用的合理课程。佩雷拉按照SJ创始人制定的指导原则,严格遵守亚里士多德的教义,所以他也处理过这位古代哲学家在连续体问题上的教义。遵循着最好的学术传统,佩雷拉首先提出了论点,即一条线由单独的点构成,并列出了古代和中世纪数学大师用来支持这种论点的所有论据。然后,他逐一驳倒了这些论据,最终得出与亚里士多德一致的结论,即连续体是无限可分的,而不是由不可分量构成的。很明显,佩雷拉并不关心数学上的创新或者颠覆性的影响:这比伽利略和他的弟子们发明激进的数学技巧提前了几十年,但他没有理由这样做。因为他认为SJ会士学习任何一种数学都没有多少价值,他也不会关心传授哪类数学比较合适。对他来说,连续体的问题只不过是在讨论亚里士多德自然哲学时应该解决的又一个问题而已。

此后,连续体问题整整沉寂了20年,直到它又被另一位SJ会士重新提起,而这一次提到它的是一个更为权威的人物——SJ的神学领袖弗朗西斯科·苏亚雷斯。1597年,苏亚雷斯在他的《论形而上学》(*Disputation on Metaphysics*)一书中,用了13页来连篇累牍地讨论连续体的构成问题,如同佩雷拉一样,他也是将这个问题作为对亚里士多德物理学广泛讨论的一部分。但是,与佩雷拉不同的是,这位神学家并没有断然否认这个概念,即连续体由不可分量构成。他承认这个问题是比较困难的,很难给出确定性的答案,只能尽力寻求一个"似乎正确"的答案。他引用了连续体由不可分量构成的学说，然后又列举了否定不可分量的学说，他认为两者都是"极端"观点。然后，他又提出了一些自认为比较合理的中立观点，同时承认很难得到一个明确答案。对于苏亚雷斯以及佩雷拉来说，整个问题都是一个技术性问题，或者说是我们所谓的"学术"问题。没有一个人认为在这个问题上会有生死攸关的利害关系，在他们看来，这只是关乎亚里士多德物理学的正确解释。

查理五世、路德和依纳爵的这个世纪充满着喧嚣和动荡，随着这个世纪接近尾声，SJ在无穷小量的讨论中明显感觉到了紧迫感。当时，担任总会长的神父克劳迪奥·阿奎维瓦注意到了SJ内日益多样化的观点，并且越来越感到担忧。这无疑是成功的代价，因为随着SJ在这些年的快速扩张，已经有遍布在世界各地的上百所学院和传教团，从而不可避免地引入了许多新人加入到这个庞大的体系之中。但在总会长阿奎维瓦看来，这不应成为基督的战士偏离正确教义的借口。对于SJ的等级制度而言，教会人数和影响力的增加只能成为使它变得更加统一和权威的理由。在罗马学院学习了几年之后，神父利昂·桑蒂（Leone Santi）警告说，"除非将思想限制在一定范围之内，否则人们对外来学说和新学说的探寻永无止境"，这将导致"教会产生巨大的混乱和不安"。为了防止这种情况发生，总会长于1601在罗马学院设立了由5位"监督员"组成的一个监督委员会，拥有审查任何一所教会学校所传授的任何内容的权力，以及审查在教会庇护下出版的任何内容的权力。阿奎维瓦希望，在监督委员会的监督之下，只有正确的教义才能在SJ学校得到传授，并且由SJ神父出版的书籍需要经过上级的许可，从而确保教会将只发出一种权威的声音。监督委员会成立之后没过多久，它就开始不断发布对传授和推广无穷小量的禁令。

监督委员会从1606年开始发布关于连续体的第一项法令，当时这个委员会只成立了5年时间。比利时的SJ学校发来一个命题称"连续体由有限数量的不可分量构成"，监督委员会迅速给予了回应，并且没有附加任何评论，裁定这个命题

"在哲学上是错误的"。仅仅两年之后，发自比利时的另一封信件提出了几乎同样的学说。这一次，监督委员会表现得更为斩钉截铁，明确地回复道："全体监督员认为该学说不能被传授，因为它是不合理的，并且无疑在哲学上是错误的，有违亚里士多德学说。"仅在10年前，对于连续体由不可分量构成这一概念在哲学上是否可行，苏亚雷斯还略微表达了一些认同，并提出了一些替代方案。但如今，监督委员会直接裁定它是"虚假和错误的"，并予以禁止。

究竟发生了什么变化呢？监督委员会没有提供任何线索，并且在他们所做的总结报告中，除了原始命题的发送地之外，没有提供任何其他细节。但我们确实知道，在17世纪初的那些年里，数学家们对于无穷小的兴趣明显与日俱增。1604年，罗马大学的卢卡·瓦莱里奥出版了一本关于计算几何图形重心的书，在书中他使用了初步的无穷小方法。瓦莱里奥是位知名的SJ会士，他跟随克拉维斯学习了多年数学，甚至获得了罗马学院的哲学和神学博士学位。他的作品不可能被SJ的神父们所忽视，看过这本书的人可能都会感觉到，他们确实需要更好地确定自己对于这种新方法的立场了。我们也知道，1604年，当时在帕多瓦大学的伽利略，在制定自由落体定律的过程中，也正在尝试使用不可分量。伽利略对瓦莱里奥有着很高的评价，多年之后，他提名瓦莱里奥加入了林琴科学院，并且在1638的《论述》一书中，把瓦莱里奥称为"当代的阿基米德"。不论他们两个人彼此之间是有过借鉴，还是独立地发展了自己的学说，他们的作品都标志着无穷小量的地位发生了显著的改变：无穷小量不再是由亚里士多德及后来的诠释者下过定论的那个古老学说，它现在似乎已经登上了现代数学舞台。

在SJ看来，这是一个突破性的变化。克拉维斯才刚刚赢得了在数学地位方面的斗争，确立了数学在SJ课程中的核心学科地位，并且SJ的数学家们开始被承认为数学领域的领导者。17世纪之初，当无穷小量开始渗透到数学实践中时，SJ紧迫地感觉到，有必要对新方法采取更坚定的立场了。新的方法能与欧几里得的方法兼容并与教会的数学实践保持一致吗？监督委员会的回答斩钉截铁："不能"。

虽然给出了严厉的裁决，但这个问题似乎远没有结束。整个欧洲受过数学教育的SJ会士都在密切关注着最前沿的数学研究的发展态势，并且能切身地感受到数学界对于无穷小量的兴趣正在与日俱增。由于意识到了这个问题的敏感性，他们开始不断向监督委员会提交不同版本的这种学说，每一个新提交的版本都与那些被禁止的略有不同。因此，监督委员会每对无穷小进行一次审查，它在数学领域的发展也就更进了一步。

约翰内斯·开普勒是第一个绘制出正确的椭圆形行星轨道的人，并因此被当今的世人所熟知。但这并不是说开普勒在他那个时代没有得到人们的赏识。17世纪初期，他是世界上唯一能与伽利略齐名的科学家（虽然是新教徒），并且拥有世界上最令人垂涎的数学职位，即神圣罗马帝国在布拉格的宫廷天文学家。1609年，开普勒出版了他的代表作《新天文学》（*The Astronomia Nova*），在该书中，他证明了行星的运行轨道呈椭圆形而不是完美的圆形，并根据他观测到的行星运行记录总结成两大定律［开普勒第三定律后来发表在他于1619年出版的《世界的和谐》（*Harmonices Mundi*）一书中］。行星以不断变化着的速度沿着其轨道运行，为了计算行星的精确运动，开普勒粗略地运用了无穷小方法，假设椭圆轨道的圆弧由无穷多个点构成。6年之后，开普勒在一本书中为了计算葡萄酒桶的精确体积，进一步改进了他的数学方法，利用无穷小方法计算了几何图形的面积和体积。例如，为了计算圆的面积，他把圆假设成一个包括无穷多条边的多边形；把球体假设成是由无穷多个锥体构成的，每个锥体的顶点都位于球心上，而底面则位于球体的表面上，等等。这本书名为《测定酒桶体积的新方法》（*Nova stereometria doliorum vinariorum*），是一部数学力作，揭示了无穷小方法的威力，后来卡瓦列里对这种方法进行了系统化并为之命名。SJ再一次感到有必要做出回应，并且这项任务再一次落到了身处罗马的监督员身上。1613年，他们禁止了连续体由物理上的"极小量"或者数学上的不可分量构成的命题。1615年，他们重申了禁令，首先否认"连续体由不可分量构成"，然后在几个月后又否认"连续体由有限的不可分量构成"。他们表示,"如果不可分量是无穷多的……这个学说在我们学校同样是被禁止的"。

一旦监督委员会发布了他们的决定,SJ的整个体系就会像一台运转良好的机器一样运转起来,强制执行他们的决定,并立即采取行动。世界各地不计其数的SJ辖区省份都会接到监督员的裁决,然后再把裁决结果向各个辖区继续逐级传递下去。在这个传递链的末端是各个院校以及院校中的教师,他们接受新规定的指导,只执行许可他们做的事情。一旦罗马的监督委员会做出的决定通过SJ的等级结构传递下来,最终到达教授个人,那么他就有责任立即全力付诸实施,无论他以前对这个问题持有何种看法。这是一个建立在等级、培训和信任(或者是某些不友好的观察者所认为的思想灌输)的基础之上的系统。无论采用哪种方式,毫无疑问它都是非常有效的:在世界范围内的数百所SJ学院里,监督委员会的裁决成了法律。

卢卡·瓦莱里奥的陨落

监督委员会在1615年关于无穷多不可分量的禁令,很可能针对的是开普勒的崇拜者。但无论这次禁令的意图如何,最终SJ的前成员卢卡·瓦莱里奥成了SJ新的严厉措施的牺牲品。这时距离伽利略推荐瓦莱里奥加入久负盛名的林琴科学院已经过去了3年的时间。林琴科学院一直是伽利略学派在罗马的学术中心,它是由一群经过挑选的领先科学家和贵族资助者组成的一个高端群体,不过瓦莱里奥似乎是一个完美的人选:不仅因为他是一位以思想大胆著称的数学家以及罗马大学的教授,还因为他是一名贵族,而且是已故教皇克莱门特八世(1592—1605年在位)的学生及私人好友。他能为林琴科学院带去尊贵的社会声望以及个人创造力和组织威信,于是林琴院士们立即在1612年6月7日选举他加入了林琴科学院。从他加入的那一刻起,瓦莱里奥就成为林琴院士中的佼佼者,他被赋予了总编辑职责，对学院的所有出版物都有权提出修正意见。

瓦莱里奥在克拉维斯门下学习数学多年，一直与之前在罗马学院的导师和同事保持着良好的关系，这也使得他对林琴科学院来说具有一定的价值。在伽利略学派与SJ的罗马学院关系紧张的时期，瓦莱里奥充当了两个阵营之间进行沟通和妥协的渠道。瓦莱里奥的确十分希望弥合这两个团体中的朋友之间的裂痕。不过，这是一项很难完成的任务。伽利略就曾置SJ的敏感性于不顾，发表了《浮体论》（*Discourse on Floating Bodies*）——在其中他攻击了亚里士多德的物理学原理，论述了太阳黑子的性质，而且提出了他所认为的关于圣经的合理解释。对于罗马学院的SJ会士来说，对神学的入侵触碰了其底线。SJ曾为伽利略进行过一天的庆祝仪式，而现在他俨然已成SJ的死敌，他们决心对这个曾受到过其礼遇的人展开反击。

SJ从过去的错误中吸取了教训。他们一次又一次被伽利略精彩的辩论比下去，给人的感觉就像呆板的学究挡在科学进步的道路上一样。因此，他们不再参加公开的辩论，而是把努力转向了另一个战场，在这里他们的权力是不容挑战的，那就是具有等级性和权威性的教会。1615年，SJ红衣主教贝拉明发表了反对哥白尼学说的观点，这很快成为教会的官方教义。除此之外，他还向伽利略提出了个人的警告，让他永远别再持有或提倡那些被禁止的学说。这是SJ借教会的权力为已所用的一次强有力的证明，也是对伽利略学派的一次沉重打击。至于无穷小量，没有发布像针对哥白尼学说那样的公开禁令。但监督委员会在1615年4月针对不可分量做出裁决时，恰逢贝拉明发表反对伽利略的看法，这很可能不是一个巧合。

瓦莱里奥有了被夹击的感觉。原来还有望得到调和的两大学派，现在已经公然开战了。他的中立立场很快化为了泡影，并不断地受到来自于SJ的压力。监督委员会在1615年4月针对连续体构成颁布的法令起到了一种警示作用，它提醒那些承认无穷小量方法的数学家，他们再也无法置身事外。当监督委员会在11月重申这项法令时，他们又补充道，它也适用于"无穷多不可分量的情况"。瓦莱里奥可能已经得出结论，他自己也在法令所指的范围内。我们不知道SJ或者林琴科学院的人私下里和他说过什么，但他显然一直承受着难以忍受的压力。1616年初，随着斗争浪潮对伽利略派的冲击日益激烈，瓦莱里奥终于做出了决定：他向林琴科学院提交了辞呈，公开地站到了SJ那边。

林琴成员对此感到相当震惊，因为拥有学院的成员资格是一项无上的荣誉，而之前从未有过任何人主动请辞。这种事情的发生在一定程度上也说明了，在SJ的猛攻之下，持有伽利略派的立场该有多么危险。林琴成员并没有被吓住，他们果断地回应道：立即拒绝瓦莱里奥的辞呈，因为这违背了学院成员所立下的誓言。因此瓦莱里奥只在名义上仍保留着林琴成员的身份：在1616年3月24日的一次会议上，瓦莱里奥的同事对他进行了审查，理由是他违背了自己的忠诚誓言，并同时冒犯了伽利略和"林琴精神"，破坏了林琴成员团结一致的原则。于是，他们禁止瓦莱里奥出席学院在那之后的任何会议，同时剥夺了他的投票权。

瓦莱里奥错误地判断了形势。伽利略派也许一直被迫处于守势，但他们仍然足以反击他们的前同事。瓦莱里奥在生活和职业上均取得了辉煌的成功，并且持续了如此长的时间，但最终却以悲剧收场。他的数学实力很早就得到了学术界的认可，已经在意大利攀登上了学术高峰，而且保守派和创新派都对他赞赏有加。但是，当他感觉到再也无法弥合两个阵营之间不断扩大的分歧时，他做出了选择，结果证明这是一个错误的选择。瓦莱里奥受到了以前的朋友们的孤立、羞辱和轻视，在被林琴科学院开除之后不到两年便与世长辞，成为SJ对抗无穷小战争的一位早期受害者。

格里高利·圣文森特

瓦莱里奥虽然在罗马学院学习多年，但他本身并不是SJ会士。但是，有时候SJ的神职官员不仅要与教会内部成员打交道，还要与教会外部成员打交道。一些SJ的学者会推卸上级强加给他们的职责，希望自由地从事自己的工作，同时又能不违反规定的条文，即使这不符合规定的精神。在这种情况下，SJ通常采取较温和的措施，提醒那些不太守规矩的成员，说服他们遵守SJ的一般规则，使他们形成自愿服从的思想。依靠SJ自身的等级秩序以及根深蒂固的服从价值观，他们对其成员实施了有效的控制，这可能比通过采取纪律处分、强制或恐吓等手段所实现的管理效果还要好。

即便如此，挑战SJ的法令依然会付出应有的代价，例如布鲁日的数学家格里高利·圣文森特就因此受到了惩罚。圣文森特与他同时代的年轻人塔丘特一样是弗莱芒人，是SJ历史上最具创造性的数学思想家之一。1625年，圣文森特当时正在位于鲁汶（Louvain）的SJ学院担任教学工作，他发明了一种计算几何图形的面积和体积的方法，称之为"ductus plani in planum"。他认为，他最大的成功在于解决了一个古代问题，这个问题曾难倒过历代伟大几何学家，即求一正方形，使其面积等于一个指定圆的面积，或者更简单地说，"化圆为方"①。圣文森特决定发表他的成果。由于他是位表现良好的SJ会士，所以他把稿件寄往了罗马以求获得许可。圣文森特是一位杰出的数学家，并且他的文字富有技术性和挑战性，所以他的请求被逐级上报，最后一直上报到了SJ总会长穆奇奥·维特莱斯奇那里。

维特莱斯奇犹豫了，因为这个时代的大多数数学家都认为（事实证明这样的认为是正确的），化圆为方是不可能的，或者至少无法用传统的欧几里得方法实现。那些声称已经攻克这一难题的人，通常被认为是沽名钓誉而不被理会，况且，如果有SJ会士声称已经成功地解决了化圆为方的难题，还存在着玷污教会声誉的巨大风险。更令人不安的是，圣文森特的"ductus plani in planum"方法看起来疑似基于被明令禁止的无穷小量方法。维特莱斯奇不希望由他一个人来决定这一技术性问题，于是他将此事交给了神父格林伯格。格林伯格是克拉维斯的

①化圆为方（squaring the circle）是古希腊数学里尺规作图领域当中的命题，和三等分角、倍立方问题并列为尺规作图三大难题。其问题为：求一正方形，其面积等于一给定圆的面积。如果尺规能够化圆为方，那么必然能够从单位长度出发，用尺规作出长度为π的线段。——编者注

学生，他不仅是克拉维斯在罗马学院的继承者，而且在SJ中代表着最高的数学权威。格林伯格仔细地阅读了这篇论文，但他同样没有被这篇论文说服，最后否决了发表请求。圣文森特没有气馁，他请求前往罗马。得到准许之后，他用了两年时间试图说服格瑞林格承认他的方法是有效的，并且没有违反限制使用无穷小的禁令。但他最终还是失败了。在1627年的一封信中，格林伯格告知维特莱斯奇，虽然他并不怀疑圣文森特的结果的正确性，但他还是对其所使用的方法感到非常担忧。这位弗莱芒人两手空空地回到了鲁汶，而且在此后的20年里没有发表任何作品。1647年，利用维特莱斯奇去世的一段时间，圣文森特才让他的作品最终得以问世。这一次，他绕过了罗马的管辖，勉强获得了佛兰德省级SJ的一份简略的许可，获准将这部作品出版。

在1615年发布禁令以及瓦莱里奥陨落之后，圣文森特的经历代表了SJ对不可分量的态度。不可分量肯定是被禁止的，但对于它在使用上的监管并不是SJ的当务之急。当遇到使用无穷小的新数学方法时，SJ将采取措施，提醒其成员这些方法是不被允许的。除此之外，并没有过多控制新方法的传播。像圣文森特这样一位杰出的SJ会士，借助由不可分量激发的灵感发明了一种数学方法，并寄送给罗马当局希望得到批准，这表明他原本期望能获得一些回旋的余地。结果，他的发表申请被拒绝了，但圣文森特并没有因违反禁令而受到惩罚。在此后很长的一段时间里，他还一直在SJ学院继续担任要职，后来甚至利用适当的时机最终成功地发表了他的作品。但在以后的岁月里，在决定无穷小之战最终战局的严峻条件下，SJ会士再从事无穷小的研究，将不会得到如此宽容的结果。

失势

事实证明，圣文森特是幸运的，因为他正好处于SJ遏制无穷小量学说运动的间歇期。在1615年的禁令之后，监督委员会在17年内没有再涉及这一问题。究其原因，在很大程度上与SJ自身命运的变化有关。随着他们在1616年全面战胜了伽利略学派，SJ在罗马占据了最高统治地位。在与伽利略的斗争中，教皇保禄五世曾公然地支持他们，羞辱他们的批评者，并把他们确立为真理的裁决者。哥白尼学说的拥护者们受到了有效的压制，关于无穷小的声音似乎也沉寂了下去。瓦莱里奥受到了羞辱，而伽利略也没有资格去挑战罗马学院的权威。1619年，教皇保罗五世通过为依纳爵的助手——勇敢的传教士方济各·沙勿略举行宣福礼，来表示他对SJ的支持，就像他在10年前曾为依纳爵宣福一样。1622年，保罗五世的继任者——教皇格里高利十五世完成了整个过程，将圣依纳爵和圣方济·沙勿略封为了天主教的首批SJ圣人。在庆典上，SJ会士开始筹划在罗马学院建造一座宏伟的圣依纳爵新教堂。

但是，罗马教廷毕竟是一种专制制度，教皇的个人倾向是影响SJ权力的一个重要因素。这很少会成为困扰SJ的问题，因为SJ不仅拥护教皇在教会中的绝对霸主地位，而且SJ的精英们都曾发誓服从于教皇。毫无疑问，大多数的教皇都会认为，倾向于SJ符合他们的最佳利益。不过也有例外，例如，教皇保罗四世（1555—1559年在位）是敌对教会戴蒂尼会（Theatines）的创始人之一，他对SJ就持有敌视态度，在他在位时期，SJ深受其害。如今在70年之后，历史似乎重演了。1623年7月，教皇格里高利十五世在他当选仅仅两年之后就去世了，这使罗马的政治陷入了一片混乱。经过持续一个月紧张的政治斡旋，红衣主教团才选出继任者。但是，当终于尘埃落定的时候，人们都意识到罗马迎来了新的时期。当选者为佛罗伦萨红衣主教马费奥·巴贝里尼（Maffeo Barberini），即乌尔班八世。对于SJ来说，这个选举结果糟糕得不能再糟糕了。

SJ对巴贝里尼当选教皇深感忧虑，这其中有很多原因。一方面，巴贝里尼是佛罗伦萨人，而佛罗伦萨是一座以独立传统引以为傲的城市，因此SJ对它的影响力相对较小。佛罗伦萨处于其统治者大公科西莫二世的庇护之下，在1616年伽利略与SJ的争论中，他使得伽利略避免了更为严重的后果。巴贝里尼还担任了多年派往法国的罗马教廷大使，众所周知，他与法国宫廷关系密切。事实上，这正是法国施加的影响力，在萨伏依①红衣主教毛里齐奥（Maurizio）的扶持之下，巴贝里尼才当选为教皇。与之相反的是，SJ与法国君主及其在索邦大学的支持者经常产生摩擦，双方争论的焦点在于教皇至高无上的权威问题，SJ因为拒绝发誓服从于法国国王，曾屡次被禁止在法国传教。在罗马教廷，SJ是法国的对手——哈布斯堡家族（神圣罗马帝国皇帝和西班牙国王）的坚定支持者。SJ把哈布斯堡家族看作是振兴统一的基督教世界的最大希望。但也许最令SJ感到不安的是，巴贝里尼还是伽利略的私人朋友，他曾公开表示过对自己这位佛罗伦萨老乡的赞赏之情，当然也包括对伽利略的发明和学说的赞赏。在此前10年的罗马文化战争中，巴贝里尼成为伽利略和林琴科学院的坚强后盾，而我们知道，他们都是罗马学院SJ神父的敌人。

在乌尔班八世上任后不久，他的种种表现印证了SJ最担心的事情。他任命主教乔瓦尼·钱波利担任他的私人秘书，并任命年轻的公爵维尔吉尼奥·切萨里尼（Virginio Cesarini）担任教皇秘书处主管。这两个人都是林琴科学院的成员，并且曾与伽利略策划如何"遏制SJ的嚣张气焰"。随着红衣主教贝拉明在1621年去世，SJ在红衣主教团的代表就一个不剩了，而新教皇却似乎很满足于这种状况。1627年，当SJ申请将贝拉明封为圣徒的时候，乌尔班八世并没有急于回应。相反，他为册封圣徒制定了一条新标准，规定候选人必须在去世50年之后才能得到册封。最令SJ感到不安的是，乌尔班八世对伽利略的敬佩之情并没有因为他的上任而有所减退。1623年，伽利略发表了《试金者》（The Assayer），在他与罗马学院的论战之中，这是他最新和最强大的一次攻击，而教皇对这部作品表示出了热情的欢迎态度。教皇公开地接受了伽利略个人献给他的一本限量版《试金者》，这本书由林琴科学院的创始人——费德里科·切西（Federico Cesi）王子转交给教皇，而

---

① 萨伏依（Savoy），法国东南部和意大利西北部历史地区。统治该地的萨伏依王朝在1946年意大利共和国成立前一直是统治意大利王国的王室。1860年3月24日，法意两国签订都灵协定（Treaty of Turin），萨伏依最终被划给了法国。——译者注

且教皇还当场请钱波利读给他听。由于切萨里尼经常出席这些活动，他事后告诉伽利略，新教皇很高兴并且对他敬佩有加。为了把握住这个有利局面，林琴科学院的成员们很快就引荐教皇的侄子弗朗西斯科·巴贝里尼（Francesco Barberini）加入他们。事实很快证明这是一个明智之举，因为教皇将红衣主教的紫袍赐予了年轻的弗朗西斯科。教皇的侄子现在成了红衣主教，他也许是罗马第二有权势的人，并且已经成为林琴科学院的成员。而SJ那边，几十年来都没有过属于自己的红衣主教。

新教皇的外交政策也不讨SJ的喜欢。事实上，乌尔班八世有些复古文艺复兴时期的教皇风格，他更看重保障自己作为一位意大利王子的独立性，而不太看重提高他作为所有基督徒的精神领袖的地位。在三十年战争①期间，哈布斯堡王朝的领土被掠夺，他们在对抗新教的斗争中首当其冲。这是在所有宗教斗争中最血腥的一场战争，所以人们很自然地希望教皇站在哈布斯堡王朝一边。而乌尔班却想通过与法国结盟，并与法国首相红衣主教黎塞留修好，使他自己能够从哈布斯堡王朝令人窒息的势力中摆脱出来。乌尔班并没有靠异教徒来支持这场战争，而是组建了自己的军队并胁迫邻近的一些意大利君主——他们都是虔诚的天主教徒。他把乌尔比诺公爵（Duchy of Urbino）纳入了自己的管辖范围，成为最后一个扩张辖境的教皇，还发动了"卡斯特罗战争"（wars of Castro），以对抗帕尔马的法尔内塞公爵。1627年，当曼图亚（Mantua）的古老的贡扎加家族没有了男性继承人的时候，他实际上支持的是一位新教徒继承人——纳韦尔的查尔斯公爵，查尔斯·贡扎加（Charles Gonzaga）——而没有支持哈布斯堡王朝提出的候选人。

---

①三十年战争（1618-1648）是由神圣罗马帝国的内战演变而成的全欧参与的一次大规模国际战争。这场战争是欧洲各国争夺利益、树立霸权以及宗教纠纷戏剧化的产物，战争以波希米亚人民反抗奥地利哈布斯堡王朝统治为肇始，最后以哈布斯堡王朝战败并签订《威斯特伐利亚和约》而告结束。这场战争使日耳曼各邦国大约被消灭了百分之六十的人口，波美拉尼亚被消灭了百分之六十五的人口，西里西亚被消灭了四分之一的人口，其中男性更有将近一半死亡，十分惨烈。——译者注

即使处于逆境之中，永远虔诚和积极的SJ仍在设法使自己保持在正确的轨道上，并避免政策上的灾难性路线。他们的计划依赖于罗马和巴黎之间永恒的争论焦点：教皇至高无上的权力问题。1625年，罗马学院的教授安东尼奥·圣雷利（Antonio Santarelli）在一本书中撰写了一篇旨在强烈维护教皇权力的文章，这篇文章有着一个气势磅礴的标题：《论异端、分裂、叛教、忏悔圣礼的滥用，以及罗马教皇惩治这些罪行的权力》（*Treatise on Heresy，Schism，Apostasy，the Abuse of the Sacrament of Penance，and the Power of the Roman Pontiff to Punish these Crimes*）。他的主要论点是，教皇的统治凌驾于世俗的君主之上，甚至在君主以某种方式损害宗教信仰的时候，教皇有权力剥夺君主的统治地位。这一学说并不能算是新的学说，而且对于SJ来说似乎是不言自明的，因为SJ认为，在教会、国家和社会的严格等级制度中，教皇无疑处于顶端位置。早在1610年，红衣主教贝拉明本人就曾发表《论教皇在世俗事务中的权力》（*Treatise on the Power of the Supreme Pontiff in Temporal Affairs*），他代表教皇权力做出过大致相同的说明。但红衣主教发现，那些在罗马不言自明的真理，在巴黎却成了煽动性的言论，这是因为波旁王朝正忙于在巴黎建立一个君主专制政体，在这种体制中，皇室权力将具有无可争议的统治地位。贝拉明的著作受到了巴黎议会的公开谴责，在接下来的几年里，SJ被禁止在法国从事传教活动，并且在波旁王朝宫廷和罗马教廷之间还爆发了暂时的外交危机。1625年，通过在巴黎出版圣雷利的书，SJ很可能希望挑起一场类似的危机，不管自愿与否，这都将迫使教皇重新回到哈布斯堡王朝的怀抱。

SJ的如意算盘完全没有收到预期的效果。法国人的确被圣雷利的论文激怒了，但他们的怒火却完全是冲着SJ来的，而不是针对教皇。巴黎议会的判处结果是将这本书付之一炬，而且索邦大学和其他法国大学的教学人员也对这本书发表了谴责。1626年3月16日，法国SJ的领导者被召集到议会，他们被要求签署协议，公开否决圣雷利的"邪恶教义"。如果他们拒绝议会提出的要求，那么整个法国传教团就面临着被摧毁的风险，最后SJ只能无奈地签署了协议。如果这还不够尴尬的话，那么还有更甚者在罗马等待着他们。5月16日，教皇召见了SJ总会长穆奇奥·维特莱斯奇，在众多的红衣主教和教廷的高级教士面前，他严厉地斥责维特莱斯奇破坏他的法国政策。据说教皇大发雷霆地说道：“你在法国诋毁我还不满足，还想让我在意大利也名誉扫地！”这对于SJ的领导者来说是一次极大的羞辱，并且是对整个教会的公开否定。这时距离圣依纳爵封为圣者仅仅过去了4年时间，曾经所向披靡的SJ，在罗马教廷的位置已经被极大地边缘化了。

在SJ命运多舛的时候，他们的敌人却日益强盛了起来。伽利略在罗马监督《试金者》出版时，在1624年春天与教皇进行了几次会面，就自然哲学问题进行了友好的讨论。他在6月回到佛罗伦萨的时候收到了一封信，信中声称他是教皇的“挚爱子民”，并且热烈地鼓励他出版下一部著作——他当时命名为《论潮汐》（*Treatise on the Flux and Reflux of the Sea*），但最终成书为《对话》。伽利略甚至认为，他已经得到了默许，可以重新开始探讨关于地球运动的问题，这一错误的判断将在以后使他失去9年的自由生活。1628年秋天，伽利略及其朋友们的自由思想的态度，甚至深入到了SJ权力的中心。在罗马学院大会堂举行的一场华丽的仪式当中，有多位红衣主教出席，萨伏依红衣主教的教子彼德·斯福尔扎·帕拉维奇诺为他的神学博士论文进行了辩护。这位年轻的贵族是罗马学术界正在冉冉升起的一颗新星，他有着光明的未来，并最终会成为红衣主教。即使才21岁，他已经成为“渴望学院”的一员，并且还是伽利略的朋友。在此之际，他证明了自己的才华。他的博士论文是关于原子论学说正统性的一次辩护，这正是伽利略在《试金者》中提倡的学说，也正是SJ所认为的非正统学说，甚至是被指控为异端学说的攻击目标。与伽利略的死敌、罗马学院的神父奥拉齐奥·格拉西的说法不同，按照帕拉维奇诺的说法，原子论是无可非议的，并且与“圣体圣事”的官方学说完全一致。仅仅几个月之后，受过SJ教育的帕拉维奇诺就成为林琴科学院的正式成员。

由于SJ的命运处于前所未有的低谷阶段，他们的权力和威望也受到了双重打击，在这时他们实际上已经暂停了针对无穷小的斗争运动。毕竟，曾经被他们轻视的原子论，这时居然可以在SJ最神圣的殿堂得到公开辩护，他们又怎能令人信服地谴责不可分量的相关学说呢？因此，SJ在随后的17年中一直保持着低调，当无穷小数学得到不断发展的时候，他们没有发布任何裁决意见。正是在这些年里，卡瓦列里发明了他的不可分量法，并最终巩固了自己在博洛尼亚大学享有盛誉的数学教授职位。也正是在同一时期，托里切利的导师贝内代托·卡斯泰利首次向他介绍了这种新的数学，他从此进入了数学研究的职业生涯，这将使他成为这门新数学最有影响力的实践者。与此同时，SJ会士在观察、记录，并耐心地等待着属于他们的时机。

乌尔班八世的危机

1631年9月17日，在萨克森州的布赖滕费尔德（Breitenfeld）村庄附近，瑞典和萨克森州的新教军队与神圣罗马帝国的天主教军队展开了遭遇战。随着罗马帝国的军队不断扩大优势，缺乏经验的萨克森人开始从战场上落荒而逃，这样就把其瑞典盟友的侧翼暴露给了敌方，随时可能遭受毁灭性的攻击。但瑞典人坚守阵地，他们掩护了自己的侧翼，然后又发起了进攻。在国王古斯塔夫·阿道夫的冷静指挥下，他们击溃了罗马帝国军队。蒂利（Tilly）伯爵的军队在此前一直所向无敌，而这次战斗却给他们造成了数千人的伤亡。这样一来，新教的瑞典人就打通了进军天主教德国腹地的道路。

瑞典人在布赖滕费尔德取得的胜利震惊了整个欧洲，立刻扭转了持续13年的战争局势，从而使得这场战争在此后又持续了17年。在此之前，哈布斯堡王朝的军队一直处于优势地位并且击败了所有对手。他们在1620年的白山战役（Battle of White Mountain）中击溃了波希米亚贵族，并且击败了前来支持他们的新教盟友丹麦人。事实证明，在萨克森公爵约翰·格奥尔格（Johann Georg）领导下的新教诸侯联盟，敌不过帝国将领蒂利伯爵和阿尔布雷希特·冯·瓦伦斯泰（Albrecht von Wallenstein）。但在1630年，瑞典人古斯塔夫·阿道夫结束了与波兰的战争，并且他久经沙场的军队已经登陆德国北部。神圣罗马帝国皇帝斐迪南二世希望削弱并孤立瑞典人，但当1631年初，古斯塔夫与法国红衣主教黎塞留达成合作协议时，他的希望彻底破灭了。黎塞留虽然是红衣主教，但他更关心削弱哈布斯堡家族的欧洲霸权，而不是促进自己教会的利益，所以他答应广泛地资助古斯塔夫的对抗斗争。这个非正统联盟在布赖滕费尔德的战斗中体现出了明显的效果，古斯塔夫的老兵装备精良、训练有素、团结一致，在君主的正确领导下，粉碎了神圣罗马帝国最强大的军队。

战争打响一年多以后，瑞典人有如神助一般横扫德国领土。他们在1632年4月的莱希河（River Lech）的战斗中，再次击败了哈布斯堡王朝的军队，杀死了蒂利伯爵，并向南进发，进入了巴伐利亚。古斯塔夫的军队现在已经深入德国天主教的腹地，并忙于洗劫城市和亵渎教会。SJ学院是复兴天主教的骄傲象征，这时也成了瑞典人最喜欢的攻击目标。这些学院遭到了无情的掠夺，它们的书籍和珍宝丧失殆尽，连博学的神父们也被赶了出来。同时，趁着瑞典人的统治时机，萨克森公爵约翰·格奥尔格发起了侵略波希米亚的战争，占领并洗劫了前帝国的首都布拉格，解散了这座城市的著名SJ学院。帝国军队现在由狡猾的瓦伦斯泰指挥，他决定在这一年的11月再次攻占吕岑（Lützen），但瑞典老兵再次获得了胜利。只是因为古斯塔夫最终战死于这场战斗中，才终于放慢了瑞典人的攻击步伐，为欧洲天主教徒带来了喘息的机会。当这个消息传遍整个欧洲的时候，天主教堂的钟声从维也纳一路响到了罗马，教会的善男信女们聚集在一起，举行特殊的弥撒庆祝仪式，感谢上帝把他们从无情的敌人手中解救了出来。

天主教在德国遭遇到的突如其来的命运危机，对罗马教廷来说犹如晴天霹雳一般。这样一来，教皇为了保持自己的行动自由，而希望挑起法国对抗哈布斯堡王朝的斗争，这一策略现在看来已经明显行不通了。当天主教帝国在最高统治地位上安枕无忧，而新教又似乎节节败退的时候，去挑拨黎塞留是一回事；而当黎塞留自己与异教徒结盟，德国天主教的命运又悬而未决的时候，再去这样做则是另外一回事了。乌尔班仍然在犹豫不决，但留给他的时间已经不多了。当他表现出不愿意与哈布斯堡王朝结盟，并要不惜一切代价与四处劫掠的瑞典人展开殊死斗争之时，在罗马的一些人已经做好准备要提醒他应担负的责任了。

其中最主要的就是红衣主教加斯帕雷·博尔吉亚（Gaspare Borgia，1580—1645），他是西班牙驻罗马教廷的大使，同时也是教廷反对亲法政策的领袖。同样重要的是，他还是甘迪亚公爵弗朗西斯·博尔吉亚的孙子，而甘迪亚公爵则是依纳爵的忠实追随者，并最终成为SJ的第三任总会长。如今，博尔吉亚家族与SJ之间的关联依然十分密切。在罗马文化战争中，加斯帕雷一直是SJ的天然盟友。在17世纪20年代，加斯帕雷主教与SJ紧密地站在了同一阵线上，他们共同对抗着乌尔班一直容忍的那些危险异端学说，首要的就是伽利略和他朋友们的那些学说。在政治上，这位红衣主教和SJ是哈布斯堡联盟的坚定拥护者，在他们看来，在反对新教分裂者的圣战中，这将能够把罗马帝国、西班牙和教皇团结在一起。

自从乌尔班八世在1623年当选教皇，博尔吉亚和他的盟友被边缘化以来，他们认为，这次德国天主教危机给了他们所需要的契机。1632年3月8日，在梵蒂冈的监督法院大厅，在教皇和众多主教在场的情况下，博尔吉亚发起了他的攻击。他打破了所有的协议和礼仪规则，当场宣读了一封公开信，严厉批评教皇的政策，这当然令乌尔班感到非常震惊。博尔吉亚谴责了法国与瑞典的联盟，并要求全世界的基督教牧师，把他虔诚的呼声当作开启救赎之路的号角，团结全体天主教徒全面展开对抗异教徒的斗争。当时在场的红衣主教安东尼·巴贝里尼（Antonio Barberini，他也是乌尔班的兄弟）感觉到这是对教皇的极大侮辱，他冲向了博尔吉亚，但被围绕在这位西班牙使者周围的亲西班牙和亲哈布斯堡的红衣主教们挡住了。最终，博尔吉亚还是读完了这封公开信。

堂堂的教皇遭受到一位红衣主教的说教，并且被指控让信仰的敌人大行其道，这确实是一种难以忍受的屈辱。在随后的几个月里，乌尔班八世试图通过惩罚一些在他的地盘反对他的主教，来维护自己的尊严和权威，同时也给马德里发出了愤怒的抗议信。但这场"游戏"已经结束了，教皇深知这一点。随着战争运势的不断变化，以及罗马政治权力平衡的不断变化，乌尔班八世已经没有选择。在他们与瑞典人争夺巴伐利亚和波希米亚的战争中，他放弃了与黎塞留的非正式联盟，并公开站在了哈布斯堡王朝一边。根据佛罗伦萨大使弗朗西斯·尼科里尼（Francesco Niccolini）的记载，教皇的戏剧性转变带给了罗马同样强烈的转变：在罗马，保持正统和警惕性，对抗异教徒和创新者，成为新兴西班牙党派的权力手段。乌尔班放弃了林琴人的自由思维方式，从而大大减少了他对伽利略的保护。红衣主教博尔吉亚现在是永恒之城①中最有权势的人，当然仅次于教皇。SJ近十年一直游离于教廷的权力中心之外，现在这种情况终于有所缓解。

1632年，SJ像一个经过长期流亡之后又回归权力中心的政党一样，决心在罗马和所有天主教领地的文化和政治生活上留下自己的印记。他们的第一个目标，就是那个曾经用尖刻文笔和恶毒嘲讽羞辱了他们多年的人，令他们感到欢欣鼓舞的是，他为他们提供了一个绝佳的反击机会。1632年5月，伽利略发表了《对话》，这本书最终由他讨论潮汐形成原因的书稿形成，此前他曾与乌尔班讨论的就是这本书。《对话》一书可能没有违反1616年贝拉明发布的关于禁止主张哥白尼学说的法令，因为这本书在结尾尊重了教会在地球运动问题上的权威。但它确实违反了法令的精神，因为任何读过该书的人都可以看到，伽利略雄辩地提出了所有赞成哥白尼的论点，同时挖苦并嘲笑了那些对立的论点。然而伽利略显然没有在意这些，因为他自信会得到教皇和林琴红衣主教的保护。

但伽利略的时机糟糕透顶。他印象中的罗马，还是他的朋友和林琴人当权得势的罗马，而SJ只能无奈地作为旁观者；然而，现在的实际情况却是，两者的境

---

①永恒之城（The Eternal City），罗马城的别称。——译者注

遇颠倒了过来。SJ的势头正在节节攀升，而伽利略的朋友们正在寻求庇护。《对话》已被梵蒂冈官方监察官准许出版，但伽利略的敌人成功地辩称这是蒙混过关所获得的许可。伽利略被指控赞成并提倡哥白尼的学说，从而不仅违反了教会的教义，而且违反了16年前红衣主教贝拉明颁布给他个人的禁令。他在1632年和¹633年先后3次受到宗教裁判所的审问，并且最后一次审问还是在酷刑威逼之下进行的。他被认为"有强烈异端嫌疑"，而被宗教裁判所判罚监禁。在他公开宣布撤回自己的观点之后，他的判决被改为了永久软禁。此后，他在位于佛罗伦萨之外的阿尔切特里的别墅中度过了他的余生。

对于伽利略遭受迫害的原因，后人产生了大量的争论，有人说这是科学和宗教之间难以调和的矛盾，有人说这是由于碍于脸面的乌尔班八世过于敏感了，据说因为他认为伽利略在《对话》中嘲笑了他，于是存心报复，各种说法不一而足。这场争论已经持续了近4个世纪，并且无疑将持续下去，而任何讨论到的原因都可能在这起事件中起到一定的作用。不过，伽利略的命运产生悲剧性逆转，恰逢罗马产生政治危机之时，而他的SJ敌人又正好在这时重新受到重视，这不可能只是一场巧合。他的败落在很大程度上是由复苏的SJ敌人造成的。

与此同时，由于伽利略支持哥白尼学说，SJ正在紧锣密鼓地展开对伽利略的控诉和审判。他们还重新发起了另一场斗争，虽然不是公开进行的，但对他们重塑宗教和政治形势的计划同样重要：这就是对抗无穷小的斗争。从1632年重启斗争运动开始，在未来的几十年里，这场针对这种危险思想的斗争运动，将会以非常激烈和顽强的决心一直进行下去。直到无穷小学说在意大利被有效清除，并且在其他天主教国家显著减少，这场斗争才会最终宣告结束。

裁定与禁令

于是在罗马夏季里的一天，1632年8月10日，监督委员会的成员们聚集在罗马学院，准备对无穷小学说做出裁决。和往常一样，这次的命题仍是"寄给"监督委员会来让他们进行裁决的，但不同寻常的是，本次会议的记录并没有具体说明是由哪个省提交的裁决申请。在这种情况下，裁决申请极有可能并非来自外省，而是来自位于罗马的SJ组织内部。在SJ的领导者看来，事情的确非常紧急，因为这种学说似乎正在渗入教会的内部核心。

仅仅几个月前，布拉格的神父罗德里戈·阿里亚加发表了他的《哲学大纲》（*Cursus Philosophicus*），这是一本教科书，其内容是关于在教会大学需要传授的哲学学说。阿里亚加并不是一位普通的SJ神父。在1620年罗马帝国军队将新教徒驱逐出布拉格之后，他被派往了那里，主要由于他的作用，才确保了SJ能够控制波希米亚的学校。他很快就成为布拉格大学艺术学院的院长，而现在他是当地SJ学院的院长。作为一名教师他的学术权威和名望是如此之高，以至于在当地流传着这样一句关于他的俏皮话："来到布拉格，要听阿里亚加。"（Pragam videre, Arriagam audire.）

阿里亚加的《哲学大纲》不仅对于SJ内部学者和教师来说是一个不小的打击，对于很多教会之外的人来说也是如此。从表面上看，它似乎是一部传统的，甚至是老式的文本，模仿了中世纪对亚里士多德的注释模式。阿里亚加的确也是因振兴古代学术争论格式而著称的，在这种格式中，所提出的问题需要以规范的文本形式呈现，然后再进行讨论和回答。但令阿里亚加的上级感到震惊的是，在这个看似庄重的文本之中却阐述了一些非常激进的观点。书中用了整整一个章节来专门讨论连续体的构成问题，而所得出的结论更是SJ当局根本不能接受的。在经过仔细对比分析所有赞成和反对不可分量学说的论点之后，他又对这些学说进行了讨论。最终，阿里亚加得出了一个结论：连续体很有可能确实是由独立的不可分量构成的。

我们不知道阿里亚加为什么要冒险涉足这趟浑水。也许他是受到了他的朋友格里高利·圣文森特的影响。他们两个人曾一起在布拉格教过书，在布赖滕费尔德战役打响之后，他们在萨克森人攻进城之前被迫逃离了布拉格，正是阿里亚加挽救了圣文森特的手稿，使其免于散失。也许阿里亚加被圣文森特所使用的无穷小方法触动了，从而希望为他朋友的那个备受争议的数学方法提供一个哲学上的正当理由。也许阿里亚加还认为，他在教会中的地位可以使他免受审查。如果SJ仍处在前十年那种游离于政治边缘的状态，那么他的这些想法很可能是正确的。但到了1632年的时候，SJ已经在罗马重新当权得势，并决定终止对异端思想的容忍，强力推行他们严格的神学教条。在现在这个新的罗马，阿里亚加对其上级的挑战不可能被置之不理。

一份由比德曼神父和他的4位同僚签字的文件，记录了那天的审查会议，这份文件就保存在位于罗马的SJ档案室里。由于这个问题的严重性，这份文件也非同一般地正式：它占据了监督委员会记录的整整一个页面，而在通常它一般仅有一两行内容；它有着一个具有相当法律性的标题："关于由不可分量构成连续体的裁决"。它没有直接提到阿里亚加，接下来的内容是：

某位哲学教授向我们提交了这个命题以供审查，其内容是关于连续体的构成。永恒的连续体只能由物理上的不可分量或原子微粒构成，并且在数学上有与之对应的概念。因此，所述微粒能够在实际上彼此区分。

监督委员会所使用的中世纪学术术语是相当晦涩的，不过所提交学说的意思仍然很清楚：任何物理学或数学上的连续量体都是由不可分、不可约的部分构成，并且它们可以被逐一识别。监督委员会面前的这个命题正是无穷小学说，这也正是伽利略、卡瓦列里和托里切利的无穷小数学方法的基础。

监督委员会的判决结果相当严厉：

我们判定这个命题不仅违反了亚里士多德的普遍原则，而且也是错误的，它是我们教会一直谴责并禁止的学说。在未来我们的教授也应视其为不被许可的学说。

就这样，无穷小学说现在被SJ永远地禁止了。既不允许像阿里亚加这样的哲学家，也不允许像圣文森特这样的数学家，在教会内部提倡这种具有颠覆性的理论。SJ一旦明确了立场，那么任何挑战这一教条的成员都将受到最高权力机构的惩罚。

一旦监督委员会发布了他们的裁决结果，他们决定的通知就会被立即送往世界各地的每一个SJ机构。这是一个常规的流程，通常由管理罗马和各省之间普通信件的书记和秘书负责。但是，事关无穷小的问题，这样做显然是不够的，于是，直接由SJ总会长发布了这项命令，即立即停止一切传授、持有，甚至以消遣为目的而使用该学说的行为。仅在几年前，在圣雷利事件之后，总会长穆奇奥·维特莱斯奇曾受到教皇的公然羞辱。现在，由于SJ正在着手重塑天主教的学术风气，他决定，SJ应该在重大事项上统一口径。

维特莱斯奇迅速地开始了行动，在监督委员会发布裁决结果仅仅6个月之后，他亲自给神父伊格纳茨·卡蓬（Ignace Cappon）写了一封信。卡蓬是位于法国东部多尔（Dole）的SJ学院的一名教授。维特莱斯奇抱怨道，他一再强调的声明没有得到遵守。他不耐烦地写道："关于由不可分量构成连续体的看法，我已给各省写信说过很多次了，我不可能批准这一观点，而且到现在为止我也没有允许任何人提议或者维护这种观点。"事实上，他已经尽了一切努力来抑制这一学说："如果有人曾经对该学说进行过解释或辩护，那也是在我不知情的情况下。而且，我还向主教乔瓦尼·德卢戈（Giovanni de Lugo）本人清楚地说明过，我不希望我们的教会成员持有或传播这种观点。"消灭教会中所有违规学说的痕迹，这是任何一位SJ会长义不容辞的责任。

现在已经划分出了分明的阵线：一方是SJ，决心消灭无穷小学说；另一方是一些支持伽利略的数学家，尽管伽利略受到了公开羞辱，但他们仍将其视为无可争议的学术领袖。于是，这场斗争愈演愈烈。1635年，卡瓦列里出版了他的《不可分量几何学》，对不可分量方法进行了最系统性的论述。3年之后，伽利略在荷兰出版了他的《论述》一书，其中包括他对亚里士多德的车轮悖论和无穷小的讨论。由于伽利略声名显赫，这就确保了他对连续体的观点将会得到全欧洲学者的认真对待，而他对卡瓦列里的赞许，则确立了这位圣杰罗姆会修道士在不可分量领域的权威地位。作为回应，SJ利用反复针对无穷小的谴责给予回击。从这个时候起，罗马的监督委员会源源不断地发布了大量针对违规学说的谴责声明。

例如，在1640年2月3日，监督委员会被要求针对"连续体……由独立的不可分量构成"这个命题发表评论，他们最终裁定"在教会内部严禁该学说"。不到一年之后，在1641年1月，他们再次遇到了类似的学说，这些学说由某些当代的学者发明或创新而成，包括"连续体由不可分量构成"的命题，以及一个变形命题，声称"连续体由可以膨胀和收缩的不可分量构成"。对这两个命题，监督委员会均裁定为"违反了普遍原理和可靠观点"。1643年5月12日，他们还严厉地惩罚了一位作者，据称是因为他偏爱芝诺和亚里士多德的观点。他们写道："我们不批准或承认这些观点，因为它们不仅违反了教会的章程与规则，而且违反了会长大会的法令。"

如此一来，就形成了一种模式。在罗马，SJ的势力足够强大，足以清除任何有关被禁止学说的讨论。但在更远一些的地方他们就鞭长莫及了，一些数学家仍然可以捍卫和推广这类学说。例如，17世纪30年代，当托里切利在罗马时，他只能在私下里辛苦研究新的数学方法，而没有发表任何言论；但当他继任了伽利略在佛罗伦萨美第奇宫廷的职位之后，只用了两年的时间，他就发表了《几何运算》，其中包含了他在罗马默默工作的成果。然而，即使有他在宫廷的地位作为安全保障，托里切利仍尽量避免与那些强大的批评者产生公开的冲突。与伽利略不同的是，他没有把这些方法直接写到他的书里面，去争论他方法的优点或者解释它们的动机或理由。而是利用强大的结果来为自己证明，而这些结果无疑达到了预期的效果。《几何运算》受到了从德国到英国的大量数学家的钦佩和效仿。在意大利，SJ列出一长串禁令，足以确保没有数学家能够对托里切利的著作表现出类似的热情。但是，SJ仍然注意到了他的成功，并准备伺机发起反击。

3年之后，卡瓦列里发起了在无穷小争斗中的最后一次回击。卡瓦列里受到了所在教会以及博洛尼亚参议院的保护，因此他作为博洛尼亚大学的数学教授，才能有众多书籍出版。与托里切利非常类似的是，卡瓦列里也远离罗马，并且他拥有的地位同样能够承受盛气凌人的SJ一旦发泄不满所带来的风险。到1647年，这时卡瓦列里已经身患绝症，也就没必要担心敌对者在未来对自己的报复。所以，在他去世前不久，他设法成功出版了他的第二本也是最后一本关于不可分量的书，即《六道几何学练习题》。至于数学方法，对于熟悉卡瓦列里不朽著作《不可分量几何学》的人来说，《六道几何学练习题》中没有包含多少新的东西。事实上，除了作者以外没有人能看出两者之间存在的根本区别。但是这本书在持续进行的针对无穷小量的斗争中确实起到了显著的作用：在一个全新的章节中，卡瓦列里直接攻击了SJ数学家保罗·古尔丁，因为古尔丁曾严厉批评过卡瓦列里的方法。卡瓦列里作为目前公认的该领域最权威的数学家，这是他关于不可分量的最后一次言论，尽管它没能阻挡SJ谴责的浪潮。1649年，监督委员会裁定了两个关于无穷小量的变种学说，并且是由米兰的SJ学院发布的禁令。像往常一样，他们在禁令中称该学说应该得到禁止，并且不准在教会的学校进行传授。

被羞辱的侯爵

虽然比德曼神父和他的监督委员会在1632年明令禁止了阿里亚加关于连续体的观点，但阿里亚加的《哲学大纲》仍然流行了起来。这不仅因为该书确实有其受欢迎的地方，而且因为阿里亚加设法取得了上级的许可，可以每隔几年出版一个新的版本。在他于1667年去世的两年之后，该书进行了最后一次再版。关于这种从宽处理的原因，其实并不像阿里亚加在他身后出版的书中所介绍的那样，是因为他出于善意发表的看法，或者是因为这些看法"无关信仰问题"，因为即使从这方面来考虑的话，也并不能阻止SJ高层对提倡不可分量的学说采取严

厉措施。肯定是由于阿里亚加作为一名教师的高人气以及他作为欧洲领先学者的
地位，才使他那本非正统的书得以不断出版。阿里亚加为SJ带来了学术地位和威
望，而SJ正渴望维护其在整个欧洲学术界的领导地位，因此，SJ的总会长才会认
为最好不要去影响他。但是，一旦阿里亚加去世，便再没有必要容忍这样的异议
了。1669年版的《哲学大纲》是在阿里亚加去世之前得到的批准，并且在其去世
后不久就已出版，它成为《哲学大纲》的最后一个版本。

至少有另一个位居高职的SJ会士曾经试图效仿阿里亚加的例子：侯爵彼
得·斯福尔扎·帕拉维奇诺。他曾作为一个持有异议的年轻人，在17世纪20年代
的时候，敢于在罗马教会的大庭广众之下进行演说来挑战SJ。当罗马的政治浪潮
转向为不利于伽利略学派的时候，帕拉维奇诺为他的骄傲自大付出了代价。1632
年，他被罗马教廷流放，去管理耶西（Jesi）、奥尔维耶托（Orvieto）和卡梅里诺
（Camerino）这些省级辖区的城镇。但到了1637年，这位侯爵已经厌倦了乡村生
活，准备开启新的人生。帕拉维奇诺的命运发生了逆转，他已经不是离开罗马学
院时那个惊慌失措的年轻人了，他现在立下了修士誓言，并加入SJ成为一名初学
者。对于SJ来说，这是一个惊人的意外之喜。这不仅因为帕拉维奇诺是高贵的贵
族以及著名的诗人和学者，而且还因为他曾因对教会公开批判而闻名。对于SJ来
说，这位杰出的侯爵大人不仅背叛了他们的敌对阵营，而且作为一个地位低下的
初学者进入了他们自己的组织，没有什么比这更能说明他们的胜利了。

即便如此，帕拉维奇诺也不是普通的初学者。出身平民的克拉维斯从初学
者升到罗马学院教授用了整整20年的时间，而出身贵族的帕拉维奇诺只用了两年
时间就完成了同样的过程，并且被任命为哲学教授，这是克拉维斯从未获得过
的荣誉。很可能的情况就是，总会长维特莱斯奇曾经与这位年轻的侯爵达成协
议，允诺他可以缩短见习期并且会在罗马对他委以重任，以此作为引诱他加入
教会的筹码。无论如何，到了1639年，帕拉维奇诺就已经在罗马学院教授哲学
了；仅在数年之后，他就被任命为了神学教授，从而达到了罗马学院的最高学术

职位。1649年，帕拉维奇诺出版了一部为SJ全面辩护的著作，名为《SJ的复仇》（*Vindicationes Societatis Iesu*），作为几年前教会最有力的批评者之一，让他来为SJ辩护，这对SJ来说是再合适不过的了。在教皇的个人授意之下，他随后开始撰写有关特伦托会议的历史。这是因为，早在1619年，威尼斯人保罗·萨尔皮（Paolo Sarpi）曾经就此出版过一部具有争议的历史著作，帕拉维奇诺此举意在作为对这段历史（对罗马教皇的诽谤）的官方反驳。帕拉维奇诺的著作出版于1656年和1657年，名为《特伦托会议历史》（*Istoria del Concilio di Trento*），这部著作为这位侯爵赢得了他一生中至高无上的一项荣誉：主教紫袍。

帕拉维奇诺在SJ的职业生涯可谓是一路凯歌，但在17世纪40年代，他也遭受了一些尴尬的挫折。尽管与伽利略的敌人为伍，但这位侯爵仍然认为自己是一个先进的思想家，并且是佛罗伦萨君主的崇拜者。他对于SJ的敌人所保留的这种忠诚，必然会受到教会高层的怀疑。实际上，帕拉维奇诺也确实经常来到监督委员会，了解委员会对他的"新学说"的看法。不过，无疑是受到了阿里亚加这个榜样的鼓励，还有相信他的地位能够保护他免受责难，帕拉维奇诺继续有恃无恐地对罗马学院的学生讲授着他的非正统学说。但这位侯爵打错了算盘。他在《SJ的复仇》一书中也暗含很多非正统思想，比如当他回忆到"几年前所面对的斗争"时，还有当他想表达自己所认为的"普遍或众所周知的"问题时。看起来，帕拉维奇诺是在批评或者指责自己的立场，但他实际上并没有承认自己是错误的。相反，他还坚持认为，在这样一个致力于提高学生福祉的教会里，虽然他提到的命题可能是错误的，但"有一定的自由去谈论不太被接受的观点，这在一定程度上不应该被限制，而应该被提倡"。

帕拉维奇诺试图在这件事上粉饰太平，但这时的SJ总会长是维特莱斯奇的继任者温森蒂奥·卡拉法，他给下德国地区（Lower Germany）的SJ省级会长尼塔尔·比伯斯（Nithard Biberus）写了一封信，从这封写满愤怒的信件中可以看出，这些事件似乎已经有了明确的结论。总会长在1649年3月3日的信中愤怒地写道：

"我了解到这里有些教会成员在提倡芝诺的方法，他们在哲学课上声称连续体是由点构成的，我现在明确一下，我是不会认可这种观点的。神父斯福尔扎·帕拉维奇诺由于在罗马传授这个学说，已经被勒令撤销了这些教学内容。"让这样一位侯爵被迫在自己的学生面前收回自己的言论，这对他来说不仅是一次令人痛苦的指责，无疑也是一次羞辱。《SJ的复仇》一书的苦涩经历仍在回响，但作为视服从高于一切的教会一员，他根本不可能拒绝总会长的直接命令。于是帕拉维奇诺收敛了他的傲气，撤销了关于无穷小的教学内容，并且吸取了教训，继续重新默默地攀爬SJ的等级阶梯。

卡拉法写给比伯斯的信中明确指出，总会长不会破例允许传授被禁止的学说，即使是这位侯爵也一样。在他最近写信谴责一位德国教授传授无穷小学说时，这位教授回信说："阿里亚加和教会中的某位葡萄牙人以某些理由出版过他们的著作，并且在书中阐述过类似的观点。"但是总会长是不会同意这种说法的："我再强调一次，这两本书虽然已经出版了，但绝不允许出现第三个效仿他们的人。"阿里亚加（以及没有提到姓名的葡萄牙人）是一个特殊情况，这是在宽松时期的特例。但是任何人都不能以他们为先例，即使是帕拉维奇诺侯爵也不行。无穷小学说对全体SJ会士来说都是被禁止的，只要有人胆敢宣扬这一学说，都将承受相应的后果。

永久的解决办法

尽管SJ会长在不断地亲自告诫他的下属们，而且公开羞辱过一位过分骄傲的SJ会士，但无穷小学说带来的压力仍在与日俱增，这就需要对教会内部的异议问题给出一个更为永久的解决办法。早在1648年，卡拉法就已经指示监督委员会，检查以往的裁决记录并整理出一份暂时的清单，列出所有应该在教会内部永久禁止的论文。卡拉法去世之后，在1649年召开的一次会长会议中，决定由新当选的总会长弗朗西斯·皮科洛米尼（Francesco Piccolomini）继续执行其前任的动议。在接下来一年半的时间里，SJ委员会召开了一次会议，并拟定了一份被禁学说的权威列表。他们做出的最终结果作为《高等教育条例》（*Ordinatio pro Studiis Superioribus*，以下简称《条例》）的一部分发表于1651年，这份文件旨在维护SJ"教义的稳定性和一致性"。从此以后，在世界各地的所有SJ会士都可以利用这个权威的列表，来辨别哪些学说是被禁止的，并且是绝不能持有或传授的。

在《条例》（还有一个包括25项"神学"命题的列表）中包括经过挑选得出的65项"哲学"命题。有些被禁的命题违背了人们普遍接受的亚里士多德的物理学解释，例如"基本物质可以自然形成没有形式"（第8项），或者"决定轻或重的因素并非物质的种类，而是物质的多少"（第41项）。有些命题涉及到了唯物主义，例如"基本元素不是由物质和形式构成，而只是由原子构成"（第18项）。其他的一些命题挑战了全能神的地位，例如"一个物种本身可以非常完美，上帝不能创造更完美的物种"（第29项），还有一些因为宣扬地球自转运动而被禁止的命题（第35项）或者因为提倡远距离治愈伤口的神奇方法而被禁止的命题（第65项）。但至少有4个被禁命题直接与"由不可分量构成连续体"的问题有关：

25. 连续统一体和质的强度是由单独的不可分量构成的。

26. 连续体由可膨胀的点构成。

30. 在两个统一体或者两点之间可以包含无穷多的量体。

31. 一些微小的真空散布于连续体中，真空的多少或大小取决于连续体的密度。

第25项命题在这4项中是范围最宽泛的，指的是任何可能的连续体及其构成。"质的强度"问题，指的是中世纪的争论，如"热"或"冷"存在温度梯度，适用于不管是有限还是无限的数量构成的连续体。第26项命题是对17世纪存在的一个广泛质疑的回应，即是什么引起了物质密度的变化，这个问题被认为是对原子理论的最严峻挑战之一。该命题称，物质是由无数可膨胀的点构成的，这些点在某一特定时刻的大小决定了物质的浓密程度。对SJ来说，这比连续体由不可分量构成的学说更加难以接受。第30项命题是这4项中最明确的数学命题，直接指的是由卡瓦列里和托里切利使用的不可分量方法，该方法依赖于将有限的线或图形分割成无限多个不可分割的部分。第31项命题似乎针对的是伽利略在1638年《论述》中阐明的连续体理论。借助于物质的类比以及亚里士多德的车轮悖论，伽利略得出，连续体中散布着无穷多的微小真空空间。在所有命题中，这4项命题涵盖了17世纪中叶争论的关于不可分量方法的各种变种版本。所有这些命题均被明令禁止。

在SJ对抗无穷小的战斗中，1651年的《条例》是一个转折点。现在，对该学说的禁止成了永久性的，并得到了SJ的最高权力机构（会长会议）的支持。印刷、出版、并广泛传播该《条例》的行为，引起了世界各地每一所教会机构的每一位教师的重视。在以往监督委员会每隔几年都会发布对无穷小学说的大量谴责，现在有了这个规定，监督委员会经常性的集中谴责终于可以告一段落了。现在不需要进一步的谴责了，因为现在的禁令是永久性的、强制性的，并且教会内的每一个成员都知道得一清二楚。到了下个世纪该《条例》仍在执行，因为它仍对SJ会士的教学起着基本性的指导作用。实际上，这份文件还起到了更多的作用，它为SJ辖区内的学术活动定了一个基调。在意大利仍有少数独自为无穷小辩护的数学家，SJ发布这项《条例》所产生的后果，对他们来说无疑是灾难性的。

第5章
数学家之战

古尔丁交锋卡瓦列里

斯特凡诺·德利·安杰利是帕多瓦大学的数学教授，他曾在1659年写道："不可分量学说征服了所有在这里成长起来的著名几何学家。"安杰利这样说显然是在夸大其辞，实际情况与他所说的截然不同。在安杰利写这句话的时候，他可能是意大利仅有的一位仍在使用不可分量法的数学家。这时已经没有几个人能在这个领域发表作品了，而他就是其中之一。他列出了一些支持该学说的"著名"几何学家，但其中的大部分人都居住在阿尔卑斯山脉以北，很多是在法国和英国。这个名单上的意大利人都是当年伽利略学派的那些老一代数学家，他们在10年前就已经停止发表有关该学说的作品。在安杰利写下这句话时，他实际上不是在报告事情的可喜进展，而是在以无穷小学说的名义招募人员，进行近乎绝望的捍卫行动。曾经在这片土地上繁荣兴旺的无穷小学说，现在已经陷入了濒临绝迹的境地。他非常清楚自己的敌人是谁，他指出，"这三个SJ会士，古尔丁、贝蒂尼和塔丘特"，他们是极少数的几个还没有被不可分量法说服的人。他又明显带有几分无奈继续写道，"怎么才能让他们转变呢？我不知道"。

保罗·古尔丁、马里奥·贝蒂尼，以及安德烈·塔丘特，他们是17世纪中叶SJ最著名的数学家。我们已经介绍过塔丘特，他是这三个人当中最具原创性和创造力的一位数学家，不过，古尔丁也是一位广受尊敬的数学家。相对来说，贝蒂尼也许稍微逊色一些，他是一位涉猎广泛的多产作家，不过缺少一些原创思想。

但他在SJ也是一位知名人物，他不但博学多才，而且在数学问题上也有相当的权威。古尔丁、贝蒂尼和塔丘特，他们组成了一个强大的三人组，不仅在学术上有很强的实力，而且在SJ的数理学派有很高的学术和政治威望。而在17世纪40年代至50年代，这三人都肩负着同样的使命：利用合理可靠和不容置疑的数学论证去诋毁和破坏不可分量法。他们的任务是SJ对抗无穷小量战争的其中一个方面，这与监督委员会不断发表的裁决禁令以及1651年颁布的《条例》一样重要。如果不在数学上永远废除使用无穷小量，就不足以在哲学上、神学上，甚至道德上宣布它们是错误的，并依法废除这些方法。因此，在数学上证明它们是错误的，这也是至关重要的。

作为三个人中最年长的一个，古尔丁率先登场。古尔丁原名为哈巴谷·古尔丁（Habakkuk Guldin），出生在瑞士的圣加仑（St. Gall），他的父母是信仰新教的犹太人。在从古至今众多杰出的犹太数学家当中，他可能排在第一个。古尔丁并非一开始就是一名学者，早年曾做过工匠，在他还是金匠时，便开始对自己的新教信仰产生了疑问。在20岁时，他皈依了天主教，并加入了SJ。他的名字哈巴谷与《旧约》中的先知哈巴谷同名，后来他把名字改为了保罗。这是最著名的犹太人改变信仰的例子，因为他曾向非犹太人宣讲过天主教信仰。对于一个SJ会士来说，他可谓有着不同寻常的背景，尽管包含了很多近代早期世界的宗教和种族因素，但是这并没有阻碍他获得SJ的全面接受。事实上，这正是早期SJ最令人钦佩的特点之一，尽管有来自伊比利亚王国的压力——他们认为"纯正的血统"（limpieza de sangre）才是最重要的，但SJ还是成了最能容纳各种改变过信仰的信徒的天主教机构之一。

SJ在很大程度上也是一个精英教育体系，尽管像侯爵帕拉维奇诺这样出身高贵的贵族有着令人羡慕的优势，但它也为像古尔丁这样出身寒微的人提供了发展机会。作为一个拥有数学天赋的聪明的年轻人，古尔丁通过SJ的等级制度得到了稳步提升，最终被派往罗马学院，跟随克拉维斯学习数学。古尔丁在克拉维斯门下学习了不到3年的时间，直到这位老宗师于1612年去世为止。5年之后，他被派往奥地利哈布斯堡王朝的领地去传授数学。此后，他在格拉茨（Graz）的SJ学院和维也纳大学度过了自己余下的职教生涯。不过，从古尔丁后来的职教生涯中可以清楚地看到，他在克拉维斯门下学习的那段时间影响了他一生的数学观念。古尔丁在各个方面都是克拉维斯的追随者：他坚守旧的SJ观点，认为数学处在物理学和形而上学之间，认可几何学在所有数学学科之中居于首要地位，并坚持遵守古典欧式几何的演绎证明标准。如果要选择一位不可分量法的批评者，那么他的所有这些立场都使他成为一个理想人选。

古尔丁在1641年出版了《论重心》（*De Centro Gravitatis*，也称为《重心》），在第四卷中，他对卡瓦列里的不可分量提出了批评。他首次提出，卡瓦列里所使用的方法其实也不是他自己原创的，而是源于另外两位数学家：一位是约翰内斯·开普勒，他虽然是位新教徒，但也是古尔丁在布拉格的朋友；另一位是德国数学家巴塞洛缪·斯诺弗（Bartholomew Sover）。指控抄袭肯定是不恰当的，但古尔丁并没有对开普勒和斯诺弗有太多的恭维，因为他很快就针对这种方法发起了严厉和尖锐的批评。

古尔丁指出，卡瓦列里的证明并非古典数学家认可的构造性证明（constructive proofs）。这种说法无疑是正确的，因为在欧几里得方法中，几何图形需要一步一步地，仅在尺规的帮助下完成从简单到复杂的构造过程，比如直线和圆的构造过程均是如此。在证明过程中的每一步都必须涉及这样的一个构造过程，然后再为得出结果图形进行带有逻辑蕴涵的演绎推理。但是，卡瓦列里的做法正好与之相反：他从抛物线、螺旋线等现成的几何图形开始，然后再将它们分解成无穷多个部分。这样的过程可以称为"解构"（deconstruction）而非"构造"（construction），并且其目的也不在于建立一个协调的几何图形，而是想破解现有图形的内部结构。有古典数学素养的古尔丁马上指出，这样的过程不符合欧氏几何证明的严格标准，单从这一点来说就可以否决这种方法了。

古尔丁接下来指向了卡瓦列里方法的基础概念，即面由无穷多条线构成，体由无穷多个面构成。古尔丁认为，这整个想法完全是无稽之谈：他写道，"在我看来"，没有几何学家会承认面的这种构成，更不会同意用几何语言将其称为"面的所有线"。同样也不会将几条线或所有线称为面，因为，无论有多少线都不能构成哪怕是最小的面。换句话说，由于线没有宽度，所以无论有多少数量的线排列在一起，都不会形成哪怕是最小的面。因此，卡瓦列里试图由"面中所有线"的大小来计算平面的面积，这种做法是荒谬的。这就使古尔丁得出了他的最终结论：卡瓦列里的理论基础是，在两个图形的"所有线"之间确定一个比值。但古尔丁认为，既然两组线都是无穷多的，因此，两个无穷大之间的比值没有任何意义。无论将一组无穷多的不可分量增加多少倍，它们都绝不会超过另一组无穷多的不可分量。换句话说，卡瓦列里所假设的两个图形的"所有线"之间的比值违反了阿基米德公理，因此是无效的。

从整体来看，古尔丁对卡瓦列里方法的批评，体现了SJ数学的核心原则。克拉维斯及其承继者们都认为，数学方法必须遵循系统性的、演绎性的证明过程，从简单的公设，到越来越复杂的定理，来描述图形之间的普遍关系。由线和圆开始一步一步地到推导到复杂结构，这种构造性证明正是这种理念的体现。这种证明过程虽然有很多步骤，但它准确无误地建立了一种严格的、有层次的数学秩序，正如克拉维斯指出的那样，这种秩序使得欧氏几何比任何其他科学都更接近于SJ那个充满确定性、等级结构和秩序的理想。因此，古尔丁对构造性证明的坚持，并非像卡瓦列里及其朋友们所认为的那样，是出于迂腐或狭隘的思想，而是体现了其所在宗教团体所固守的一些信念。

对于将面和体分割成"所有线"和"所有面"的做法，古尔丁也以同样的理由给予了批评。数学不仅必须应该具有层次性和构造性，而且必须是完全理性和不含矛盾的。所以古尔丁认为，卡瓦列里的不可分量法根本就是不合逻辑的，因为由不可分量构成连续体的概念根本无法经受理性的检验。他以无懈可击的理由坚称，"这种既不存在也不可能存在的事物根本无法比较"，它们只能导致悖论和矛盾，最终走向谬误。对于SJ来说，这样的数学比没有数学还要糟糕。如果接受了这种有缺陷的体系，那么数学将不再是永恒理性秩序的基石了。SJ的梦想——建立如同几何真理那样不可挑战的严格的普适等级制度，也注定会破灭。

古尔丁并没有在著作中说明，他反驳不可分量的更深层次的哲学理由，贝蒂尼和塔丘特也同样没有说明。但古尔丁曾近乎承认，它危及到了一些比数学更重要的问题，他语焉不详地写道："我不认为，应当出于某种不可言传的理由来反驳不可分量法。"但他并没有解释那些"不可言传的理由"是什么。这三位SJ数学家对非数学动机三缄其口，这从他们的职位来看也属正常。他们作为数学家，当然要在数学上而非哲学上或神学上对不可分量进行攻击。如果他们声称，他们这样做是出于哲学或神学方面的考虑，那么他们在数学上的可信度肯定会受到影响。

那些参与不可分量争论的人，当然知道它真正威胁到的是什么。安杰利曾半开玩笑地写道，他不知道"什么精神"触动了SJ数学家，古尔丁也曾暗示"不可言传的理由"，实际上，他们所指的都是SJ在神学上对无穷小量的反对立场。但除了极少数情况之外，这场数学争论很少会公开承认那些争论主题之外的理由。这场争论看上去仍是高度专业化的学术争论，数学家们争论的是，应该在数学上采取哪种方法。1642年，当卡瓦列里第一次遭到古尔丁的批评时，他立即着手准备给出具体的反驳。起初他打算以朋友间对话的形式给出回应，这也是其导师伽利略喜欢使用的形式。但当他把一份简短的草稿展示给他的朋友——数学家詹南托尼奥·罗卡（Giannantonio Rocca，1607—1656）的时候，罗卡劝阻了他。罗卡警告他说，为了避免重蹈伽利略的命运，最好不要采用这样极具煽动性的对话形式，这种妙语连珠和胜人一筹的风格很可能会激怒强大的对手。罗卡建议，最好是直截了当地回应古尔丁的质疑，严格地专注于数学问题，避免伽利略式的挑衅。罗卡没有直接说出来的是，卡瓦列里在他所有的作品中，不仅丝毫没有表现

出伽利略的那种作家天赋，也没有表现出伽利略那种以诙谐有趣的方式说明复杂
问题的能力。幸好卡瓦列里接受了他朋友的意见，我们也能避免看到他用晦涩难
懂和单调乏味的文字写的"对话"了。卡瓦列里对古尔丁的回应，记录在他所著
的《六道几何学练习题》的第三道"练习题"中，其题目相当直白："驳古尔丁"
（In Guldinum）。

在卡瓦列里的回应中，他没有对古尔丁的批评表现出过度的困扰，而是迅速
地驳回了抄袭的指控，然后转向了数学问题。他否认自己假设连续体由无穷多个
不可分的部分构成，声称他的方法并不依赖于这一假设。如果你认为连续体是由
不可分量构成的，那么你就会同意"所有线"累积起来确实形成了面，"所有面"
累积起来形成了体。但如果你不承认线构成了面，那么你肯定会认为存在除了线
之外的一些其他东西构成了面，并且存在除了面之外的其他一些东西构成了体。
卡瓦列里指出，这与不可分量的方法没有任何关系，该方法是将一个图形的"所
有线"或"所有面"与另一个图形的"所有线"或"所有面"进行比较，而不去
管这些线是否真的构成了面，或者面是否真的构成了体。

卡瓦列里的论点也许在学术上是可以接受的，但却很难让人信服。任何读
过《不可分量几何学》或者《六道几何学练习题》的人都会认为，它们都基于连
续体由不可分量构成这一基本直觉。卡瓦列里尽管没有明确说明，但比较图形的
"所有线"和"所有面"的唯一可能的理由就是，相信线或面以某种方式构成了
面或体。卡瓦列里为其方法所起的名字正是"不可分量法"，这也很能说明问题
了，而布匹和书本的著名比喻更是说明得一清二楚。古尔丁要卡瓦列里解释关于
连续体的观点，这无可非议，但这位圣杰罗姆会成员的辩解似乎相当无力。

古尔丁坚称"一个无穷大与另一个无穷大之比没有意义"，卡瓦列里对这个
观点的回应也很难令人信服。他将无穷大区分为两种类型，声称两个"绝对无穷
大"（absolute infinity）之间的确不可比较，但"所有线"和"所有面"并非绝对
无穷大，而是"相对无穷大"（relative infinity）。他声称，这种类型的无穷大之间

确实可以比较。和以前一样，卡瓦列里似乎又是在用深奥的学术理由捍卫他的方法，这对于有些数学家同行来说，或许是可以接受的。但无论如何，他的论点都无关于不可分量法背后蕴藏的真实理由和动机。

古尔丁指责他没有合理"构造"图形，卡瓦列里直到对此做出回应时才暴露出了一些他的真实想法。这时，卡瓦列里已经失去了耐心，开始显露本色。古尔丁声称，几何证明中的每一个图形、每一个角和每一条线都必须根据第一原理仔细地构造出来，卡瓦列里则断然否认了这一点。他写道："为了达到证明的正确性，无须实际画出这些模拟的图形，在头脑中假设画出它们就足够了……如果我们假设构造了这些图形，也不会推导出任何矛盾的结果。"

此时，我们终于看到了古尔丁与卡瓦列里之间，SJ会士与不可分量论者之间的本质区别。对于SJ会士来说，数学的目的是构造一个确定、永恒的世界，这个世界的秩序和等级结构永远不应受到挑战。因此，世界上的每样东西都必须细致和理性地构造出来，不能容忍任何矛盾和悖论的存在。这是一种"自上而下"的数学，其目的是将理性和秩序赋予这个世界，否则的话这个世界会混乱不堪。而对于卡瓦列里和不可分量论者来说，情况则恰好相反：数学始于人们对世界的一种物质直觉——面由线构成，体由面构成，正如布匹由线织成，书本由页面构成。人们不必在实际上构造出这些图形，因为我们都知道，它们确实存在于这个世界之中。卡瓦列里说道，人们所要做的就是假设并想象它们存在，然后继续研究它们的内在结构。这最终"不会推导出什么矛盾的结果"，因为这些图形的存在就保证了它们的一致性。我们可能会遇到看似悖论和矛盾的问题，但这些问题本应该是易于理解的，之所以难以理解是因为我们有限的认知，随着认知程度的提高，终归能够解释它们或把它们作为研究工具。但是，这些看似矛盾的问题，绝不能阻止我们探究几何图形的内部结构，以及在它们之间隐藏的关系。

在古尔丁这样的古典数学家看来，把数学建立在一种模糊不清并带有矛盾的物质直觉上，这种想法简直是荒谬的。他嘲讽地质问卡瓦列里："将由谁来判断几何构造的真理，手、眼还是理智？"但指责他运用非理性的几何方法并不能劝阻卡瓦列里，因为他的方法确实是基于这样一种实际的直觉。对他来说，古尔丁坚持避免悖论的做法是没有意义的迂腐行为，因为所有人都知道，这些图形是确实存在的，而争辩它们不应该存在是没有意义的。在卡瓦列里看来，这样吹毛求疵可能会导致严重的后果：如果古尔丁获胜，那么一种强大的方法将会就此消失，而数学本身也将被辜负。

贝蒂尼之刺

卡瓦列里发表对古尔丁的回应时，这位SJ会士已经去世3年，而卡瓦列里本人也仅剩下几个月的生命。虽然这两位主角相继离场，再加上托里切利在1647年离世，但这场争论似乎并没有任何平息的迹象。数学家可能会更迭，但SJ消灭无穷小的决心却从未改变，只不过是把不可分量主要批评者的角色传给了另一位SJ数学家。马里奥·贝蒂尼继承了古尔丁的衣钵，但他并没有声称自己是数学界的领军人物，而且与他同时代的数学家也不会这样认为。他的声名鹊起是因为他所写的两部数学珍品著作，这两部著作都是鸿篇巨制而且不拘一格，一部为1642出版的《数学哲学通集》（*Apiaria Universae Philosophiae Mathematicae*），另一部为1648年出版的《数学哲学精华》（*Aerarium Philosophiae Mathematicae*）。它们是SJ会士学习数学的典范，并且是几何原理向世界传播的主要方式。这两本书所讨论的数学内容包括投射物飞行、防御工事建设、航海技术，等等，全部都以普遍适用的、不容置疑的几何学为指导。不可分量理论似乎并不十分适合出现在这样一部注重实用性和经典性的著作里面，但在《数学哲学精华》的第三卷第五册中，它仍然成为主要的讨论内容。毕竟，这部书出版于卡瓦列里对古尔丁做出回应的一年之后，所以SJ有必要对此做出回应，并且在无穷小论战中保持高压态势。

贝蒂尼和卡瓦列里两人很可能彼此认识，并且有很多迹象表明，他们之间的关系并不友好。1626年，卡瓦列里被任命为帕尔马圣杰罗姆会的领导者，而贝蒂尼当时是帕尔马大学的教授。所以，在这样一个座中等规模的城市，这两位数学家极有可能产生交集。我们曾经提到过，卡瓦列里曾对帕尔马大学的数学讲师职位寄予厚望，但从他于同年8月7日寄给伽利略的一封信中可以看出，这一切都化为了泡影。他抱怨道："至于数学讲师职务，如果SJ神父不在这里的话，我可能还有很大的希望，因为红衣主教阿尔多布兰迪尼（Aldobrandini）很倾向于任命我……但由于这所大学是在SJ神父的控制之下，所以我不能对此再抱有多大希望了。"毫无疑问，在SJ神父之中，阻碍卡瓦列里任命的正是他们的领先数学家马里奥·贝蒂尼。

几年之后，卡瓦列里的确实施过一些报复。1629年，他成为博洛尼亚大学的数学教授。任命伽利略学派的人担任如此有名望的职位，这对SJ来说是沉痛的一击，对于本身就是博洛尼亚人的贝蒂尼来说更是如此。在随后的几年里，或许是为了回应对卡瓦列里的任命，又或许是想提高SJ在博洛尼亚的影响力，SJ计划将帕尔马大学的全体教职人员迁移到位于博洛尼亚的一所新的SJ学院。这次迁移最终被博洛尼亚参议院否决了，并在1641年通过了一项法令，禁止不在该大学名录上的人在该校授课。很容易看出，贝蒂尼和卡瓦列里在这场斗争中处于对立面。SJ会士贝蒂尼，极度渴望在自己的家乡城市为他的修会建立一个滩头阵地；圣杰罗姆会成员卡瓦列里，对于帕尔马给予的挫折经历仍难以释怀，对博洛尼亚参议院能让他平静地从事自己的数学工作心怀感激，因此，他用尽一切手段来阻止SJ的入侵。

贝蒂尼用他的热情弥补了他在数学学术上的不足。古尔丁以及后来塔丘特，他们都把争论的重心放在了数学学术范围之内，但贝蒂尼则不然，当他的告诫没有受到重视时，他会毫不犹豫地使用生硬的语言来警告对方：这样做会产生严重的后果。贝蒂尼的本职工作应该是对不可分量进行冷静的批评，但他显然已经超越这一职责范围，这很可能是由于他与卡瓦列里之间的个人恩怨所产生的苦涩回忆造成的。但无论贝蒂尼是出于何种个人动机，他的态度始终与SJ对抗无穷小斗争的主基调保持着高度的一致性。贝蒂尼只是加大了声势而已。

在数学上，贝蒂尼没在古尔丁的基础上添加任何实质性的内容，他只是在不断强调一点，即"无穷大与无穷大之间不可比较"，因此将一个图形的无穷多条线与另一个图形的无穷多条线进行比较是没有意义的。由于这是不可分量法的核心概念，所以贝蒂尼坚称，很有必要警告学生和初学者们，应该避免受到这种方法的诱惑，这只不过是一种错误的方法。他写道："为了阐明基本几何原理，我指出了这些幻觉，目的是让初学者能够学会在几何理念上去伪存真。不可分量是一种危险的幻想，应尽一切可能将其忽略。在这种紧迫的情况下，我需要对不可分量伪造的几何哲学思维做出回应。我绝不会允许我的几何定理失效，或者不能用于证明几何真理；也不会允许用不可分量法来比较图形，或者将不可分量法哲学化。"为了避免破坏所有的证明方法并颠覆几何学本身，人们必须远离这种危险的幻觉——不可分量法。

温文尔雅的弗莱芒人

温文尔雅的弗莱芒人安德烈·塔丘特，他的著作在天主教徒和新教徒中都非常有名。

1651年，塔丘特出版了《圆柱体和圆》。这是一本专门研究几何图形的特征和应用的著作，一眼就能看出它是SJ会士的作品：书的卷首页上画着两个天使，她们沐浴在神圣的光芒之下，手扶着一枚巨大的戒指，而书的标题就出现在戒指中间。在她们下面的地面上，一群小天使正忙着把理论付诸实践。其含义非常明确：神圣的数学普遍适用并且完全理性，它统治着物理世界并使其处于最佳状态。这是SJ会士对数学的作用和性质的生动视觉描述。

《圆柱体和圆》是塔丘特最著名的一部作品，这本书一举确立了他的地位，

图5-1 塔丘特所著《圆柱体和圆》的卷首页。（图片提供：Huntington Library）

使他成为欧洲最具原创性和创造力的数学家之一。事实证明，这本书对于其上级来说，可能有点太过于具有"原创性和创造力"了。当塔丘特把这本书送给新任总会长哥斯温·尼克尔（Goswin Nickel）的时候，这位总会长的反应出乎意料地平静。尼克尔首先对这位数学家表示了感谢和祝贺，然后又在信中写道，如果塔丘特能够把他出众的天赋用于编写初等几何学教科书，以供SJ学院的学生们使用，这将再好不过了，而不是为特定的专业数学家创作原创作品。尼克尔这样写并不是出于对塔丘特的敌意，而是在提醒这位SJ会士注意可疑的新学说，因为数学家的作用是建立一个固定不变的秩序。另外，塔丘特在他的作品中的确使用了不可分量，虽然只是作为一种研究方式，而不是证明手段，但尼克尔仍有可能对他这样的做法感到不满意。无论如何，塔丘特作为SJ的虔诚战士，还是服从了指令。从那以后，他再也没有发表原创作品，而是集中精力编写教科书，其中的一些具有非常高的质量，以至于此后的一个多世纪里，它们一直都是所处领域的标准教材。

出生于1612年的塔丘特，这时比古尔丁和贝蒂尼都要年轻，所以目睹了无穷小量跨越阿尔卑斯山脉一路向北的传播过程，这其中处于领先地位的数学家当属法国的罗伯瓦尔以及英国的沃利斯。由于贝蒂尼没有国际声望需要保护，所以他可以直言不讳地谴责不可分量为"幻觉"，但塔丘特不能对不可分量表示出如此不敬，因为这种方法正在不断地获得他的北欧同事们的青睐。可能是由于环境的压力，也可能是由于塔丘特不像贝蒂尼那样，对卡瓦列里和他的追随者怀有个人恩怨，还可能只是个人的气质问题，当塔丘特讨论不可分量问题时，相比贝蒂尼的尖锐谴责，他的语气要克制得多。

在他的批评中，塔丘特对他的对手是带有一些尊重的，甚至可以说是恭敬。他称卡瓦列里是"一位高尚的几何学家"，并坚称，他"不希望贬低因其美好发明而应得的荣耀"。塔丘特十分了解他在说什么，因为他自己非常熟悉卡瓦列里和托里切利的著作，而且在使用对方的方法得出新的结果方面，他的能力也丝毫不比对手逊色。但是，一旦有人超出了他所认可的风格和数学领域，那么可以肯定的是，塔丘特反对无穷小的态度，如同被刺痛的贝蒂尼一样毫不妥协。在他对不可分量的讨论中，他在开头就直截了当地指出："我不认为不可分量的证明方法属于正统的方法或者几何学上的方法。它由线得到面，由面得到体，并将由这些线得到的等式或比值应用于面，将由面得到的结果转换到体上。"他得出的结论是："通过这种方法，任何人都不可能证明出什么结果。"

塔丘特并非像古尔丁和贝蒂尼那样，认为不可分量法是毫无用处的。他认为这种方法是用来发现新的几何关系并对其进行验证的实用工具，但千万不能将不可分量法得到的结果与经过可靠证明得到的几何真理混为一谈。"如果一个定理是仅靠不可分量法证明得来的，那么除非它能够通过齐次分析法（homogenes，塔丘特用来称呼古典证明方法的术语）被再次证明，否则我不会承认它的正确性。"他指出，利用不可分量进行推理，尽管有时是有用的，但也很可能导致错误和荒谬的结果，因此，绝不可信。

在他的评论内容中，塔丘特紧紧跟随着在他的前任古尔丁和贝蒂尼的脚步。他欣然承认，线可以由移动的不可分量构成——线由移动的点构成，面由移动的线构成，体由移动的面构成。但这并不是说，数量体是由不可分量构成的。因为一旦承认了这个概念，几何学就会灭亡。所以最终是温文尔雅的弗莱芒人安德烈斯·塔丘特，而不是粗俗和善于争吵的意大利人马里奥·贝蒂尼，提出了SJ对于不可分量的总体立场：如果不摧毁不可分量法，那么几何学本身就会被摧毁。这其中没有妥协的余地。

隐藏的对抗运动

17世纪时，SJ在几个层面同时进行着对抗无穷小的斗争。在法律方面所采取的斗争形式，大部分为监督会长颁布法令（由总会长的直接命令支持），以及对不服管教的下属进行处分。在数学方面，主要通过教会的专业数学家古尔丁、贝蒂尼和塔丘特来执行。他们的任务是利用纯数学手段诋毁无穷小量，同时提倡前人的古典方法。由于SJ有着极高的威望，再加上一些互相支持、团结一致的数学家，这就确保了无论是SJ的官方法令还是数学观点都具有极大的影响力，它们远远超出了SJ的范围。

但是，在这场持续数十年之久的针对无穷小的斗争中，还有很多我们不知道的事情：有多少数学家在私下里支持不可分量，但由于担心SJ的报复而选择了保持沉默？有多少人因为涉嫌持有被禁学说而被拒绝在大学任教？有多少胸怀抱负的数学家由于担心支持无穷小学说会影响自己的职业前景，而干脆放弃了该学说？在这场斗争中，SJ通过人际交流、私人通信和制度压力等等手段所导致的潜在影响，很难得出一个确切的结论。在意大利，SJ有着无上的权力，支持无穷小学说的数学家面临着巨大敌意和压力，从中可以对那些潜在的影响窥见一斑。

SJ的影响是深入而普遍的。即使在17世纪20年代，当SJ权力处于低潮时，卡瓦列里也是好不容易才为自己争取到一个大学职位，最终在1629年被博洛尼亚大学任命为数学教授。在所经历的挫折中至少有一次（在1629年的帕尔马）是由于SJ会士的激烈反对，而使他失去了执教机会。17世纪30年代，托里切利在私下里发明了自己的数学方法，却从来没能成为任何一个大学职位的正式候选人，直到被佛罗伦萨美第奇宫廷录用之后，他才最终发表了自己的作品。这很可能是复苏的SJ的幕后势力在起作用，企图全面消除年轻数学家确立自身学术地位的任何机会。

对于卡瓦列里和托里切利的朋友和学生来说，他们没有显赫地位作为保障，只能在正常的条件下进行开创性的工作，因此面临的情况则更为糟糕。这一代人包括许多才华横溢的数学家，但没有人（只有一个例外）能沿着他们老师奠定的道路走下去。举例来说，卡瓦列里在博洛尼亚的学生乌尔巴诺德·阿维索（Urbano d'Aviso），他曾为自己的老师写过一本令人赞赏的传记，但在数学方面却没有专著，只写过一本关于天文学的基础教材。另一位卡瓦列里的学生彼得罗·蒙哥利（Pietro Mengoli，1626—1686），接替了卡瓦列里在博洛尼亚的数学职位，并且是一位思维敏捷和才华横溢的数学家。但他也是一个保守的人，避免讨论不可分量学说，后来干脆退出了数学研究，潜心进行孤独的宗教冥想。卡瓦列里的朋友詹南托尼奥·罗卡，他曾警告卡瓦列里，不要以对话的形式发表对古尔丁的论战内容，他本人也是一位有实力的数学家，而且他的一些研究成果甚至收录在了卡瓦列里的《六道几何学练习题》之中。但他本人从来没有发表过任何关于不可分量的作品。

托里切利的同伴们的遭遇也是大同小异。温琴佐·维维亚尼（Vincenzo Viviani，1622—1703）与托里切利一起作为伽利略的朋友和助手，陪伽利略度过了最后的岁月。在伽利略去世之后，两个人曾一起在佛罗伦萨工作，维维亚尼最终接任了托里切利在美第奇宫廷的数学家职位。维维亚尼一直认为自己是伽利略的学生及其学术上的继承者，他还为这位佛罗伦萨人写了一部传记，这部传记成为所有现代版本传记的基础。但是，维维亚尼的数学著作几乎全是古典传统方面的。他翻译过古代典籍，并发表过新版本的阿波罗尼奥斯的《圆锥曲线论》（Concis）和欧几里得的《几何原本》，但极少涉及到不可分量学说，即使涉及到了也只是重复一些众所周知的结果，例如抛物线图形求积法。当他到了晚年时，他似乎已经放弃了这个学说。当莱布尼茨在1692年对于伽利略尚未解决的一些数学问题发布了一份解决办法时，维维亚尼甚至严厉地批评他利用了无穷小量法。到了这个时候，在意大利，似乎连伽利略的学生都已经接受了，甚至可能是发自内心地接受了针对无穷小学说的禁令。

安东尼奥·纳迪是托里切利的另一位朋友，他写了大量的数学作品，其中有很多是支持不可分量法的作品，令人遗憾的是，尽管他一再声称希望将它们出版，但最终还是未能如愿。他现存的作品只是以数千页档案的形式保存在佛罗伦萨国立中央图书馆，而从未有一个字曾被出版过。再有就是米开朗基罗·里奇（Michelangelo Ricci，1619—1682），17世纪30年代时，他是托里切利和卡斯泰利在罗马的学生，值得注意的是，他最后成了教会的红衣主教。里奇是一位有才华并且广受赞许的数学家，从他的信件中可以看出来，他也是伽利略、卡瓦列里以及托里切利的崇拜者，而且是不可分量法的热情实践者。但他也保留了自己的数学喜好，没有出版过任何有关这方面的作品。

蒙哥利和纳迪，维维亚尼和里奇，他们的沉默仿佛在告诉我们，辉煌的意大利数学传统正在缓慢地窒息并步入死亡。17世纪20年代，由于当时的伽利略学派在罗马正处于上升期，伽利略最年长的数学弟子卡瓦列里幸运地获得了一个大学职位。17世纪30年代，年轻的托里切利遭遇到了非常严峻的环境，但由于一个千载难逢的机会而扭转了命运，他被及时地召集到阿尔切特里，最终继承了伽利略的职位。但是，对于那些希望沿着他们的足迹前行的后辈们来说，SJ的敌意已经完全消灭了任何可能出现这种奇迹的机会。没有哪个城市或王子想惹怒SJ，因此没有哪个大学职位或是公侯的荣誉头衔能够提供给无穷小学说的支持者。因此他们一直保持着沉默，只能彼此通信或者与国外数学家进行交流，他们从未出版自己的作品或者引起别人对他们的关注。一旦他们也去世的话，在意大利将再也没有人能传承无穷小的火炬了。

背水一战

不过，在无穷小的拥护者放弃抵抗并向敌人认输之前，他们还是为捍卫自己的数学方法进行了最后一搏。最后一位公开提倡无穷小量的意大利数学家是斯特凡诺·德利·安杰利，他是一位圣杰罗姆会成员，他用自己的智慧和无畏的精神完成了这最后一击。安杰利出生于威尼斯，在他年轻的时候加入了圣杰罗姆会。他的学术天赋显然很早就得到了认可，因为在他21岁时，他就被派往了圣杰罗姆会位于费拉拉（Ferrara）的传教所教授文学、哲学和神学。一年左右之后，可能是因为健康状况不佳，他再次得到调动，这次他被派往了博洛尼亚。在那里，他遇到了对其人生和职业生涯产生重大影响的人：博洛尼亚的圣杰罗姆会领导者——博纳文图拉·卡瓦列里。

当他们在17世纪40年代中期相识时，卡瓦列里已经成为数学界的一位著名学者，被称为不可分量法之父。当时他正在忙于回应古尔丁的批评，但他的身体状况很差，遭受着痛风的折磨，最终于1647年被夺去了生命。安杰利成为卡瓦列里的朋友和追随者，他对卡瓦列里的数学方法倾注了很大的热情，并且很快用自己的实力证明了成为一名数学家的天赋。很容易想象得到，他们两个人披着圣杰罗姆会特有的白色斗篷，腰上系着皮带，中年的卡瓦列里和他年轻的弟子安杰利，每天穿过博洛尼亚繁忙的街道，从圣杰罗姆会传教所走到古老的大学。当他们散步的时候，他们会讨论连续体的构成吗？或者也会讨论如何计算螺线所围成的面积吧？他们会争论如何更好地回应古尔丁吗？他们会对SJ最近发表的抨击感到愤慨吗？当然，这些我们永远无从知晓，但他们很可能讨论过这些话题。我们的确知道的是，他们两个人形成了非常密切的关系，安杰利把自己看作卡瓦列里的遗产守护者。在卡瓦列里生命的最后几个月，当他因病重而无法完成《六道几何学练习题》的出版时，是安杰利帮助进行了最后的编辑，并跟进完成了这部书的出版。

在卡瓦列里去世之后，安杰利再次得到调离，这次很可能是出于他自己的请求。在接下来的5年里，他在罗马的圣杰罗姆会传教所担任院长。对于一个不满24岁的年轻人来说，这可谓是一次了不起的晋升，毫无疑问这其中也有他已故恩师鼎力支持的原因。安杰利在当时已经是一个成功的数学家了，所以很值得注意的是，在罗马逗留的整个期间，他没有发表任何作品。从托里切利的经历中，我们已经熟悉了这样一个模式：在17世纪30年代，他在罗马花了10年的时间潜心从事数学研究，但直到他在佛罗伦萨的美第奇宫廷得以安身之后，才开始出版他的著作。永恒之城不仅是SJ的世界总部，而且是罗马学院的所在地，这可不是一个可以自由提倡无穷小学说的地方。

但在1652年，安杰利被调回到了他的家乡威尼斯，被任命为当地圣杰罗姆会的省级会长。这应该算是一次值得欢欣的调动，因为对于寻求庇护想免受SJ干扰的人来说，威尼斯是个很不错的地方。这是因为，早在1606年，这座城市就曾因为是否有权审判和惩罚神职人员，而陷入与教皇保罗五世的争执，教皇愤怒地指责威尼斯的领导者侵犯了他的权威，最终把这座城市开除出了教会。然而，威尼斯参议院并没有被吓倒。参议院要求城里的神职人员不顾禁令继续施行圣礼，而且绝大多数的牧师都遵从了参议院的指令。永远忠诚于教皇的SJ会士没有服从参议院的指令，结果被驱逐出了这座城市。威尼斯与教皇在第二年进行了和解，但在接下来的50年里，SJ仍然被禁止进入这座城市。最终直到1656年，黑袍会士们才得以获准返回威尼斯，不过即使他们回来了，他们在这里的影响力仍十分有限。安杰利充分利用了这些因素，既有自己的教会作为保护，加上威尼斯参议院仍对SJ怀有警惕之心，他终于可以显现自己的本色了，于是他开始出版关于不可分量法的著作。

当安杰利加入到无穷小的战斗中时，他展现出了十年未见的热情和才华。卡瓦列里曾试图通过尽可能地靠近古典典籍来平息对他的批评，后来又在反驳古尔丁的作品中放弃了带有挑衅性质的对话形式。托里切利则干脆拒绝参与对其方法的争论。而其他人，从纳迪到里奇都从未发表过自己的看法。但安杰利像一个复仇天使一样闯入了这场争论，为了让自己珍视的方法不被扼杀，他决心对SJ会士进行反击。他的第一波攻击被收录在了"支持不可分量附录"中——附于他在1658年出版的《六十个几何问题》（*Problemata Geometrica Sexaginta*）一书中，它把矛头直接对准了马里奥·贝蒂尼。

在捍卫不可分量的争论中，安杰利嘲笑了贝蒂尼关于伽利略《对话》中的一个悖论的讨论，即证明一只碗的周长等于一个点。安杰利写道："SJ神父马里奥·贝蒂尼，他是SJ蜂巢中的劳作者，所以可以称他为'蜜蜂'。这样比喻是再恰当不过的了，因为他就像蜜蜂一样，既能制造蜂蜜又能蜇人。一方面，他通过传授最甜蜜的学说来制造蜂蜜，而另一方面，他又会攻击自认为的错误学说。"遗憾的是，贝蒂尼是"一只不幸的蜜蜂"，虽然他"利用自己的毒刺来抵御不可分量学说，但他自己却也处在了危险之中"，因为，从安杰利的讨论细节来看，伽利略的悖论证明了贝蒂尼的观点是站不住脚的。

安杰利把贝蒂尼比作一只无助的蜜蜂，这已经足具讽刺意味了，但他对这位

SJ会士的嘲弄还没有结束。他引述了一段贝蒂尼的文章，在这段文章中贝蒂尼称不可分量法是"伪造的哲学思想"（similitudinem philosophantium），并大声疾呼，"我绝对、绝对不会让我的几何定理变得毫无用处"。从一开始，安杰利就展开了猛烈回击："请读者留意这里，当这位作者遇见不可分量时，他就好像遇到了魔鬼一样大声呼喊着'我绝对、绝对不会'之类的话。"贝蒂尼在这里变成了一个歇斯底里的驱魔人，试图用愤怒的咒语来抵挡"魔鬼般"的不可分量。安杰利总结道："他没有添加任何实质内容，只是徒增了新的怨恨。"

虚张声势的贝蒂尼也许容易被驳倒，然而更为强大的塔丘特也没能于安杰利的笔下幸免。安杰利在1659年出版了一本名为《论无限抛物线》（*De Infinitis Parabolis*）的著作，在序言中，他描述了在他的前一本书（在那本书中，他驳倒了SJ会士贝蒂尼）出版之后发生的一些事情。他漫步走进了威尼斯密涅瓦书店。在那里，他偶然发现了《圆柱体和圆》，这本书出自另一位"来自同一教会的备受赞赏的数学家"。在翻看这本书时，他偶然看到了一段"对不可分量吹毛求疵"的内容，作者声称，不可分量法既不合法也不属于几何学。安杰利则称，他此前从未听说过这本书，也不知道其中对不可分量的批评。但是，他所说的情况是不可能出现的。因为，安杰利非常熟悉同时代的数学作品，而且在后面的序言里面他还援引了很多人的作品，包括法国人让·博格朗（Jean Beaugrand）和伊斯梅尔·布利奥（Ismael Boulliau），英国人理查德·怀特（Richard White）和荷兰人弗兰斯·范·斯霍滕（Frans van Schooten），以及他的一些意大利同伴。当时的塔丘特是SJ的数学领袖，而安杰利却声称既不熟悉他的作品，也不了解他对不可分量的观点，仅仅是在逛威尼斯的一家书店时才偶然发现了它们，这显然是很不可信的。安杰利主动承认自己的无知，这很可能是一种故作姿态，目的是为了表现自己作为一个公正学者，而对贝蒂尼和塔丘特的离谱说法所做出的反应。还有一段漫长而痛苦的历史他也没有提及，那就是他与SJ会士进行了长达10年的斗争。

安杰利接着写道，塔丘特对不可分量的批评并没有什么特别之处。他的论点是陈旧的，早已由古尔丁提出过，而且卡瓦列里在几年前就已经给出了令人满意的答复。不过，塔丘特确实给安杰利提供了一个机会，可以说明到了17世纪50年代后期时，不可分量法有着多么巨大的影响。塔丘特认为，不可分量法天生就是不可信的，他曾反问："这种方法能说服得了谁呢？"安杰利也用质疑的口吻反问："它能说服得了谁？"他回答道，所有人，但除了SJ会士之外。

安杰利在试图扭转态势。与其说不可分量论者在强大敌人的攻击下孤军奋战，不如说SJ会士在独自抵抗一种被普遍接受的数学方法。乍一看，安杰利所引用的名单似乎的确很有说服力，而且似乎支持他的说法。但仔细想一下，其实事情并不像他说的那样。诚然，博格朗、布利奥、怀特和斯霍滕确实接受了卡瓦列里的方法，但他们都居住在阿尔卑斯山以北的遥远国家。安杰利列举的三个意大利人：托里切利、罗卡和拉斐尔·马吉奥特，只有托里切利在实际上发表过关于不可分量的作品，而罗卡和马吉奥特则一直没有发表过作品。再者说，不管怎么样，到1659年时这三个人都已经去世了。尽管他在抵抗，但安杰利在意大利的确是在孤军奋战。

在经过一番修辞上的反击并收到满意效果之后，安杰利继续回击塔丘特的严厉警告，即对于连续体由不可分量构成这一概念，除非先将这个概念摧毁，否则这个概念将摧毁整个几何学。卡瓦列里曾坚持认为，连续体的构成问题与不可分量法是无关的。在这方面，安杰利在一定程度上遵循了他的老师的观点。他也像卡瓦列里一样指出，塔丘特是错误的，"即使连续体不是由不可分量构成的，不可分量法也是不可撼动的"。但他补充了一点："如果为了认同不可分量法，而引入由不可分量构成连续体这一概念，在我们看来，这当然能使这种学说得到加强。"换句话说，与他谨慎的老师不同，安杰利非常愿意接受连续体确实是由不可分量构成的这一概念。不可分量法的作用和效果足以证明其正确性，如果由此可以得出理论，连续体由不可分量构成，那么这个结论也必然是正确的。这一学说会导致矛盾和悖论的事实，一点都没有对安杰利产生困扰。

安杰利，这位个性张扬的圣杰罗姆会成员，除了伽利略之外，从来没有人敢像他这样对待SJ会士。他直呼他们的名字，嘲笑他们像驱魔一样的行为，假装从来没有听说过他们当中最杰出的数学家。但是，在连续体的构成问题上的分歧，仍然是SJ和圣杰罗姆会之间不可逾越的鸿沟。在SJ会士看来，连续体由不可分量构成这一概念会导致悖论，单凭这一点就必须在数学上将其禁止。基于这一概念的方法，即使是有效的，也仍然是不可接受的，因为它破坏了研究数学的本质理由，即其纯粹的逻辑结构。安杰利的观点则完全相反：因为不可分量方法是有效的，所以它的基本假设也必然是正确的，如果它们会涉及到悖论，那么我们也只能允许悖论的存在。一种方法强调数学的纯粹性，而另一种方法则强调数学的实效性；一种方法坚持绝对的完美秩序，而另一种方法却愿意与模糊和不确定性共存。双方永远不会达成共识。

圣杰罗姆会的谢幕

由于受到圣杰罗姆会以及威尼斯参议院的保护，安杰利似乎逃脱了SJ可能对他的公开谴责，并在未来的8年中，他一直从事着数学研究，并陆续发表了另外6部数学著作，这些著作全部使用并且提倡了不可分量法。在1662年，他迎来了自己最大的成就——他被任命为了帕多瓦大学的数学教授，这也是伽利略曾经担任过的一项职务。尽管SJ在意大利如日中天，但他们也只能愤怒地看着这位自命不凡的圣杰罗姆会成员得到晋升，坐上了全欧洲最负盛名的数学职位。他们从未回应过他的嘲讽，也没有对他进行过公开谴责，只是在静静地、耐心地等待着时机。

SJ感觉到了处境险恶。只要安杰利一直鼓吹他的学说，那么就一直存在着危险，这个被禁止的学说就有可能在意大利死灰复燃，他们经过数十年斗争所取得的成果就将前功尽弃。但是他们该如何应对呢？安杰利在威尼斯是安全的，如果他们曾经考虑过，是否可以通过说服威尼斯当局来让他保持沉默，那么帕多瓦大学对他的任命就可以明确地表明，这是行不通的。因此，SJ改变了策略：在威尼斯，他们可能没有多大权力，但在罗马，他们可是位高权重的。因此，为了对付这最后一个提倡无穷小学说的意大利人，为了不让他再发出声音，他们把目光转向了罗马教廷。

接下来发生的事情没有直接证据可供参考，所有有关这一事件的文件，至今仍封存在梵蒂冈档案馆里。但我们确实知道的是：1668年12月6日，教皇克莱门特九世颁布了一项镇压三个意大利宗教团体的命令：第一个是律修会（Canons Regular），它位于威尼斯潟湖阿尔加（Alga）的圣格里戈里奥岛（San Grigorio）；第二个是菲耶索莱（Fiesole）的圣杰罗姆派（Hieronymites），这个流行的宗教团体，在其鼎盛时曾在意大利拥有40间传教所；而第三个就是圣杰罗姆会。这项命令称："他们的存在对于基督徒来说没有任何好处或用处。"

律修会是很小的一个团体，他们的活动范围仅限于威尼斯的一座岛屿之上，如此看来，梵蒂冈的官僚们确实有理由认为，它的存在没有任何实际意义。菲耶索莱的圣杰罗姆派是一个大一些的团体，但对他们来说，这项"禁令"却把他们引入了歧途。虽然这个教会确实不再独立存在了，但它其实并没有解散，而是并入了比萨的圣杰罗姆修女会。他们的传教所还像以前一样存在着。然而，对于圣杰罗姆会来说，这项禁令意味着宣判了死刑：从今以后这个团体将永远不复存在了，它的组织要被解散，会中的兄弟也要被遣散。对于这个古老而又令人尊敬的团体来说，这种暴力性的意外终结，令他们感到相当震惊。最初为了帮助穷人和病患，由真福约翰·哥伦比尼（Blessed John Colombini）在1361年建立的圣杰罗姆会，已经存在了三个多世纪。

官方给出的理由，也是如今被所有公开资料所引用的一个理由，即"这个教会团体充斥着不当行为"。但这个解释并不能说明这个教会的存在毫无意义。有学者指出，圣杰罗姆会常常被称为"烈酒兄弟会"（The Aquavitae Brothers），这个称呼可能暗示宽松的道德标准和生活风气。但是，事实远非如此：赋予他们这个绰号，是因为他们为治疗瘟疫中的受害者做出过贡献，他们的教会在当时曾生产过一种含酒精的"万灵药"，由他们发放给受害者。没有任何迹象表明教会权力机构曾反对过圣杰罗姆会的医疗实践活动或者试图制止过他们。

事实上，种种迹象表明，圣杰罗姆会是一个蓬勃发展的团体。罗马教皇格里高利十三世不仅资助SJ，同时也支持圣杰罗姆会，他还将圣杰罗姆会的创始人真福约翰·哥伦比尼列入了官方的教会年历，确定7月31日作为他的宗教节日。圣杰罗姆会在16世纪和17世纪得到了迅速的发展，在意大利各地建立起了数十间传教所。在意大利各个城市当中，他们想必一直深受上流社会的喜爱，因为在米兰的卡瓦列里的支持者，以及在威尼斯的安杰利的支持者，他们都想把自己有天赋的孩子送到圣杰罗姆会接受教育。博洛尼亚大学和帕多瓦大学都是欧洲最负盛名的大学，而圣杰罗姆会的两位成员分别占据了这两所大学的两大学术职位，这无疑为圣杰罗姆会的学术地位增色不少，也使得很少有其他的教会团体能够与之相较。虽然很难知道圣杰罗姆会传教所内的生活是什么样子的，但我们从未听说过任何暗示有关道德败坏的事情。卡瓦列里曾在1620年给伽利略写过一封信，介绍他在米兰圣杰罗姆会的生活，在信中，他曾抱怨几个老会员怂恿他多加学习神学，没有任何迹象表明这是一个有不良风气的传教所。博洛尼亚的圣杰罗姆会传教所，同样不会让人产生这种感觉。卡瓦列里在身患痛风的情况下，在那里度过了他生命中的最后18年生活，他曾在那里与年轻的安杰利进行数学探讨。倒是给人这样一种印象：这是一个非常注重学术学习和宗教事务的团体，卡瓦列里和安杰利在教会职位的快速提升，更说明了该教会对学术成就有着极高的重视。在1668年禁令颁布之前，梵蒂冈普遍认为没有理由干预圣杰罗姆会事务，除了在1606年，梵蒂冈首次允许神职人员进入这个团体，这种改变也暗示了圣杰罗姆会地位的上升，而不是下降。没有任何理由能够解释，为什么这个古老而又受人尊敬的兄弟会被选中并遭受这场灭顶之灾。

不过，圣杰罗姆会的确在某一方面有所突破，那就是，他们是在意大利提倡无穷小学说的两个最主要数学家的大本营。首先是卡瓦列里，然后是安杰利，均是各自时代不可分量学说的主要倡导者，而且他们都受到了所在圣杰罗姆会的全力支持。他们不仅在教会中的等级得到了迅速提升，而且他们的很多著作都得到了圣杰罗姆会会长的个人认可。因此，当安杰利和卡瓦列里与SJ就无穷小展开激烈的冲突时，不可避免地，这不仅是他们自己的斗争，而且也成为他们所在教会的斗争。无论有意为之还是纯属偶然，圣杰罗姆会都成为SJ清除无穷小学说的主要障碍。

如果SJ能够发现一种方法，既使安杰利保持沉默，同时又让他安静地离开圣杰罗姆会，那么他们很有可能会这样做。但同样很有可能的是，他们渴望通过制裁这个小教会来起到杀一儆百的作用，警告所有那些胆敢挑战SJ的人，最后他们都会得到相同的结果。由于无法说服威尼斯当局管教这位傲慢的教授，于是他们转向了内部求助于罗马教廷，因为在罗马他们具有决定性的影响力。他们不能直接惩罚安杰利，所以才把怒火转嫁到了庇护安杰利及其已故老师的教会身上。当面对强大的SJ时，圣杰罗姆会没有任何招架之力。虽然圣杰罗姆会从三个世纪的政治和宗教动乱中幸存了下来，会中的兄弟把生命之水分发给了瘟疫中的受害者，其两个成员在数学上取得了至高无上的荣誉，但这一切都在罗马教皇的手起笔落之间灰飞烟灭了。

令人难以想象的是，处在这场风暴中心的人却毫发未损——至少看上去如此。安杰利还年轻时，圣杰罗姆会就成了他的家，尽管这个教会在顷刻之间化为了乌有，但他仍在帕多瓦大学担任着数学教授，而且仍然受到威尼斯参议院的保护。他在接下来的29年里一直生活在帕多瓦，直到他于1697年去世。不过，尽管他仍然声称自己是伽利略的崇拜者，尽管他此前曾出版过不下9本提倡并使用不可分量的著作，但此后安杰利再也没有出版任何有关这方面的作品。所以，SJ取得了胜利。

两种现代性的梦想

到了17世纪70年代，这场针对无穷小的战争已经结束了。安杰利终于不再发出声音，SJ的所有对手都已销声匿迹，意大利成了一片没有无穷小学说的净土，SJ拥有着至高无上的统治地位。这是SJ的一个伟大胜利，它终止了这场艰苦的斗争。在这个过程中产生了许多受害者：有些人赫赫有名，比如卢卡·瓦莱里奥和安杰利，不过更多的是那些永远无法知道姓名的人。SJ用残酷的手段，把失落的一代意大利数学家赶下了历史舞台，把他们永远留在了黑暗之中。

SJ之所以挑起这场战争，不是因为鸡毛蒜皮的小事，也不仅仅是为了展示自己的实力和羞辱对手，而是因为他们认为自己最珍视的原则，甚至基督教王国的命运，受到了威胁。SJ经受了宗教改革运动的严峻考验，他们感觉到西方基督教的社会和宗教结构正在分崩离析。一些互相抵触的启示、神学、政治思想和阶级忠诚一起涌向了欧洲人的头脑，这最终导致了混乱、饥饿、瘟疫和数十年的战争。这个古老教会曾经拥有过的唯一真理，使得基督徒团结在了一起，并赋予他们人生的目的。然而，在由异端教义产生的喧嚣和混乱面前，这个唯一真理一下子变得荡然无存了。从依纳爵·罗耀拉成立SJ的那一天开始，使教会免受灾难，并确保它永远不受灾难的侵袭，就成了它的首要目的。

SJ会士通过各种方法来达到这个目的，他们始终具备着热情、能力和决心。他们有的成了权威的神学家，致力于制定一个单一的"宗教真理"；有的成为权威的哲学家，以为他们的神学提供支持。他们建立了世界上前所未有的庞大教育体系，以广泛传播有关这些真理的知识。在16世纪下半叶，他们是天主教复兴的动力源泉，并且在制止宗教改革的蔓延以及扭转宗教改革局势方面起到了关键作用。

但SJ面临着一个棘手的问题：到处都是不同的观点，每种宗教或哲学学说似乎都与各自的权威形成了冲突。这其中只有一个领域是个例外，那就是数学。至少克里斯托弗·克拉维斯是这样认为的，他从16世纪60年代至70年代就开始在罗马学院倡导数学教育。克拉维斯认为，在数学领域内，特别是在欧氏几何领域内，从来就没有产生过任何疑问。他最终使数学成为SJ会士世界观的支柱。

正是因为他们在数学上投入的大量精力，并且坚信数学真理能够保障秩序和确定性，所以当无穷小量数学方法兴起时，他们才会表现得如此愤怒。这种新的无穷小数学方法与欧氏几何可以说是大相径庭。几何学起始于清晰的普遍原则，而新的方法则起始于模糊和不可靠的直觉，即物体是由大量的微小部分构成的。最具毁灭性的是，几何学的真理是绝对正确并且无可置疑的，而不可分量方法的结果却绝非如此。不可分量方法既可能得出真理，也可能得出谬误，而且它还充满了矛盾。SJ会士认为，如果允许确立这种方法，那么这对数学来说无疑将会是一场灾难，这也将威胁到数学作为无可置疑的知识源泉的地位。从更广泛的意义上来看，情况则更为糟糕：如果连数学都变得充满了矛盾和谬误，那么对其他不那么严格的学科还能抱有什么希望呢？如果在数学上都无法得到真理，就很可能在其他任何学科也无法得到真理，最终世界将会再次陷入绝望。

为了避免这一灾难性结果，SJ发起并持续展开了针对无穷小学说的斗争运动。但是，那些在意大利提倡不可分量方法的数学家，真的是一心想推翻宗教权威的危险人物吗？这几乎是不可能的。毕竟，伽利略和卡瓦列里，托里切利和安杰利，他们都是学者和教授，很难称得上是那种热衷于推翻人类文明的人。伽利略可能是一个个性张扬的个人主义者，但他并不是等级制度和宗教团体的敌人，因为他曾选择离开共和政权的威尼斯，而接受了托斯卡纳大公的宫廷职位，这就很能说明问题。卡瓦列里是一个稳重的传教士和教授，在他去世前的18年里，他只离开过一次博洛尼亚。托里切利在佛罗伦萨安顿下来之后，就一直在尽量避免与他的批评者产生冲突。安杰利无疑在为捍卫不可分量而展开的背水一战中表现出了极大的热情，但这也很难将其归类为危险分子。他毕竟也是一位传教士和教授，只是依靠自己古老教会和威尼斯参议院的保护才免受敌人的侵扰。至于SJ对该学说所表现出的激烈反应，或者对该学说的影响所产生的恐惧，确实很难从支持无穷小的人的所作所为中找出合理的解释。

那么，难道SJ对于无穷小支持者的恐惧是完全错误的吗？并不完全是。因为伽利略的支持者虽然不是社会危险分子，但他们确实代表了某种程度的学术和宗教自由，这是SJ所不能接受的。伽利略是自由哲学思考（libertas philsophandi）的杰出公众倡导者，伽利略及其支持者希望有权利从事自由的学术研究，而无论这些研究将会产生何种结果。他公开嘲笑过SJ会士和他们对权威的崇敬，他写道："在科学上，成千上万的观点的权威性也比不上个人的哪怕一次理性思考。"伽利略不仅认为，当圣经和科学事实发生冲突时，必须做出调整的是对圣经的解释，而且他还公然侵犯了专业神学家的权威。因此毫不奇怪，SJ会士会对他的言论大发雷霆。他们认为，这种对权威的侵犯将会导致混乱。

伽利略是他所在群体的首席公共发言人，毫无疑问，林琴院士，还有他的学生和追随者都会持有与之相同的观点。他们都信仰"自由哲学思考"原则，把对他们领袖的审判和谴责视为对他们所珍视的自由犯下的滔天罪行。在他们看来，SJ在追求一个单一的、权威的、被普遍接受的真理，这粉碎了所有自由哲学思考的可能性。他们是在通过倡导无穷小学说来声明自己的立场，反对SJ由官方确立真理的极权主义做法。

SJ与伽利略学派之间的核心冲突在于权威性和确定性的问题。SJ坚持认为真理必须只有一个，他们认为，欧氏几何完美体现了这种体系的强大威力，它不仅能够规范这个世界，而且能够防止异议的产生。伽利略学派也在寻找真理，但他们的做法与SJ相反：他们不是强加给世界一个统一的秩序，而是在试图研究这个既定的世界，并发现其中的秩序。SJ设法消除那些难以理解和不确定的问题，以实现一个明确无误的统一真理；而伽利略学派则更愿意接受一定程度的不确定性，甚至是悖论，只要能够对当前问题产生更深的理解就可以。一种方法坚持认为，只有一种不容挑战的真理，必须通过理性和权威自上而下地将这种真理强加给世界；另一种方法则务实地接受了不确定性，甚至矛盾，并试图通过自下而上的方式获取知识。一种方法坚持认为，无穷小学说必须被禁止，因为它将悖论和谬误引入到了完美、合理的数学结构之中；另一种方法则更愿意接受无穷小悖论的存在，只要它们能够充当一个强大而有效的方法，并达到更深的数学理解。

这场针对无穷小的斗争发生在现代世界的黎明时期，这实际上是两种对立的现代愿景之间的竞争。一方面是SJ，这个迄今为止世界上出现的第一家现代机构。它有着清晰的等级结构、合理的组织和统一的目标，他们正在努力按照自己的模式塑造早期现代世界。这是一个极权主义的梦想，有着完美的统一性和目的性，不会为怀疑或争论留下任何余地，这种模式已经以不同的形式在现代历史上一次又一次地出现过了。另一方面是他们的对手，在意大利是伽利略的朋友和追随者。他们认为，和平而和谐的新时代，并不是通过强加的绝对真理产生的，而是通过对共享的知识和真理的缓慢、系统、不完善的积累而产生的。在这个愿景中，允许质疑和辩论，允许承认一些难题仍未得到解决，但也坚持认为，很有可能通过研究得到这些问题的答案。它不仅为科学进步开辟了道路，而且也为政治和宗教多元化和有限度的政府开辟了道路。

在17世纪的意大利，针对无穷小的斗争甚嚣尘上。等级、权威和绝对统一真理的原则得到了确立，而自由研究、实用主义和多元化的原则被击败了。这个结果将对意大利产生深远的影响。

秩序井然之地

近两个世纪以来，意大利一直是欧洲最活跃的数学学术中心。这个传统可以追溯到意大利商业中心的会计室，后来形成了大学里的职业数学家，他们是当代学者的前身。在16世纪初，卡尔达诺、塔尔塔利亚（Tartaglia），以及他们的"会计师"①同伴，依靠他们解决三次方程和四次方程的能力赚得了大量的金钱和财富。几十年后出现了古典学者，如科曼迪诺和蒙蒂，他们崇拜古人，翻译古人作品，并出版新版本的古典作品。直到最近，出现了无穷小的拥护者（伽利略、卡瓦列里和托里切利），他们提倡新的数学方法，而这些方法将会改变数学研究和实践的基石。

但是，当SJ战胜了无穷小的倡导者时，这个辉煌的数学传统迅速地消逝了。随着安杰利选择了沉默，维维亚尼和里奇仍然不发表自己的数学观点，现在的意大利已经没有了传承火炬的数学家。SJ现在占据了统治地位，他们坚持遵循古代的传统方法，因此，现在领导数学创新的重心已经发生了偏移，它正在跨越阿尔卑斯山脉，向德国、法国、英国和瑞士发展。正是在这些北部国家，卡瓦列里和托里切利的"不可分量法"将首先发展成"无穷小微积分"（infinitesimal calculus），然后又发展成了更广泛的数学研究领域——"分析学"（Analysis）。意大利作为该学说的起源地，现在已经成了数学领域的一潭死水，对于提倡不可分量法的数学家来说，这里不会有未来。在18世纪60年代，当都灵年轻的数学天才米塞佩·路易吉·拉格朗日（Giuseppe Luigi Lagrangia）力争成为"伟大的几何学家"时，他不得不离开了自己的故土，首先去了柏林，然后又去了巴黎。他后来取得了成功，但他的意大利渊源很快就被人们遗忘了。对于后世的人们来说，他一直是一个法国人，约瑟夫·路易·拉格朗日（Joseph-Louis Lagrange）——人类历史上最伟大的数学家之一。

意大利数学传统的消亡是镇压无穷小学说的最直接后果，不过，SJ的胜利还有着更加深远的影响。追溯到中世纪中期，当时的意大利领导着整个欧洲在各

---

①会计师（cossists），一种职业的名称，指精通各种计算的专家，受雇于商人和实业家，用来解决一些复杂的会计问题，相当于现在的精算师。这个名称来源于意大利语中意指"物"的词cosa，因为他们利用符号表示一个未知的数量，就像今天数学家利用x。16世纪之前，绝大部分数学家前身都是cossists。——译者注

个领域的发明创造，包括政治、经济、艺术及科学。早在11世纪至12世纪，在意大利就诞生了第一批从黑暗时代兴起的城市。它们在复兴停滞已久的商业经济中发挥了至关重要的作用，还是不同政府形式（从专制到共和）的政治试验的实际发生地。在13世纪，意大利商人成了欧洲首批最富有的银行家。从14世纪中叶开始，意大利领导了艺术和文化领域的复兴运动，其影响遍及整个欧洲。从彼特拉克（Petrarch）到皮科·德拉·米兰多拉（Pico del la Mirandola）这样的人文主义者，从乔托（Giotto）到波提切利（Botticelli）这样的画家，从多那太罗（Donatello）到米开朗基罗这样的雕塑家，以及从布鲁内莱斯基（Brunelleschi）到贝尼尼（Bernini）这样的建筑师，这些杰出人才使意大利文艺复兴运动成为人类历史的转折点。在科学领域，从莱昂·巴蒂斯塔·阿尔伯蒂（Leon Battista Alberti）到莱昂纳多·皮萨诺·俾格莱（Leonardo Pisano Bigollo），再到伽利略，意大利人对人类知识做出了重大贡献，并开辟了数学研究的新篇章。公平地讲，在创造力和创新性方面，没有哪个国家或地区能够与意大利相媲美。

然而，大约到了17世纪末时，这一切都结束了。这个曾经充满着活力和创造力的国家变得一片萧条和落寞。文艺复兴时期繁华的商业中心沦为了欧洲经济的边缘地带，并且开始落后于欧洲北部的竞争对手。在宗教上，意大利半岛处于保守的天主教统治之下，罗马教皇禁止了所有的异端学说，其他教派或信仰在这里根本没有立足之地。在政治上，意大利是由国王、公爵、大公以及教皇本人统治的许多小公国组成的混合体。除了极少数例外，几乎所有公国都反对改革并实行压迫，并且强烈压制任何可能出现不同政见的苗头。在科学上，只有很少几位杰出的科学家，比如斯帕兰扎尼（Spallanzani）、伽伐尼（Galvani）和伏特（Volta），仍处于自己所在学科的前沿，并受到整个欧洲同行学者的赞赏。但是，这为数不多的几个例外更是说明了意大利科学的整体贫乏，在18世纪，意大利只不过是蓬勃发展的巴黎科学的陪衬。到了18世纪50年代，意大利人大胆创新的精神几乎已经绝迹，而在之前很长的一段时期，这种创新精神一直是意大利人的特征。

把所有这些不良发展的后果，都归因于意大利在17世纪后期的无穷小学说的战败，这可能有些言之过重了。意大利的衰落有很多方面的原因，包括政治、经济、学术和宗教等各个方面。但不可否认的是，针对无穷小的斗争在其中发挥着一个十分重要的作用。这是一个关键点，它决定了意大利的现代化发展方向，如果无穷小学说战胜了会是一个发展方向，如果它战败了则又会是另外一个方向，它帮助塑造了意大利未来几个世纪的发展道路。

虽然这场斗争已经结束了，但如果伽利略派获胜而SJ战败的话，那么很容易想象，意大利将会是另外一个发展方向。伽利略的学术思想很可能仍处于数学和科学的最前沿，并很可能在18世纪和19世纪引领科学取得胜利。意大利可能会成为哲学和文化的启蒙中心，那些自由与民主的思想会来自于佛罗伦萨、米兰和罗马的广场，而不是来自于巴黎和伦敦。很容易想象，意大利的许多小公国会为更具代表性的政府让位，意大利的伟大城市会成为蓬勃发展的工业与商业中心，它们完全有实力与北部的对手展开竞争。但事实却并非如此：到了17世纪末，无穷小学说已经被镇压下去。在意大利，一场持续数百年的衰退和萧条即将上演。

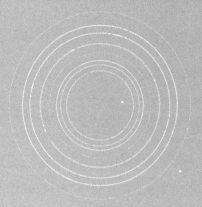

第二部分
利维坦与无穷小

对于数学来说，微积分就如同是物理学中的实验。

——丰特奈尔

第6章
利维坦的到来

掘土派

1649年4月1日，星期日。在英国萨里郡（Surrey）金斯敦（Kingston）附近，一群贫穷的人携着他们的家人一起聚集到了圣乔治山。这个地方相当贫瘠，对于移居来说，这里似乎并不是一个理想的选择。但这些新的移居者还是决定留下来，他们随身带着自己的行李，迅速着手修建屋棚以作栖身之所。然后，他们开始垦挖这片贫瘠的土地，日复一日地，不停地挖掘着，开掘出了沟壕，在山上种植了蔬菜，同时还呼吁附近城镇的人们加入他们。有观察者曾记载道："他们邀请人们加入并帮助他们，答应分给人们肉食、饮水和衣服。"他们自信地预言，"10天之内他们就能达到四五千人"，虽然事实证明他们的想法过于乐观了，但这个社团确实吸引了一些新人加入，很快就达到了差不多几十个家庭。与此同时，他们的挖掘活动仍在继续着。

随着社团成员数量的逐渐增加，周边村镇的人们也开始对"掘土派"[①]产生了疑虑。同样的观察者指出，"人们担心，他们这是有预谋的行动"。这种判断是正确的。在荒山上开垦土地，挖掘沟壕，这种行为对我们来说似乎无罪之有，但在17世纪的英国，情况却并非如此。这些挖掘者是在用自己的行动主张所有权，以及耕种这片土地的权利，而这些土地原本属于当地贵族所有。这是对有产阶级所

[①] 掘土派（Diggers），17世纪英国资产阶级革命时期的空想社会主义派别。——译者注

有权的一次有计划的公然挑衅。如果挖掘者的行动还不足以明确地说明其意图的话，那么接下来的行为就更加明显了，他们不久之后就开始广泛地分发一种小册子。他们在其中解释道："我们要开垦圣乔治山以及附近荒废的土地……我们主张拥有耕种这片土地的正当权利，土地是所有人的共同财产……不论贫富，不分贵贱，人人生而平等。"

无论是当时还是现在，如此明目张胆地否定私人所有权都足以让人不寒而栗。不仅如此，掘土派还进一步声称："买卖土地的制度就是祸根，土地主显然是通过压迫、谋杀或偷盗等手段得到的土地。"根据这种逻辑，所有的私人财产都是不义之财，应当把所有的权利都归还给其合法拥有者：人民。虽然掘土派声称和平主义，并强调不使用武力占有土地，但由于他们中的一些成员是参加过内战的退伍军人，所以维伯恩（Weyburn）及周边地区的"上等人"（better sort）还是感到忧心忡忡。他们不仅被称为强盗和杀人犯，而且他们的财产权还被指控为残酷的压迫，因此他们当然会感到恐慌。由于担心他们的财产和所有权，甚至是生命安全，于是，他们发起了反击。

由于他们是一些有名望的社会成员，所以他们首先想到的是当局管理者——托马斯·费尔法克斯（Thomas Fairfax）爵士。他是新模范军的指挥官，而且就驻扎在附近。于是，这些土地所有者向他提出了请求，希望清退那些私自占用土地的掘土派。费尔法克斯可能是当时在英国最有权势的人，他曾率领国会军战胜过查理一世的保皇军。费尔法克斯既是一位骑士，也是一位绅士，他对掘土派的革命要求没有多少同情，土地所有者们希望他能站在自己这边。但费尔法克斯并没有给出明确的处理结果：他和他的军队来到了圣乔治山，并与掘土派的领袖杰拉德·温斯坦利进行了多次商谈。然而，除此之外他没有采取任何行动。他告诉土地所有者，如果他们与温斯坦利的社团存在分歧的话，则需要向法院提出控告。

虽然对费尔法克斯的处理结果感到很失望，但土地所有者却按他说的做了，不仅如此，他们还指控掘土派生活放荡，并且说服了法院禁止他们为自己辩护。

同时科巴姆（Cobham）附近的庄园领主弗朗西斯·德雷克（Francis Drake），他还组织了对掘土派驻地的突袭，最终成功地烧毁了他们的一所公共房屋。面对在法律和人身上的双重打击，掘土派终于屈服了。到了8月，他们被迫撤离了圣乔治山，并迁移到了几英里之外的新地方。当这个新的避难所也受到攻击之后，掘土派抛弃了土地，基本上已经解散了。最后，以土地所有者的胜利为告终。

在近代早期的英国，企图颠覆现有社会秩序的事件层出不穷，发生在圣乔治山的闹剧就是一个最好的证明。这不是一起孤立的事件。在此期间，掘土派的占地运动如雨后春笋般涌现，而其他形式的抗议、颠覆甚至暴动更比比皆是。在17世纪中期的几十年里，从1640年至1660年，英国处于一片动荡之中，传统的社会体系也在风雨飘摇，即使这些社会秩序没有完全消失也是处于一片混乱之中。在杰出的"童贞女王"伊丽莎白一世（1533—1603）去世不到40年之后，其后的继任者查理一世就被国会赶出了伦敦，他的军队战败之后，他本人也遭囚禁，并最终被处决。由伊丽莎白一世和她父亲亨利八世（1491—1547）创办的英国教会已经被有效地瓦解了，主教被迫流亡，连大教堂也被对手新教教会占领了。一支苏格兰军队入侵英格兰，并一度占领了一些北方郡县；而在爱尔兰，一支天主教起义军入侵了英格兰领主和定居者的土地，他们屠杀了很多英格兰人，并迫使人们逃离了自己的家园。在这场全国性危机当中，国王惨遭斩首，官方教会受到镇压，法律遭到践踏，出版审查制度得到废除，许多个人和团体从阴暗中现身，用尽一切手段来颠覆这个旧世界。圣乔治山的掘土派只不过是其中之一。

无王之地

从1640年到1660年的这段时期，英国爆发了所谓的英国革命，或者称为英国内战①，又或者简称为"空位期"②，它的产生原因一直被史学家们争论至今。政治、宗教、社会和经济上的原因不一而足，毫无疑问，所有这些原因都以某种方式导致了英国政府在1640年的崩溃。但是，很清楚的一点是，自从1603年斯图亚特王朝③的詹姆斯一世继承伊丽莎白一世的王位以来，国王与国会之间的争执就愈演愈烈。英国国会代表着大部分的英国有产阶级。在某种程度上，这是一场直接的权力斗争。早在13世纪，国会在伊丽莎白一世统治时期就获得了征收税款的特权。在早期现代国家，供养一支陆军和海军部队是当时一项最大的费用支出，而这只能通过税收来提供资金。这就意味着，如果没有国会的批准，国王就不能执行外交政策。由于国会控制着国家的财政收入，所以国会有权力否决它不喜欢的政策，而它也毫不犹豫地利用了这个优势。只要皇室的政策是国会可以接受的，就不会有问题。伊丽莎白与西班牙之间的战争就是一个例子，这场战争不仅时间漫长、耗资巨大，而且充满不确定性，这在当时竟然也获得了广泛的支持。但是，当詹姆斯一世希望与西班牙和解，还有当查理一世决定帮助法国国王路易十三打击新教胡格诺派教徒的时候，情况却大不相同了。国会拒绝授权通过征税来资助被视为"无神论"和"暴政"的行动，这就使得国王不可能有效地执行他

---

①英国内战（English Civil War），指1642年至1651年在英国议会派与保皇派之间发生的一系列武装冲突及政治斗争，英国辉格党称之为清教徒革命（Puritan Revolution）。此事件对英国和整个欧洲都产生了巨大的影响，并由此将革命开始的1640年作为世界近代史的开端。——译者注

②空位期（Interregnum），指政府、组织或社会秩序中断的时期。例如一个君主离任和其继承人继任之间的时期。英国有两次空位期，分别为1649—1660年、1668—1689年。——译者注

③斯图亚特王朝（The House of Stuart），指1371年至1714年间统治苏格兰及1603年至1714年间统治英格兰和爱尔兰的王朝。其王室成员的祖先可以追溯至公元11世纪法国布列塔尼的地方贵族。斯图亚特是第一个成功统治整个不列颠群岛的王室，但统治权实际上不太稳定，经历数次革命，两位君主被革命所推翻。同时由于斯图亚特王室的罗马天主教背景，导致以基督新教徒为主的英国民众经常质疑君主的宗教倾向，令不列颠群岛的不稳定因素增加不少。不过，这些因素促使英国议会权力愈来愈大，使英国最早成为议会制国家，也使其民主步伐领先于欧陆诸国。——译者注

的政策。

斯图亚特王室认为这种情况简直无法容忍。他们认为，只有国王才有制定政策和征税的权力，国会钳制税收是非法篡夺王权的行为。他们对法国国王羡慕不已，因为法国弱化了三级会议①，并成功地把所有权力都集中在了法国国王的手中。詹姆斯一世也许是最博学的英国国王，他甚至写了一篇题为《自由君主制的真正法律》（The Trew Law of a Free Monarchy）的论文，并在其中指出，国王的权力是神授予的，在任何情况下人民都无权反抗王室的法令。

随着国会越来越独断专行，而斯图亚特国王也愈加愤怒，一场对抗似乎不可避免。1629年，查理一世解散了国会，并拒绝召集一个新的国会。在接下来的11年里，他独自统治着国家，而随着国库慢慢耗尽，他的行动自由也日益受到限制。最后，在1640年，由于试图改革苏格兰教会却惨遭失败，导致两国处于战争的边缘，查理一世难以支撑下去，又不得不重新召集国会。他的目的只是希望国会批准为苏格兰战争提供资金，然后就迅速解散这个不受控制的机构。但是，国会领导人却首先发难：为了防止查理一世重演"暴政"统治，他们立即通过了一项决议，宣称国会将一直处于会议之中，直到它自行解散为止。这次国会就这样在形式上召开了10年，史称"长期国会"（Long Parliament）。

1640年的宪法危机是关于合理政治秩序的两种根本对立观点之间的冲突。斯图亚特国王强烈希望按照法国模式建立一个君主专制的政体，国王拥有一切权力；同时，国会主张君主立宪（尽管这个术语在当时还没有被创造出来）。在国会看来，即使是国王也不能践踏生而自由的英国人的古老权利，王室权力必须

---

①三级会议（Estates General），在法国旧制度中，指的是法国全国人民的代表应国王的召集而举行的会议。参加者共分成三级：第一级为神职人员，第二级为贵族，第三级则是除前两个级别以外的其他所有人。会议通常是在国家遇到困难时，国王为寻求援助而召开，因此是不定期的。16至17世纪初，专制王权加强，三级会议的权力被削弱。从1614年到路易十六统治时期，三级会议中断了175年。1789年，路易十六召开了最后一次三级会议，这次会议导致了法国大革命。大革命后，三级会议随着旧制度一道被废除，不复存在。——译者注

得到限制，并且在必要的时候，代表"人民"的国会要予以反抗。不用说，国会领导人从来没有想过要将下层阶级和穷人包括到英国"人民"里面。国会只代表财产所有者，因此只有他们才有权利与国王分享权力。即便如此，国会团体也代表了英国的一个庞大政治阶级，这恰恰是保皇党决心要阻止的。

今天，我们已经习惯了将宪法问题与宗教问题分开考虑，比如国王与国会之间的权力平衡问题。但在17世纪的英国，政治和宗教是密不可分的。国会之所以敢于挑战国王的权力，在很大程度上是由于他们的新教信仰。他们认为，通过信仰和祈祷，所有人都能平等地获得"上帝的恩典"。而在天主教看来，恩典只能通过有资格的祭司来传递，他们是"由上帝恩准的"，拥有特殊的能力，而所有新教教派却都认同"信徒皆祭司"的原则。因此，所有人在"上帝"面前都是"祭司"，能够直接接受他的恩典。如果在"上帝"面前是人人平等的，那么他们为什么要接受国王的专制统治呢？毕竟，国王能比得了"上帝"吗？

可以肯定的是，这种新教观点并不意味着议会党人信仰"人人生而平等"。他们远不是这样想的。不过，这的确意味着，国王的神圣权利（君权神授）在信仰新教的英国很难维持，因为不像信仰天主教的国家那样，王室至高无上的权力会得到教会的支持。因此，在主张权利和权力方面，英国国会远比欧洲大陆上的其他国家更具侵略性。英国国会曾对早期斯图亚特王朝连番挑战，而法国三级会议和西班牙皇家议会则在他们国王的神圣权威面前，表现得羸弱不堪。

政治与宗教的交织意味着，英国国王与国会之间的宪法斗争也是一场宗教斗争，宗教斗争的焦点在于合适的宗教仪式及其含义。英国教会基本上是激进的新教与保守的天主教经过反复尖锐斗争之后达成的一种妥协。在伊丽莎白一世统治时期，教会保留了激进派的加尔文神学，但是又融合了一种与天主教很难区分的制度结构和圣餐仪式。与新教教派不同的是，英国国教保留了主教制度，这是一种以国王为顶点的严格的教会等级制度，它还保留了在大教堂举行的庄严仪式，由穿着华丽的教会贵族主持。英国国教是由两种截然不同的信仰和团体结合而成的一个不协调的婚姻，但它允许互相竞争的各个派别强调自己更看重的方面。从广义上讲，国会议员强调加尔文神学及其平等主义的内涵；与之相比，国王更看重天主教模式的等级制度。正如詹姆斯一世的那句名言："没有主教就没有国王！"

到了1640年，国会与国王之间的裂痕已经加深到了一定程度，英国国教的妥协似乎难以维持。在国会中占主导地位的教派主张废除主教和整个教会等级制度，以使英国国教与其他新教教派更加一致。同时，斯图亚特国王却公然与天主教拉近关系，似乎倾向于完全放弃新教实验并重新加入罗马天主教。宗教冲突伴随着政治危机，使得这场冲突更加难以遏制。不只是权力，而且还有信仰和良知都处在权衡之中，因此国王与国会之间的妥协余地变得越来越小。到1640年时，已经没有了妥协的余地。

当长期国会在1640年召开时，它对国王和教会的权威同时进行了一系列的攻击。国会组织了一个"神学家会议"（Assembly of Divines），制订了一套激进的教会改革计划，并执行了这一计划，最终处决了查理一世的宰相斯特拉福德伯爵（Earl of Strafford）。在国会中占有主导地位的党派是所谓的长老会，他们主张苏格兰风格的教会政府，这就意味着废除主教并由长老议会取而代之。为了拒绝为国王的军队提供资金，他们通过邀请苏格兰人入侵北部郡县而策动了一场军事危机。到1642年时，查理一世已经逃离了伦敦，并在北方组建了一支军队，希望驱逐造反的国会并重新确立自己的皇室政权。国会也相应地组建了自己的民兵卫队。在未来的两年里，英国爆发了全面内战，并且没有哪一方能够占据上风。虽然没有产生巨额债务，但仍有大量的庄园和城镇遭到毁坏，疾病、饥荒肆虐，这场内战为不列颠群岛带来了无尽的苦难。

1645年，由于战争耗资巨大并且充满了不确定性，国会决定推出一项激进的军事改革：由各个郡县或城镇的平民领袖领导的传统地方民兵卫队，将被一支真正的专业军队所取代，并且根据军人的作战能力来任命军队的指挥官，而不是根据他们的社会地位。这支军队将从社会各个阶层招募军人，全部不论出身，而根据他们的能力给予提拔。总指挥的职位被授予了英国最骁勇善战的战士——托马斯·费尔法克斯爵士和奥利弗·克伦威尔。新创建的军队被称为新模范军。这支军队很快就发挥了显著的威力，在1645年6月的内斯比战役（Battle of Naseby）中，国会军击溃了王党军，此后不久又抓获了查理一世本人。

对于该如何处置查理一世这位皇室囚犯，国会议员们很难达成一致意见。长老会希望与国王达成和解，保留君主制，但要保证国会的权力和教会改革。然而，这时的长老会已经不像5年前那样是占主导地位的党派了，他们只是国会众多党派中的一个而已。他们的权力已经被更为激进的独立派所侵蚀，独立派谴责长老会的等级制度比不上英国圣公会或者天主教的等级制度，并坚持认为各个教会必须施行自我管理。更为激进的是平等派（Levellers），他们主张社会秩序的"平衡"；还有很多被称为"狂热派"（Enthusiasts）的教派，他们自称得到了"神的启示"，并预言"上帝"要对有产阶级施以报复。所有这些党派都提出，被俘房的国王要对其压迫人民的暴行负责。其中的很多成员主张完全废除君主制。令长老们大为吃惊的是，这样的观点在新模范军中很是盛行，他们正是国会取得战争胜利的关键。

国王觉察到了敌人之间存在着分歧，于是他开始设法拖延时间。他挑拨两个互相对立的党派进行斗争，并最终成功地逃了出来，后来又重新发动了战争。然而，这一切都是徒劳，新模范军很快就镇压了保皇党起义，到1649年，国王再次被军队羁押。这一次，国王的敌人下定了决心，不会再让他逃走。当一些议员试图再次与国王谈判的时候，新模范军清洗了议会，只留下那些最激进的议员。这个驱逐出部分议员的议会被称为"残缺议会"（Rump Parliament），该议会委任了59名议员充当法官对国王进行审判，并很快对其判处了死刑。1649年1月30日，查理一世在伦敦的白厅宫（Palace of Whitehall）被斩首，这是唯一一位被审判并且被处决的英国国王。

查理一世的斩首并没有结束英国的混乱时期，在接下来的十多年里，英国一直处于无王状态。国会中的相对温和派与新模范军中的激进派之间的较量仍在继续，这两个党派不断轮流取得国家的控制权。直到1653年，终于产生了一个摆脱僵局的办法，新的宪法获得通过，宣布克伦威尔为英国的"护国公"（Lord Protector of England），并赋予了他绝对的权力。他很可能是唯一一个有足够的权威和公信力能够将国家团结在一起的人，但是就连他也发现，这是一项艰巨的挑战。就像多个世纪之后的法国大革命一样，他也选择将人们的关注点从国内危机转向对外战争。因此，英格兰发动了一系列的对外战争，首先是对苏格兰，然后是对荷兰共和国，最终是对西班牙。克伦威尔在他的新角色上投入了极大的精力和管理手段。他巧妙地操纵着激进派和保守派之间的需求，当政治手段不足的时候，他会毫不犹豫地动用强大的军队力量。因此，在他摄政期间，英国国内享受了一段和平与稳定时期，至少相比过去10年所经历的混乱来说是如此。

但在1658年9月，时年59岁的奥利弗·克伦威尔去世了。他的儿子理查德接任了护国公，但由于缺乏他父亲的权威以及军队的忠诚，他很快被边缘化了，最终被迫辞职。随着政府的控制权再次发生变动，那些在早先曾经令有产阶级深恶痛绝的团体迅速重新抬头。温斯坦利的掘土派可能已经一去不复返了，但许多其他团体和无数个人相继涌现并取代了他们的位置。他们以各种形式出现，有的是可以识别的政党，如伦敦的平等派，而有的是孤独的先知，他们在乡村云游并寻找追随者，此外还有大量介于两者之间的团体和个人。不过，他们有一个共同点，那就是他们全都反对当前僵化的等级制度，他们认为上帝无处不在，所有人都可以得到他的恩典。

一些党派以自己的社会议程命名，比如"平等派"，他们是最大而且最有政治势力的团体，主张在废除国王之后推行平等主义的社会改革。比较温和的平等派只希望废除掉与有产阶级之间的社会壁垒，而更激进的党派则希望彻底推翻现有的社会秩序。还有一些党派因其"狂热"的宗教立场而闻名，比如"探寻派"

（Seekers）和"喧嚣派"（Ranters），他们否认人的罪恶，声称有组织的宗教是用来欺压穷人的骗局。还有早期的贵格派，他们远非几年之后的那种有尊严的和平主义者，在当时他们被视为危险的颠覆分子；而清教徒中最为激进的第五王国派（Fifth Monarchy Men）则预言世界末日即将来临，人间的所有等级秩序都将被打破，上帝的选民将统治一切。

对英国的现有阶级来说，不管是贵族、绅士、商人还是富有的自耕农，仿佛地狱之门已经打开，而他们正凝望着深渊。他们坚信，英国就处在重新陷入内战的最黑暗时期的边缘。如果中央权威得不到恢复的话，不管是乡村的庄园和房产，还是伦敦商人的账房，抑或是绅士们的家园和财产，在面对那些愤怒而虔诚的暴徒时，都将被一场势不可挡的风暴席卷而去。

面对着社会革命的共同威胁，有分歧的英国精英暂时搁置了离隙，团结到了一起。即使是几十年来一直对抗皇室"暴政"的长老会，现在也得出结论，有一个国王的国家要比无政府状态更好。于是，他们派出了使者去打探查理二世的想法。查理二世是被处决的查理一世的儿子，现在正与被流放的宫廷一起居住在比利时。对于议会询问的复辟条件，查理一世安慰地回复道：作为国王，他会与国会合作而不会与之对抗，他也不会对以前的敌人寻求报复。即使有了这些保证，为了有力地解决问题，仍需要新模范军果断地施加干预。在1660年初，苏格兰新模范军司令乔治·蒙克（George Monck）率先进军伦敦，占领了城市，解散了短期国会，并召集了一个新的温和国会。新国会立刻邀请国王回国，在1660年5月25日，查尔斯二世在多佛登陆了。英国实现了君主制的复辟。

查理二世的复辟让英国的有产阶级松了一口气。现在，国王再次登上了王座，合法的政府恢复了权力，英国教会也重新建立，内战和革命的威胁消退了，并且社会秩序也在一定程度上得到了恢复。但空位期的阴霾一直在英国人的心里挥之不去，人们很快清晰地认识到，事实上，问题并没有得到太大解决。因为查理二世重返英国，对于处决查理一世的专制主义者来说并不算是一场胜利。事实上，这甚至都不算是恢复到了17世纪初的状态。在17世纪40年代以前，皇室的统治被认为是理所当然的。国王和王后可能会被推翻，也可能会被别人取代，他们的权力也可能会受到质疑，但君权神授的君主绝不会被取代。很少会有人会想到英国会有其他的统治方式。

然而，复辟之后的君主制与之前是大不相同的，它不再是自古以来的那种皇室统治的必然延续，而是由国会和军队中的某些党派在政治上经过精心权衡而产生的结果。无论查理二世的个人倾向如何，他都会很清楚地认识到，他的统治依赖于与国会的主要党派和他们所代表的利益保持一致。正因为如此，查理二世比他的皇室祖先要低一等，他被剥夺了很多王权的神奇光环，他现在不仅要靠神秘的神授权力生存，而且还要靠政治敏锐性生存。这样的君主制将采取什么样的形式，他在国家中的地位如何，在后半个世纪里，都将成为主导英国政治生活的一些问题。

由于空位期的混乱给人们带来的阴霾，使得对新政权性质的争论变得愈加紧迫。在空位期，国会议员中的"圆颅党"①攻击保皇党的"骑士派"（Cavaliers），长老会攻击圣公会，独立派攻击长老会，平等派攻击独立派，而掘土派则攻击平等派。对于英国人来说，这简直就是一场噩梦，它绝对不能再重演。即使是一个被回归的国王剥夺了职位的长老会牧师，也承认国王统治之下的情况要好很多，当时"我们任由一群头脑发热的人摆布"，他们的"怨恨和愤怒是那么的猖獗和无法无天"。正如日记作家塞缪尔·皮普斯（Samuel Pepys）在复辟前夕所写到的，这是在"狂热者"与"整个英国的绅士和民众"之间做出的选择，这是一场"绅士和民众"输不起的战争。即使他们会争论新的复辟政权应该采取的形式和结构，但他们却有着一个共同的首要原则，那就是任何政府都要保证做到，空位期

---

① 圆颅党（Roundhead）为17世纪中期英国国会中的一知名党派。该党发迹与最盛时期约为1642—1651年的英国内战时期。圆颅党的最大特色是，身为清教徒的这些议会成员，皆将头发理短，在样貌上与当时的权贵极为不同。因为没有长卷发或者假发，相较之下头颅显得十分得圆，因此得名。该名词于1641年的一场国会辩论中首次被运用。——译者注

的那段黑暗日子绝对不能重演。

这种势态在某种程度上不禁让人联想到，SJ在宗教改革的最初几十年时所面临的情况。那时，古代教会和西方基督教会就是这种情况，产生了许多异端教派，每个教派都声称独自享有神圣真理。这正如一个世纪之后的英国的情况，社会革命的危险是始终存在的。人们还会记得，德国暴发的农民起义以及明斯特的再洗礼派共和国。在之后的几个世纪里，这些记忆令欧洲的统治阶级感到心有余悸。他们的处境与早期的宗教改革之间的相似之处，会令经历过空位期的英国人刻骨铭心。即使是对天主教没有好感的牧师亨利·纽康布（Henry Newcombe），也承认了这种相似之处。他曾指出，在空位期，英国陷入了"明斯特式的无政府状态"的恐怖之中。

SJ对宗教改革危机的回应是，重新确立教皇的权力以及教会的等级制度，它们不仅是"绝对神圣真理"的唯一源泉，而且也是永恒宇宙秩序的基础。在英国同样如此，他们试图重新确立君主的绝对权力，并将国家作为维持秩序和镇压狂热者的唯一手段。这些人大多是保皇党、朝臣和贵族，他们曾在流亡和内战期间支持查理一世和查理二世，并且认为，只有国王的强权手段才能拯救国家。

其中有一个人脱颖而出。他不是一位显赫的贵族，而是一位年迈的白发平民，他在宫廷的最高位置也仅是查理二世未来的数学老师。他的外貌和地位都不引人注目，但他的思想却被誉为是欧洲最尖锐的，他的哲学著作充满了大胆的思想和无情的揭露。他无畏地抨击所有教派的神职人员为骗子和篡位者，并谴责教皇和整个天主教等级结构为"黑暗王国"。虽然他鄙视SJ会士，但他们仍然具有一个共同点：他也担心社会解体，并且相信，唯一的答案就是一个强大和不容挑战的中央权威。他的名字是托马斯·霍布斯，他是一位杰出而具有挑衅性的作家，因其作品《利维坦》（Leviathan）而被人们所熟知，他也是有史以来最伟大的政治哲学家之一。他与SJ会士的另一个共同兴趣却很少有人记得，那就是他也像SJ会士一样认为，对自己哲学思想至关重要的就是：数学。

冬眠的熊

《利维坦》是托马斯·霍布斯最著名的作品，在该书出版时他已经63岁了，以现在的标准来看，已经算是一位不折不扣的老人。确实，无论是霍布斯的崇拜者还是敌人，在某种程度上，一定会认为他是属于另一个时代的人。霍布斯于1588年出生在威尔特郡（Wiltshire）马姆斯伯里附近的西港村。他是一个早产儿，当时他的母亲因为听到西班牙无敌舰队入侵英国的消息，惊吓过度而导致早产。正如霍布斯在临终之际，在他的自传中用拉丁文写下的诗句："我母亲生了双胞胎，我的孪生兄弟是恐惧。"我们从霍布斯的话语中可以看出，他是一个内心充满恐惧的人，他曾声称害怕黑暗、盗贼和死亡，以及受到敌人的迫害（这也不无道理）。从霍布斯这样一个特立独行的人口中听到这样的说法，难免会让人感到有些惊讶。当然，在他提出自己新的激进哲学时，或者在他攻击同时代的人所珍视的传统和信仰时，他一点也没有表现出胆怯。但在更深的层次上，也许只有霍布斯本人才能更好地了解他自己，因为他的哲学确实是建立在恐惧之上的。由于恐惧无序和混乱，以及"所有人之间的战争"，所以必须不惜任何代价来阻止形成"明斯特式的无政府状态"。

霍布斯的父亲也叫托马斯，他是一位乡村牧师，显然更为人知的是他的酗酒和好赌而非学识。霍布斯的朋友，同时也是传记作家约翰·奥布里（John Aubrey）曾写道，"他生活在伊丽莎白一世女王时代，在那个时候，他和其他牧师都没有多少文化"，说的就是当时许多乡村神职人员处于半文盲状态。虽然他父亲嗜好饮酒，但霍布斯声称，他本人一生喝酒的次数也不会超过一百次，或者说一年也很难超过一次。如果他真的喝酒了，"由于他很容易喝吐，所以他很快就能恢复清醒"。奥布里不仅记载了这些内容，而且计算过他喝醉的频率，他认为在大量饮酒的年代，这很可能是一项值得称赞的记录。

当霍布斯的父亲因为与一位牧师打斗而被迫离开马姆斯伯里的时候，他更为富有的兄弟弗朗西斯承担起了教育霍布斯的责任。在接下来的几年中，霍布斯

图6-1　托马斯·霍布斯。这幅画像由约翰·迈克尔·赖特
（John Michael Wright）创作于1669年或者1670年，画中的霍布斯
当时82岁。（bpk，Berlin/Art Resource，NY）

学习了拉丁文、希腊文和修辞学，并在14岁的时候，进入牛津大学的摩德林学院
（Magdalen College）学习。他很少被学校的正规课程所吸引，直到6年之后他才取
得了学士学位。虽然经院哲学[①]在当时是大学的核心课程，但他一直不太喜欢经
院哲学。他在几年后写道，他想学习新的天文学和地理学，而不是亚里士多德的
那些古典文集，他想"按照自己的想法来证明问题"，而不想按照亚里士多德的

---

①经院哲学（scholasticism），又称士林哲学，意指学院的学问。起初受到神秘、讲究直观
的教父哲学影响，尤以奥古斯丁主义为最，后来又受到亚里士多德哲学启发。经院哲学是
与宗教（主要指天主教）相结合的哲学思想，是教会力量占绝对统治地位的欧洲中世纪时
期形成、发展的哲学思想流派，由于其主要是天主教教会在经院中训练神职人员所教授的
理论，故名"经院哲学"。它的积累时期主要受柏拉图思想的影响，古典时期（大发展时
期）受亚里士多德思想的影响，但它并不研究自然界和现实事物，主要论证中心围绕天主
教教义、信条及上帝。——译者注

狭隘范畴。他对亚里士多德的轻视，以及走自己的路的决心，将在此后伴随着他的一生。

在他毕业之后不久，霍布斯被聘为了威廉·卡文迪许［即后来的德文郡伯爵（Earl of Devonshire）］的儿子的家庭教师及同伴。对于一个聪明而年轻的平民大学毕业生来说，这是一个相当有利可图的职位，霍布斯很可能毫不犹豫地就接受了这份工作。从此，霍布斯与卡文迪许家族的紧密关系将会伴随他一生，他在牛津大学学到的任何东西，都比不上卡文迪许家族对他的人生和学术成果产生的影响。卡文迪许家族是英国最伟大的贵族之一，他们的祖先可以追溯到征服者威廉之子亨利一世的统治时期。到了最近的时代，这个伟大的家族除了为国王提供传统的军事和政治服务之外，其家族成员本身也因为对"新哲学"的浓厚兴趣而声名卓著。举例来说，查尔斯·卡文迪许（Charles Cavendish，1594—1654），是一位受人尊敬的数学家；他的弟弟威廉（1592—1676），即纽卡斯尔公爵（Duke of Newcastle），在他的庄园里开办了一座实验室；还有威廉的妻子玛格丽特（1623—1673）是一位著名的诗人和散文家，对自然科学有着很高的热情。这些卡文迪许家族的成员，他们不是学者或者作家，就是艺术和科学的资助者，他们的乡间别墅是文化和学术生活的中心。作为卡文迪许家族的成员，霍布斯有机会得以进入了当时最高级的文学和艺术圈子。在卡文迪许家族的查茨沃斯庄园（Chatsworth）和维尔贝克庄园（Welbeck），他发现了在牛津大学期间从未经历过的学术挑战和刺激。

加入卡文迪许家族，霍布斯遵循了文艺复兴时期的学者所经常选择的道路，因为如果没有贵族的资助，就没有收入和资源，也不能自由追求自己感兴趣的学术研究。很多意大利伟大的艺术家和人文主义者（如莱昂纳多、米开朗基罗、皮科·德拉·米兰多拉）都曾得到过贵族或教皇的资助，包括佛罗伦萨的美第奇家族、米兰的斯福尔扎家族，以及文艺复兴时期的多位教皇。即使是当时声名显赫的伽利略，他也选择了成为美第奇宫廷的朝臣以作为庇护，而他的世俗身份则是帕多瓦大学教授。在英国，博学家托马斯·哈里奥特（1560—1621）加入过沃尔特·罗里（Walter Raleigh）爵士家族，后来又加入了诺森伯兰伯爵（Earl of Northumberland）亨利·珀西（Henry Percy）家族，与霍布斯同时代的数学家威廉·奥特瑞德（William Oughtred，1575—1660）则是阿伦德尔伯爵（Earl of Arundel）之子的一位家庭教师。

在霍布斯选择传统资助方式的同时，另一位有抱负的文学家正在寻求其他方式的经济保障。威廉·莎士比亚通过在公开市场上表演和出售他的戏剧，过上了富裕的生活。当时的大多数剧作家都在像他那样出售剧本，只不过很少有人能像他那样成功。数学家亨利·布里格斯（Henry Briggs）在新成立的伦敦格雷欣学院（Gresham College）谋得了一个职位，他成为英国首位靠公开授课取得收入的几何教授。即使是牛津大学和剑桥大学这样出了名的保守大学，虽然他们主要是为青年人提供大量古板的中世纪课程，但偶尔也会对更现代的学者敞开大门。这其中的一个就是布里格斯，他成为牛津大学第一任萨维尔几何学教授。霍布斯选择依附于贵族，这在当时并非是不寻常的，不过到了17世纪中期，霍布斯发表他最重要的作品的时候，这种与贵族之间的关系似乎已经显得颇为过时了。由于他本身年事已高，再加上他成长于伊丽莎白一世统治的辉煌时代，因此，这就使得霍布斯在他大部分朋友和对手中间显得独树一帜。

不管是否过时，贵族的资助都具有很多的吸引力，霍布斯也充分利用了这个优势。在1610年到1630年之间，霍布斯曾跟随卡文迪许家族的年轻贵族们，先后三次周游欧洲大陆。霍布斯很好地利用了这些旅程。在1630年旅行到意大利时，他拜访了令他钦佩的伽利略，他曾对伽利略大加赞赏："他为我们打开了自然哲学的大门，即有关运动的知识。"在巴黎，他结识了马兰·梅森，这位修道士是欧洲"学术界"的信息中转站，他与很多学者保持着联系，在众多学者之间传播彼此的疑问、意见和学术成果。通过梅森，霍布斯接触到了哲学家笛卡尔、数学家皮埃尔·德·费马和博纳文图拉·卡瓦列里，以及许多其他学者，从此真正成为欧洲学术界的正式成员。

通过他与卡文迪许家族的关系，霍布斯还结识了另一位杰出人物。在17世纪20年代的很多年里，他曾担任过弗朗西斯·培根的私人秘书。在当时，培根不仅是一位哲学家，而且是实验科学的伟大发起者。培根与同时代的大陆学者特别是笛卡尔不同，他认为应该通过归纳法（系统地收集观察和实验结果）获取知识，而不是通过纯粹的抽象推理。培根曾是英国领先的法学家之一，曾担任詹姆斯一世手下的大法官，直到他在1621年被指控贪污并遭弹劾为止。退休之后，他转向了哲学家，把多数时间都用在了整理自己的哲学思想上面，主要涉及自然科学及其正确的研究方法。事实上，培根几乎所有的知名作品都可以追溯到霍布斯与他结识的那段时期，即从他被迫退休到1626年去世的这段时间。奥布里曾提到过，在培根位于高阑城（Gorhambury）的庄园里，霍布斯如何陪在他身边与他一起散步，并记录下这位老人的思想。据说，培根在他的所有秘书当中比较偏爱霍布斯，因为只有他明白自己在记录什么。霍布斯与培根的交往，表明卡文迪许家族的贵族关系网为他提供了接触培根的机会。但不无讽刺的是，在以后的岁月里，那些自认为是培根的真正继承者并把培根的思想付诸实践的学者，却把培根的前秘书霍布斯视为了最危险的敌人。

霍布斯作为一名贵族的家臣所享有的另一个优势是，他没有必须发表学术成果的压力。莎士比亚必须源源不断地创作戏剧才能维持生计，亨利·布里格斯必须在大学教授课程，甚至克拉维斯在罗马学院也要教课和编写教科书。但是，这些受到大家族资助的学者，他们之所以能够获得资助，大部分是因为与资助他们的贵族保持着良好的陪伴关系，而不是因为他们的工作成果。这就使得接受资助的学者们可以过得相对宽松和自由，他们能够有时间去进行思考和研究。但这也产生了一个奇怪的后果：例如托马斯·哈里奥特，他被誉为是欧洲领先的数学家，对他手稿的现代研究也表明，他对这个声誉当之无愧。但他终身都从属于罗利家族和珀西家族，结果在他身后留下了数以千计未曾发表的数学论文。

一般情况下，这也注定会成为霍布斯的命运。在作为卡文迪许家族家臣的这几十年里，尽管他被公认为是一位才华卓越的人才，不仅与英国本土的领先学者有着交往，而且还与欧洲大陆的领先学者保持着联系，但他却没有发表过任何作品，只是翻译过古希腊历史学家修昔底德（Thucydides）的《伯罗奔尼撒战争史》（Peloponesian War）。虽已人到中年，但这却是霍布斯到目前为止发表的唯一作品，而且从当时的情况来看，也很有可能不会再发表任何作品了。真这样的话，霍布斯将只能给后人留下一个模糊和朦胧的印象，对他的了解也只能是他翻译的那本历史古籍。但在1640年，当他52岁的时候，霍布斯舒适的世界崩溃了，突然之间他开始了快节奏的写作和出版，从此笔耕不辍，一直到去世。

1640年的内战危机，对于卡文迪许家族来说犹如晴天霹雳一般。像大多数英国的伟大贵族一样，卡文迪许家族也是坚定的保皇党，在整个空位期对斯图亚特王朝忠贞不渝。在他们看来，国会的起义只不过是一场平民叛乱，必须通过武力镇压下去，他们迅速拿起武器捍卫起了自己的国王。在早年的内战期间，未来的纽卡斯尔公爵威廉·卡文迪许，以及德文郡公爵之子查尔斯·卡文迪许，都在查理一世的军队中担任过最高指挥官，并且和他们的国王一样遭遇到了悲惨的命运。查尔斯在1643年战死沙场。在1644年的马斯顿荒原战役[①]中，保皇党惨遭失利，威廉被迫逃往大陆。他最终辗转到了巴黎，加入了在那里跟随查理一世的宫廷一起流亡的家族成员，其中就有托马斯·霍布斯。

对于霍布斯来说，在内战中选择保皇党一边是一个自然的选择。虽然他本身是一个平民，但他是卡文迪许家族中的一位受人尊敬的成员，并且他们都持有相同的社会和政治立场。1640年，在刚刚出现战乱征兆的时候，他收拾行装搬到了巴黎，在那里他加入了一个不断壮大的保皇党群体。在妥善安顿下来之后，他很

①马斯顿荒原战役（Battle of Marston Moor），发生于1644年7月2日，是1642—1646年第一次英国内战的一部分。利文伯爵指挥的苏格兰盟约者与费尔法克斯勋爵和曼彻斯特伯爵指挥的英国议会派联合军力，打败了莱茵的鲁珀特（Rupert）亲王和纽卡斯尔侯爵统率的保皇党。——译者注

快与梅森以及保持通信的法国学者重新取得了联系。作为斯图亚特宫廷的领先学者，他最终获得了成为威尔士亲王（未来的查理二世）的家庭教师的机会，但在这时他第一次遇到了他的反对派，从此这些反对的声音将一直伴随着他的余生。一些朝臣反对关于他的任命，其理由是，他是一个唯物主义者和无神论者，这会让未来的国王沾染上他的异端观点。最终达成了一个决定，霍布斯可以成为皇室教师，但他必须答应不会接触哲学和政治，只能专注于他的专业领域。这个专业领域当然指的就是数学。

如果忠诚而坚定的霍布斯曾在斯图亚特宫廷产生恐惧，甚至厌恶的话，那么其中的原因是显而易见的。在1645年，当他可能被任命为皇室教师时，他不再只被认为是卡文迪许家族的一位谦卑的学者，而被认为是一个非传统的、具有挑衅性的哲学家，他的观点很可能会冒犯各种神职人员以及很多忠诚的保皇党人士。在霍布斯抵达法国之后不久的1642年，他就发表了他的第一本政治著作，名为《论公民》（*Elementorum philosophiae sectio tertia de cive*），这是一部广博的大部头。这本书全部用拉丁文写成，主要针对专业的哲学家，而不是皇室朝臣，但其内容足够让查理一世的顾问们把霍布斯归为嫌疑对象。

大多数人处于霍布斯的这种情况下，都可能会设法缓和与批评者的关系，或者至少会克制自己，不再进一步冒犯批评者。那些朝臣毕竟都曾是他的同僚，也是在恢复君主制的斗争中的盟友。但他的批评者们很快就发现，霍布斯并没有低调处理自己的观点，或者回避冲突。1647年，他再版了《论公民》（众所周知的名称），并且在三年之后，他又出版了英文版本的《论公民》（*On the Citizen*），以便让不管是英国本土的，还是流亡在外的同胞学者，都能更好地理解这部著作。就在同一年，即1650年，他又出版了两本英文分册《论人性》（*Human Nature*）和《论政体》（*De Corpore Politico, or the Elements of the Law*），这两本书共同解释了他对人性以及由人性导致的政治秩序的看法。最后，在1651年，他的创作洪流终结于一部巅峰之作：《利维坦》。这部作品使他成为不朽的哲学大师。及至此时，由于他出版的作品的原因，霍布斯成了斯图亚特宫廷里不受欢迎的人。1652年，无处可去的霍布斯离开了巴黎，横渡英吉利海峡返回了英国。虽然他直到28年之后才去世，但他从此再未踏出过英国。

"龌龊、野蛮且短命"

《利维坦》是英国内战的产物，它是由许多因素共同作用产生的结果。在卡文迪许家族度过的长达几十年的沉默岁月里，霍布斯悄然建立起了一套详尽的哲学体系。它应该包括三个组成部分，首先是"论物体"（On Matter），然后是"论人"（On Man），最后是"论公民"（On the Citizen）。鉴于他过往的生活轨迹，我们完全有理由怀疑，在正常情况下这些论文是否会问世，但1640年的内战危机打断了霍布斯有条不紊的准备工作。他认为不能再按照自己的哲学体系系统地进行写作，在当前的局面之下，有关政治生活的第三部分是最紧要的。由于感觉到时间紧迫，于是他首先完成了《论公民》的写作并很快付印出版（因此它被正式地称为"第三部分"）。随后，他又很快创作完成了其他一些政治论文，最终成就了巅峰之作《利维坦》，这本书概括了他的整体哲学思想，但更加侧重于政治方面。在英国被内战搅得兵荒马乱的时候，关于物质本质的冷静探讨必须让位于为建立和平、稳定的国家而提出的解决之道。

《利维坦》不只是内战的产物，更深刻地来看，它也是霍布斯所见到的黑暗现实的反映，也是他在绝望中提出的解决方案。战争的阵痛笼罩着英国，社会处于无政府状态，同胞们自相残杀，《利维坦》中的每一行文字都萦绕着战争的阴霾。在每个清晰而庄严的词语背后，在每个精巧的哲学论证背后，隐约可见的是暴徒在欺辱他们的同胞，庄园化为了灰烬，马斯顿荒原和纳斯比的血腥战场，以及被谋杀的国王。霍布斯看到，国会已经废除了国王，并施行了各种形式的政治和社会颠覆活动。混乱取代了秩序，无休止的内战取代了平静的生活，混乱的局面似乎在愈演愈烈。现在似乎已经到了混战的地步，不管对手是谁，也不管是什么理由。这已不再是国会对抗国王的战争，也不再是长老会对抗圣公会的战争，而成了所有人对抗所有人的战争。霍布斯认为，结束它的唯一办法就是恢复君主专制，将无政府和颠覆的恶魔驱回地狱，并将它们永远封存在里面。《利维坦》将展示如何实现这一目标。

结束内战混乱的第一步是要了解究竟是什么导致了内战，霍布斯指出，在英国肆虐的不是政治和宗教分歧，而是更基本的东西：人的本性。霍布斯在《利维坦》中解释道，人类并非是特别具有攻击性的生物。他们所渴望的无非是食物、性爱、一些物质享受以及能够享受这一切的安全感。问题是，如果没有一个既定的政治秩序——霍布斯称之为"国家"（Commonwealth），人们就没有安全保障。一个人所创造的东西或得来的物品，可能被另一个人夺走而不承担任何后果。因此所有人都会对自己的邻居感到恐惧，人们获得安全感的唯一方式，就是获得控制其他人的权力。换句话说，恐惧导致了人们对邻居发起战争。霍布斯警告说，遗憾的是，权力永远不会导致安全感，因为人们一旦得到了权力就必然会寻求更多的权力，他写道："其中的原因，并不一定因为是一个人……不能满足于适当的权力，而是因为他不能保证，如果不继续获取更多的权力，仅靠现在所拥有的权力就能够过上好的生活。"

霍布斯指出，如果让人们自由发展，人们对邻居的恐惧会导致战争，而战争会导致更多的恐惧，这反过来又会导致更多的战争。在这种情况下，投资于未来是没有意义的，生活是痛苦的："这样就没有产业发展的空间，因为其成果是不确定的，因此，所有的耕作、航海、建筑、拆迁搬运工具、地貌的知识、时间的记载、艺术、文学、社会等等都将不存在，最糟糕的是，人们不断处于暴力死亡的恐惧和危险之中。"这就是霍布斯所谓"自然状态"中的生活，他概括出了也许是政治哲学中最著名的一句话：在没有政治秩序的情况下，人们的生活是"孤独、贫穷、龌龊、野蛮和短命的"。

霍布斯的记载，正是英国在内战时期的情况。由于废除了国王，英国人已经回归到了自然状态，展开了一场"所有人对所有人的战争"。为了挑起战争，人们会给出各种各样的理由。长老会和独立派会互相指责对方错误的宗教教义，平等派和掘土派会谴责富人，并且声称所有人都是生而平等的，第五王国派则宣称他们是在为审判日扫清障碍。但是，所有这些各式各样的说法，在霍布斯看来都只不过是表面现象，因为英国人彼此开战的真正原因很简单，那就是恐惧。随着君主政权的崩溃，人们对邻居的掠夺变得毫无防备措施，为了获得一定程度的安全保障，他们不得不率先向对方发起攻击，其结果就形成了一个无休止的以暴制暴的恶性循环。霍布斯曾经见到过这种情况。在1610年，当他陪同卡文迪许家族的主人一起访问法国时，当时正是法国国王亨利四世遇刺身亡之后不久。那些充满恐惧和混乱的岁月给年轻的霍布斯留下了深刻的印象，他永远也不会忘记，在废除君主的国家所发生的惨剧。1640年的英国人为他们废除君主的行为给出了各种各样的理由，1610年的法国人虽然给出的理由与英国人不同，但他们同样给出了各种各样的理由。但这些理由都不是最重要的，霍布斯认识到，正因为在没有君主的国家，每个人都生活在恐惧当中，所以他们才会对自己的邻居发起战争。

但是，如果永恒的内战是人类社会的自然状态，那该如何平息它呢？人们如何使自己和家庭获得安全保障，从而使农业、商业、科学和艺术能够得到蓬勃发展呢？霍布斯指出，答案就在于人类独有的属性：理性。动物永远无法逃脱自然状态，而有些人类也是如此，比如"美洲很多地方的野蛮人"。但理性给了人们一种选择。人们可以选择留在痛苦的自然状态，也可以选择认识自己的现状，然后理性地寻求能够使自己脱离这种自然状态的解决办法。不过，一旦他们做了这样的选择，那么也就意味着没有了其他的选择，因为理性会引导他们最终找到唯一的解决办法：利维坦。

什么是利维坦？它远远不只是一个专制统治者，也不是一个专制国家。它可以说是国家中的所有成员的统一化身，即主权者（Sovereign）。在人们想方设法逃脱自然状态而近乎绝望的情况下，人们得出的结论是，唯一的出路就是他们每个人都要放弃自己的自由意志，并从属于主权者的意志。主权者从而也会采纳国家内所有成员的个人意志，如此一来，他的行为就是所有人的行为。这就是解决问题的关键。人们不只是屈服于最高统治者的意志，使自己的意志服从他的意志，而是，无论主权者的意志是什么，它同时也代表了每个个人的意志。霍布斯指出，无论君主选择做什么，国家中的每个人都将承认并认同这种行为。在利维坦的统治之下，不可能再发生内战，因为利维坦体现了其臣民的意志，而没有哪个臣民会希望发生内战。最终的结果将是一个完美的统一政治体，"它不仅能够达成一致意见，而且它还由同一个人体现这个由所有人组成的真正统一体"。

"这个团结一致的统一体就称为国家。"霍布斯写道：

> 这就是伟大的利维坦的诞生，或者（更恭敬地说）这就是有朽的神（Mortal God）的诞生，它位于不朽的神之下，我们的和平与保障全都仰仗于他。由于国家中的每个人都把权力交给了他，因此它就能行使这种强大的权力……在面对威胁时，他就能实现所有人的和平意志……

在霍布斯看来，这就是利维坦的最核心本质：为了确保实现和平，"由一个人集中体现所有人的意志"。

霍布斯的国家理论可谓惊人地大胆。他没有讨论人类社会中的对抗力量，也没有评价不同形式的政治组织，而是直截了当地以"为达目的不择手段"的哲学风格寻找解决办法。他声称，人类社会存在的问题显然就是在自然状态下的无休止的战争。解决办法也很明显，就是创建专制的"利维坦"国家。霍布斯从纯粹的思维逻辑上一步一步地进行了他的论证，没有留下任何争论或者否认的余地：人的本性会导致自然状态，从而导致内战，从而导致个人意志的屈从，从而导致利维坦。因此，利维坦是唯一可行的政治秩序。证明完毕。

从一开始，许多人都认为霍布斯的利维坦国家是令人厌恶的。在这个体制下，国会应该被放在哪个位置？圣公会或者其他教会应该被放在哪个位置？但是，即使是那些排斥霍布斯的结论的评论家们，也很难在他的论证中找到缺陷。霍布斯的错误究竟在哪里呢？他的假设是合理的，而且每个步骤本身也似乎是合理的：的确，人类是贪婪和自私的；的确，人们之间有竞争并彼此恐惧；的确，出于恐惧他们很容易互相攻击，并且一次攻击不可避免地会导致更多的攻击。这一切都看似那么地合理，很难对他的每一个具体步骤进行辩驳。等到读者意识到所有这些步骤将得出何种结论时，为时已晚了。在没有发现任何错误步骤，甚至连看似不可信的步骤都没遇到的情况下，读者已经不知不觉地承认，唯一可行的国家制度只能是霍布斯的"有朽的神"——利维坦。

在很多与霍布斯同时代的人看来，这是一个非常令人排斥的结论，但由于利维坦有着强大的推理过程，所以人们又很难找到问题究竟出在哪里。霍布斯通过演绎推理得出了合乎逻辑的结论，不管可能得出什么结论，这种推理过程都使得读者跟随他的思路得出了他的结论。他的推理过程就好像在进行几何证明一样。

利维坦由无数的个人联合起来形成了一个单一的意志，这无疑是一个美好的设想。但即使利维坦如此大胆，并且如此美好，它作为一个政治组织，也势必要统一行动。它并不只是一个强大的中央集权国家——像当时的法国那样，很难有政治异议，因为国家会对异议实行压制政策，而是一个根本不可能产生政治异议的国家。臣民反对君主就意味着他们在反对自己的意志，这就形成了一个悖论，并且在逻辑上也是不可能的。事实上，在利维坦中，臣民与国家之间不再具有我们通常所理解的那种关系，因为利维坦不是一个政治组织，而是一个统一的有机体。它是由所有臣民组成的一个有机体，并且主权者被单独赋予了一个统一的意志。霍布斯在引言中也做了同样的解释："伟大的利维坦，被称为国家……他就是一个'人造的人'（artificial man），但他比普通人具有大得多的身材和力量。"在一个人的身体中，他的一只手，或者一只脚，甚至或者一个头发毛囊都不能反对人的意志。同样的道理，这个国家中的成员也只不过是这个国家机体中的组成部分，并且不能反对国家的意志。

在《利维坦》的早期版本中（许多后来的版本也是如此），有一幅卷首页插图，很能说明霍布斯哲学中的国家本质。这幅雕刻画的作者是法国艺术家亚伯拉罕·博塞（Abraham Bosse）。画中的前景部分显示了一片和平景象，有山峦和河谷，田野和村庄，繁荣有序的城镇，排列整齐的小房屋，高高耸立的大教堂。引人注目的不是这些田园风光，而是在前景后面浮现出的人物：一个巨人国王。他就像耸立在小人国里的格列佛，他张开的双臂，仿佛是要拥抱自己的领地；他头上戴着皇冠，左手拿着主教的权杖，右手拿着一把宝剑，统治着这片土地，保卫它免受敌人侵袭；他统治着这片土地，并且毫无疑问，正是他为这片土地带来了和平、秩序和繁荣。

乍看起来，这幅画看起来像一幅广告，它在推广法国政治模式中的那种强大的中央集权君主制的优点。但这个高大的国王看上去有一点奇怪。他的身体凹凸不平，似乎穿着某种片状的铠甲。通过仔细观察你就会发现，这原来并不是铠甲，而是很多站在一起的人。国王的身体实际上是由国家中的个人组成的。每个个人的力量都是势单力薄的，只不过是这个巨大身体中的一个微小组成部分。但当他们联合起来，以一个统一的意志行动时，他们就成了无所不能的"利维坦"。

卷首页所描绘的国家是如此的强大并且包罗万象，它没有为独立个体留下任何空间。在霍布斯看来，任何不直接从属于主权者的个体，都会对利维坦和国家的稳定构成威胁，如果不妥善对待的话，这种威胁就会滋生分歧和冲突，最终会导致再次引发内战。在霍布斯的书中，最"恶劣"的冒犯者当属天主教会，因为它声称自己高于一切世俗权威，因此它在《利维坦》中占去了整个章节，题为"黑暗王国"。在英国，造反的国会当然是霍布斯的讨伐对象，同样还包括那些看似温顺的机构，如圣公会、牛津大学和剑桥大学。相对于大多数的其他教会，霍布斯更看好圣公会，因为它至少在名义上服从于国王。即便如此，在霍布斯看

图6-2　利维坦。1651年版《利维坦》的卷首页。皇冠周围的文字为："他的权力至高无上（Non est potestas super terram quae comparetur ei）。"（British Library Board/Robana/Art Resource，NY）

来，英国圣公会的神职人员也表现出了太多的独立性。而其他教派，尤其是长老会，更是表现得非常糟糕，因为他们独立于国家之外建立了自己的统治制度，而霍布斯也没有忘记指责他们直接导致了内战的爆发。霍布斯之所以对大学也感到愤怒，是因为它们的学术牢牢地植根于中世纪的经院哲学，这就与"黑暗王国"产生了联系，更重要的是，在霍布斯看来，大学似乎会成为危险学说或思想的温床——这可能与主权者的意志产生冲突，并将导致无休止的争论。霍布斯的保护者纽卡斯尔伯爵在查理二世复辟几年之后曾警告他说，争议"如同笔下的内战，不久之后就会涌现出来"。

霍布斯坚持认为，在大学或者其他地方，决定哪些观点和学说应该被传授，哪些应该被禁止，这是主权者独有的特权。如果任由牧师宣讲他们想要的教义，或者任由教授传授他们想要的学说，那么分裂、冲突和内战将会很快随之而来。霍布斯更进一步地指出：利维坦不只是决定哪些教义对国家是有害的，哪些是有益的，而更根本的是，决定什么是对的，什么是错的。在霍布斯看来，在自然状态下是没有对与错之分的，因为每个人都会尽自己最大的努力来保证自身利益。只有在利维坦出现时才会有对与错的概念，而对与错的标准很简单，"法律就是唯一的衡量标准，法律体现了国家意志"。遵循由主权者制定的法律就是正确的，违反它就是错误的，并且这适用于一切情况。任何寻求其他来源的权威（如"上帝"、传统或古代的权利）的行为，都是在破坏国家的统一，并很可能会阴谋对抗国家以谋取一己之利。是非与善恶的决定权都掌握在主权者手中。

作为政治理论中的一项实践活动，《利维坦》提出了前所未有的大胆构想，它在西方思想史上的崇高地位可谓是实至名归的。但霍布斯提出的构想是否真的有国家曾经实现过呢？毫无疑问，的确有过一些政权追求过这个理想，包括20世纪的极权国家——希特勒的德国。在这样的国家中，人民（至少在原则上）由其领导者作为统一代表，领导者的意志代表了整个国家的意志。像利维坦一样，他们也不容忍任何异议，异议被认为是违反国家意志。但即使是20个世纪的纳粹黑暗政权，也从未真正实现霍布斯的想法。从一方面来讲，不管异议是零星的还是温和的，他们都必须面对这些真实存在的异议，而霍布斯实际上已经在定义上消除了这些异议。

霍布斯哲学中的利维坦却是不同的事物，在主权者制定的法律之外，不存在更高的（宗教、神秘主义或者意识形态方面的）真理，任何声称存在这种真理的人都被认定为国家的敌人。利维坦代表了一切并高于一切，并且为其自身而独立存在。作为对抗混乱的堡垒，它的存在绝对是必要的，但它并不主张任何观点，并坚决拒绝所有更高的理想或目标。它所关心的只是国家、主权者以及主权者的意志。

霍布斯针对17世纪40年代的内战危机提出的解决方案，使他获得了原创思想家的声誉，但也使他与其他朝臣产生了隔阂，这不仅包括被他鄙视的国会议员，而且还包括他所支持的保皇党人。可以肯定的是，《利维坦》中的很多内容得到了保皇党的认可，特别是关于由一个人独自领导一个强有力的中央政府的主张，以及对议员和所有持不同政见者的谴责，称他们是谋求私利的国家叛徒。但在书中也有很多内容令保皇党感到担忧。因为，由合法的国王统治他的国家和人民这是神授的权利，他是神的选择，没有别人可以取代。但利维坦却不是靠神授的权利来统治的，它只是作为一种防止内战的实际需要。原则上来说，任何人都可以充当这个角色，只要他有能力保卫这个国家并维护和平。如果国王不能做到这一点，那么他在原则上也可以由别人所取代——就如同英国的现实情况一样。有些保皇党开始对这种观点愈加感到担忧，他们指责霍布斯的利维坦是在支持克伦威尔的摄政，而不是在支持国王的统治。这种说法虽然不正确（《利维坦》发表于克伦威尔成为护国公之前两年），但也并非没有道理：《利维坦》实际上不是为了捍卫合法的君主制，而是在为一个极权政体提供论据。再考虑到《利维坦》已经冒犯了所有的神职人员，包括圣公会，还有他的法国天主教雇主，那么对于霍布斯没有被保皇派吸收成为国王的追随者，这其中的原因也就显而易见了。霍布斯没有被举荐为保皇党的旗手，而是被解除了家庭教师的职务，被法国宫廷驱逐了出来。具有讽刺意味的是，他不仅失去了资助，而且只身回到了处于革命之中的英国。

令霍布斯感到大为失望的是，似乎没有人愿意把利维坦作为希望结束内战而开出的极端药方。但霍布斯认为他自己是对的，不管其他人怎么想。他认为，为了消除人们的疑虑，所要做的就是更加清楚而全面地阐明他的整个哲学体系。一旦他一步一步地合理解释了他是如何得到这个结论的，他敢肯定，那些怀疑者除了接受他的政治药方之外，将没有别的选择。霍布斯决定继续完成他的一系列政治著作，让《论公民》和《利维坦》获得哲学上的支持。在卡文迪许家族度过的漫长而沉寂的几十年里，霍布斯构想出了一套涵盖各个方面的完整哲学体系，而这两本书只是其中的最后一部分。迫于政治危机，霍布斯首先完成了最后的部分，并且匆忙付印出版，他本希望这两本书能有助于结束内战，并恢复国王政权（他很快便失望而归）。现在，他又回到了英国。为了支持他的论点，他决定继续写作，完成前两部分内容。

1658年，霍布斯出版了《论人》（*De Homine*），这是一部关于人的本性的著作，这本书确立了他愤世嫉俗的声誉，但相比《利维坦》来说并没有受到多少关注。但是，他的核心原则出现在了三年前出版的《论物体》（*De Corpore*）一书中。《论物体》是一部厚重的专业著作，针对的是专业哲学家，书中讨论了很多深奥的问题，例如普遍性是否真正存在，物质是否可以延伸。它没有《利维坦》中那种生动的比喻和张扬的修辞，它的读者大概也只有一小部分。然而，不是《利维坦》而是《论物体》，使霍布斯卷入了一场持续他的余生的个人战争之中。因为在这部书出版之前，一个决心与他为敌的人，暗中从霍布斯的印刷工那里获得了未经发表的文本，并且正在准备具有毁灭性的攻击。这个人不是一名敌对的哲学家，他不是在伺机针对物质或运动方面的一些学术定义来挑战霍布斯。他是一名数学家，他的名字叫约翰·沃利斯。

第7章
"几何学家"托马斯·霍布斯

迷恋上几何学

　　霍布斯在数学上的入门称得上是一段奇遇。他在牛津大学时没有学习过数学，直到40岁时，由于一次偶然的机会，才与数学结缘。当时他正在和一位年轻贵族雇主访问日内瓦。他的传记作者奥布里写道："在一位绅士的图书馆里，一本《几何原本》打开放在书桌上，书上的内容正是第47项定理（即《几何原本》第一册中的定理47）。"所有了解经典数学的人都知道，这是毕达哥拉斯定理，该定理指出，一个直角三角形的斜边的平方等于它的两条直角边的平方和。霍布斯看了这个命题，"他惊讶地说道，'上帝啊，这是不可能的！'于是，他继续看完了这个命题的证明过程，这使得他又参考了之前的一个类似命题"，然后他又参考了更早之前的一个命题，依此类推，"就这样，他被严格的证明过程彻底征服了，最终相信了这个定理"。根据奥布里的记载，"这让他迷恋上了几何学"。

　　在随后的几年里，霍布斯努力弥补了由于起步较晚而落下的几何学知识。到了17世纪40年代，他已经与同时代的领先数学家保持着经常性的联系，包括笛卡尔、罗伯瓦尔和费马。当英国几何学家约翰·佩尔（John Pell）与他的丹麦同事隆哥蒙塔努斯因为学术问题而争论得不可开交时，他选择向霍布斯寻求支持，因为他认为霍布斯具有足够的权威。当笛卡尔在几年之后去世时，法国朝臣塞缪尔·索比耶曾称赞，他和"罗伯瓦尔、博内尔（Bonnel）、霍布斯和费马"等都是世界上最伟大的数学家。这里必须指出的是，索比耶是霍布斯的好朋友，他对这位英国数学人才的高度评价可能不被广泛认可。但是这确实可以表明，当霍布斯担任流亡的威尔士亲王的数学家庭教师时，他已经成了当时最受人尊敬的英国数学家之一。

为什么霍布斯会如此迷恋数学呢？奥布里的叙述提供了一个重要线索：在几何学中，每个结果都是建立在另一个更简单的结果之上，所以人们可以逐步进行逻辑推理，从不证自明的公理开始，一直可以得到更为复杂的结果。当读者看到一些非常出乎意料的结果时，比如毕达哥拉斯定理，他就会"被严谨的证明过程所征服，从而相信这个定理"。这在霍布斯看来是一项了不起的成就：终于有一门科学可以真正地证明其结果，同时人们对其真实性又不会产生任何疑问。因此，他认为几何学是"迄今为止上帝赐予人类的唯一科学"，并且也是所有其他科学的合理模式。他认为，所有科学都应该像几何学那样进行证明，因为"如果没有充分和必须的条件，没有确定性的证明过程，那么最后得出的结论就不会具有确定性"。霍布斯指出，除了几何学之外，没有其他科学能够达到这么高的系统确定性，但这种情况即将发生改变：因为霍布斯已经进入了这个领域，他已经准备提出真正的哲学，他将像几何学那样系统性地构建自己的哲学，因此他的哲学结果也将具有同样的确定性。

从霍布斯出生以来的4个多世纪中，他被指控过很多罪名：在他这一生中，他（可能错误地）被指控过着放荡而不道德的生活，他（可能正确地）被指控是无神论者并且提倡反宗教思想。在后来，他又被指控具有极其冷酷的人生观，并且对人类历史上的一些最具压迫性和最凶残的政权起到了启示作用。但在这么长的时间里，从未有人提到过霍布斯是过度谦虚的。确实，当霍布斯展示因受到几何学启发而形成的新的哲学体系时，他丝毫没有流露出这种悲观的特征。相反，他的文字充满了攻击性和挑衅性。

在《论物体》中，霍布斯为卡文迪许家族的资助人德文郡伯爵写了一篇献辞，他在献辞中写道，在历史的大部分时间里，世界上几乎没有什么知名的哲学。诚然，古人已经在几何学上取得了巨大进步，并且最近在自然哲学上也取得了一些很重要的进步，这要感谢哥白尼、伽利略、开普勒以及其他人的研究成果。至于其他哲学，从柏拉图、亚里士多德到现在的哲学家，这些哲学都是有害无益的，他写道，"这些哲学已经陷入了希腊哲学的某种幻觉之中……充满了欺诈和污垢，一点也没有哲学的样子"，而有些人却把这误认为真正的哲学。这种假哲学不是在传授真理，而是在教人去疑问、去争论，因此，这些所谓的"哲学家"更应该受到质疑。最糟糕的当属"经院哲学"，即在大学里传授的中世纪亚里士多德哲学。他指责道，这是"有害的哲学"，它会导致不计其数的争议……这些争议会最终导致战争。霍布斯称这种可憎的哲学为"恩浦萨"（Empusa），即一种长有一条驴腿和一条青铜腿的希腊女妖，它代表着厄运的先兆。

霍布斯准备改变这一切。他解释道，自然哲学可能还年轻，最早也就能追溯到哥白尼，但公民哲学更加年轻，按照霍布斯的说法，"不会早于我自己的书……《论公民》"。这是他第一次使用了不容挑战的推理来证明国家中的一切权力，无论是宗教方面的，还是世俗方面的，都必须只来自于主权者。现在，霍布斯将在《论物体》中完成这项工作：他将奠定真正的哲学，以取代那些假的、有害的哲学，最终将征服那个女妖"恩浦萨"。在霍布斯看来，他的哲学不是对已经持续了数千年的哲学辩论所做出的一次贡献，而是对所有哲学的一种终结，它将会是终结一切讨论和争论的唯一真正教义。他写道，他的书篇幅可能并不长，但它的伟大程度丝毫不会受到影响，"如果人们关注的是它的内容的话"。他的很多批评者可能会对此产生争议，但霍布斯并没有太在意他们。他很坦率地指出，他们只是嫉妒这部著作而已，而他根本就没有想过要去安抚他们。《论物体》所体现出的才华终将会征服他们，他宣称，"我将通过消除嫉妒来为自己正名"，这并非带有讽刺意味。

霍布斯的新哲学将如何征服"恩浦萨"呢？答案很简单：通过几何学。过去的所谓哲学家之所以失败，是因为他们依靠的是有缺陷的、不确定的推理方法。霍布斯指责道，他们传授的是争执而非智慧，他们"按照自己的幻想来解决所有问题"。结果，他们没有带来和平与一致意见，而是导致了冲突和内战。相反，几何学会迫使人们达成共识："因为在几何学中，当其他人发现了他的错误之后，没有人会愚蠢到既然发现了错误却还坚持这个错误的地步。"结果，几何学将会产生和平，而不是冲突，霍布斯的哲学将遵循几何学的指引。他在献辞中解释说，《论物体》是写给那些"精通数学证明的细心读者"的，而其中的某些部分是仅写给几何学家的，但几何方法的精神可以延伸到各个领域："物理学、伦理学和政治学，如果这些学科也能得到妥善证明，那么它们的确定性也可以达到不逊于数学定理的程度。"只要人们能够遵循明确和不容置疑的几何推理方法，那么就必然能够"战胜并赶走这种形而上学的'恩浦萨'"。

在他自己的作品当中，霍布斯认为自己完全遵循了几何模型：他的哲学体系（在所有部分全部出版之后）开始于《论物体》中的简单定义，就像欧几里得的《几何原本》开始于基本的定义和公设。并且，正如《几何原本》由简单和不证自明的公设证明出复杂和令人惊喜的结果一样，霍布斯的三部作品也是如此，从《论物体》，到《论人》，再到《论公民》。从讨论定义（他称之为"名词"）开始，逐步涉及到关于空间、物质、量体、运动、物理学、天文学等方面的一些问题。最终，在这条长长的推理链的末端，他将到达那个最复杂和最紧迫的主题，也是整个理论体系的终极主题：国家理论（the theory of the commonwealth）。当然，对于霍布斯是否真正地做到了遵循几何标准，有一些人存在异议，但霍布斯没有在意这些异议。他坚信，他从第一个定义开始所进行的系统而细致的推理，能够确保所得出的关于合理国家政权的结论是绝对正确的。实际上，它就像欧几里得的毕达哥拉斯定理那样具有确定性。

几何学的国家

如果霍布斯的整个哲学体系是按照宏伟的几何大厦构建的，那么他的政治理论将具有同样的几何结构特征。这是因为国家与几何学具有相同的基本特征：两者都是完全由人类创造的，因此两者都是能够被人类彻底了解的。"几何学是……可证明的，因为我们所推理的几何线段或图形是由我们自己绘制和描述出来的；同样，公民哲学也是可证明的，因为是由我们自己建立的国家。"霍布斯声称，我们充分掌握了关于如何创建理想国家的知识，就像我们充分掌握了关于几何真理的知识一样。在《利维坦》一书中，霍布斯把这个原则付诸实践，他创建了自己所认为的完全合乎逻辑的政治理论，他所得出的结论在各方面都像几何定理那样具有确定性。

具有几何证明那样的确定性，这并不只是国家的广泛原则。由利维坦确立的用来治理国家的实际法律，同样具有几何定理那样的逻辑力量，并且具有无可争议的正确性。正如霍布斯所说的："使国家与一定的法律保持一致，就像算术和几何学那样。"这是因为法律本身定义了什么是正确的和真实的，以及什么是错误的和虚假的。在国家面前，在自然状态下，无论正确与错误还是真实与虚假，它们都是空洞的词语，它们是没有意义的。在自然状态下，没有正义与非正义，正确与错误可言。但是人们一旦放弃了自己的个人意志，把它交给唯一的权威利维坦，他就会定下法律并赋予这些词语意义："正确"就是遵守法律，"错误"就是违反法律。如果有人指责主权者的法令是"错误的"，并且应该得到改正，那么他就是在说没有意义的废话，因为，什么是"错误的"是由法令本身定义的。反对法律就如同否定几何定义一样荒谬。

霍布斯当然远非唯一一个希望将几何学理想化的近代早期学者。仅在几十年前，克拉维斯同样对几何学大加赞赏，并且向他的SJ会士们保证，在对抗新教的斗争中，几何学将成为一个强有力的武器。但是，对于克拉维斯和霍布斯来说，除了两者对几何学的赞赏之外，他们几乎没有什么共同之处。克拉维斯是一名SJ

会士，他所接受的教育是亚里士多德哲学和经院哲学，这些哲学被他所在的宗教团体青睐，而且在罗马学院得到了充分完善。他还是反对宗教改革的战士，努力传播上帝的教义，并引发了天主教精神的觉醒。他痛恨新教徒、唯物主义者以及各种异教徒。他毕生的志向是要在世界上建立一个上帝的王国，这就意味着教皇高于一切世俗的统治者，教会高于一切世俗的统治机构。与其相反的是，霍布斯唯独鄙视的就是经院哲学，认为"精神"是一个毫无意义的词语，世界存在的只有物质和运动。像"精神"和"不朽灵魂"这样的词语，它们的唯一作用就是供无耻之徒和腐败的神职人员用来吓唬人的，只是为了让人们屈服于他们的意志。最后，教皇将具有高于国王的统治权力的说法，对于霍布斯来说是绝对不能容忍的。任何对公民主权者的绝对权力的侵犯都将导致分歧、分裂，并且不可避免地会导致内战。

克拉维斯去世于1612年，远早于霍布斯出版其作品的时间，几乎可以肯定的是，他从未听过这位英国人的名字。但是，如果他有机会阅读到霍布斯的任意一部著作（《论公民》《论物体》《利维坦》《论人》）的话，你一定能够想象得到他会做出何种反应。对于克拉维斯这样一位虔诚的SJ会士来说，霍布斯毋庸置疑是一个不信神的唯物主义者和一个异教徒，并且是天主教的敌人，他的书应该被禁止。如果霍布斯不幸落到了克拉维斯及其兄弟会成员的手里，他一定难以逃脱严厉的惩罚。与此同时，霍布斯个人对SJ的评价也相当苛刻。他指出，他们的目标无非是为了吓唬人，"阻碍人们服从自己国家的法律"。在霍布斯看来，所有神职人员均是如此，但他对天主教会另有一番特别的鄙视。SJ希望建立一个由教皇统治的普遍的全能教会，他们的这个梦想对于霍布斯来说简直是最黑暗的噩梦。

这两个水火不容的天敌，只有在几何学的作用上才能达成完全一致的观点。克拉维斯认为欧氏几何是正确的逻辑推理的一个典范，它将确保罗马教会取得胜利，并在世界上建立一个普遍的基督教王国，教皇处于权力的顶点。霍布斯的利维坦国家在很多方面与SJ的基督教王国恰恰相反：它由一个世俗权威进行统治，这个权威体现了人民的意志，而不是教皇的意志，教皇的权力是由"神"授予的；国家的法律均来自于利维坦的意志，而不是来自于"神"或圣经的法令，并且利维坦绝不容忍任何神职人员侵犯他的绝对权力。但在两者的深层结构上，SJ的宗教王国与霍布斯的国家惊人地相似。两者都是分等级的专制制度，统治者（无论是教皇还是利维坦）的意志就是法律；两者都否认异议的合法性，甚至否认有存在异议的可能性；两者都在教会或国家中为每个人指定了一个固定、不改变的位置；最后，两者都依赖于相同的知识结构——欧几里得几何，以保证它们固定的等级结构和永恒的稳定性。

如今，尽管欧几里得几何有着一个非常漫长和辉煌的发展历史，但它只是数学体系中一个分支学科。它不仅只是众多数学领域当中的一个领域，而且自从19世纪以来，它也只是无数几何分支中的一支。高中生之所以如今还在学习欧几里得几何，部分是因为传统，部分是因为借此来传授给学生严格的演绎推理方法。除此之外，它不会引起实用数学家的多少兴趣。但在早期现代世界，情况却大不相同，当时欧几里得几何被许多人视为是人类的一项崇高成就，是推理方法无懈可击的堡垒。在克拉维斯、霍布斯以及他们同时代的人看来，似乎很自然地可以认为，几何学的影响范围远不仅限于像三角形和圆这类的几何对象。作为理性的科学，它应该被用于所有因混乱而威胁到秩序的领域：宗教、政治及社会等所有在此期间处于严重混乱状态的领域。人们所要做的就是在饱受灾难折磨的领域应用这种理性的方法，这样，和平与秩序终将会取代混乱与冲突。

因而，人们将欧几里得几何与某种特殊形式的社会和政治组织联系到了一起，这正是霍布斯和SJ所不断争取的：固定、不变、有等级，并且涵盖生活的方方面面。对我们来说，可以回顾近几个世纪那些血腥的极权政权的兴衰存亡过程，它是一幅令人不寒而栗的惨痛景象。但在当时现代社会来临之际，人们所面对的是处于一片废墟之中的古老的中世纪世界，而且没有什么能够取代它，那时人们的观点与我们是不同的。在克拉维斯、霍布斯以及许多其他人看来，不确定性和混乱的答案就是绝对的确定性和永恒的秩序。他们认为，解决这些问题的关键就在于几何学。

无法解决的问题

欧几里得几何虽然美丽而强大，但它也并非没有瑕疵。在首次了解到毕达哥拉斯定理的几年之后，霍布斯开始深入地研究几何学，这时他发现了一些令他感到棘手的问题。这些难题是数学当中自古闻名的一些经典问题，然而时至当时仍然没有解决办法，包括化圆为方、三等分角和倍立方。尽管在近两千年的时间跨度里，有许多最伟大数学家曾经致力于解决这些经典问题，但所有人最终都是无功而返。

这对于霍布斯的政治科学来说是一个非常糟糕的消息。如果几何学像他所说的那样是完全可知的，那么它就不应该存在悬而未决的问题，更不用说会存在无法解决的问题。而事实情况就是如此，这说明几何学也存在黑暗的角落，即理性之光照射不到的地方。如果几何学在解决简单的点和线的问题时，尚不是完全可知的，那么又如何指望国家理论在解决复杂的人类思想和情感问题时，会是完全可知的呢？如果几何学存在盲点，那么政治科学也很可能存在一些类似的盲点，它们无疑将比几何学中的盲点具有更加重大的影响。在霍布斯看来，只要这些经典几何问题得不到解决，他的整个哲学体系就不会是安全的，他的利维坦国家也就没有坚固的基础，那么它就是一座建立在沙地上的政治大厦，随时都有坍塌的危险。

因此，为了确保牢固的政治理论基础，霍布斯开始着手解决几何学中的三大经典难题。最初霍布斯似乎认为这应该不会太困难。他认为，他必然能够像纠正所有以往哲学家的错误那样，纠正所有以往几何学家的错误。霍布斯对于这个问题明显是过于乐观了，这也有情可原，因为这些问题之所以会在几个世纪以来一直引起最伟大的数学家的兴趣，其中的部分原因就是，这些难题都很容易表述，让人看起来觉得它们都很简单。"化圆为方"是指求一个正方形，使其面积等于一个给定圆的面积；"三等分角"是指将任意一个给定的角分成三个相等的部分；"倍立方"是指求一个立方体，使其体积等于给定立方体的两倍。解决这样的问题能有多么困难呢？事实证明，非常困难。实际上，根本无法解决。

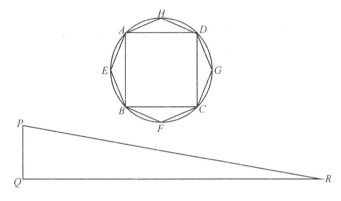

图7-1　化圆为方，内接多边形的案例。

要想了解这些问题为什么如此之难，我们可以以霍布斯最感兴趣的问题——化圆为方——为例来进行说明，他曾在《论物体》一书中用了整整一章来讨论这个问题。早在公元前2世纪，博学家阿基米德就曾证明，封闭在一个圆中的面积等于一个特定的直角三角形面积，这个直角三角形的两条直角边分别等于圆的半径和周长，即图7-1中的PQ和QR。阿基米德通过圆的内接多边形与外切多边形证明了这一结果。多边形的边数越多，它的面积就越接近于圆的面积。阿基米德的推理过程如下：我们首先看这个内接八边形AHDGCFBE，八边形的面积等于直角三角形的面积，直角三角形的两条直角边分别等于边心距（该多边形的中心到其中某一条边的垂线，等于圆半径）和八边形的边长总和。显而易见，我们可以把八边形的面积看作8个三角形面积的总和。这8个三角形分别以八边形的边为底，以八边形的中心为顶点。每个三角形的面积都等于底边乘以边心距再除以2，因此整个八边形的面积等于所有底边乘以边心距再除以2，即直角三角形的面积。

阿基米德继续证明道，让我们来看这个圆的面积，我们称之为 C；直角三角形的面积我们称之为 T，它的两条直角边分别为圆的半径和周长；具有 N 条边的内接多边形的面积我们称之为 I_n。让我们假设此时的圆的面积大于三角形的面积，即 $C>T$。阿基米德已经说明过，当我们不断增加内接多边形的边数时，它的面积就越来越接近于圆的面积。因此存在一个边数为 "n" 的值，使得多边形的面积介于圆的面积与三角形的面积之间，即大于三角形的面积，但（由于内接于圆）仍小于圆的面积。用现代的符号表示为：$I_n>T$。

然而，这是不可能的，因为 I_n 等于直角三角形的面积，这个直角三角形的两条直角边分别为边心距和所有边的长度总和。边心距小于圆的半径，并且各边长度之和小于圆的周长，这就意味着，$I_n<T$，因此与初始的假设条件产生了矛盾，三角形的面积不可能小于圆的面积。阿基米德然后又假设三角形的面积大于圆的面积，并且重复了类似的证明过程，这次借助的是圆的外切多边形。他再一次证明，随着我们不断增加多边形的边数时，它的面积会越来越接近于圆的面积。但是，由于外切多边形的面积始终大于三角形 T，因此与假设条件产生了矛盾，三角形的面积不可能大于圆的面积。因此，剩下的唯一可能就是三角形的面积等于圆的面积，即 $C=T$。证明完毕。

阿基米德的证明过程是"穷举法"的一个经典案例，它完全符合严格的欧几里得几何的证明过程。从这个证明看来，化圆为方的问题似乎已经成功地解决了：已经得出了等于圆面积的三角形，然后再构造一个正方形使其面积等于这个三角形，这似乎是一件简单的事情。问题解决了吗？然而，这不是按照经典几何学家的标准解决的。阿基米德确实证明了圆的面积等于一个特定三角形的面积，但他不是通过直尺和圆规——在欧氏几何构造中被唯一允许使用的工具——"构造"出这个三角形的。为了让化圆为方能够被古典几何学家接受，人们必须从一个给定的圆开始，只用直尺和圆规，通过有限的一系列步骤构造出所需的三角形。阿基米德没有这样做：他证明了圆的面积等于三角形的面积，也确实展示了如何利用这种方法从一个圆构造出一个三角形。虽然他的证明是巧妙的，也是正确的，但它不是化圆为方的解法。

在我们看来，经典几何学的严格标准，即便不是毫无意义，也是相当挑剔的。现代数学家不会限制自己进行构造性证明，更不用说只能用尺规作图的方法进行构造性证明了。事实上，阿基米德的证明已经足够令那些想求得圆面积的人喜出望外了。但霍布斯却有不同的看法。在他看来，几何学从最简单的构成一步步地构造出更为复杂的结果，这种构造性是为他的哲学体系和政治科学提供合理模型的根本所在。为了这个目的，很关键的一点就是，几何学本身不能偏离这个模型，始终利用最基本的工具，从简单到复杂系统地构造几何对象。在霍布斯看来，经典的标准并非任意强加于人的负担，而是几何学赖以生存的核心特征。因此，为了解决化圆为方的问题，有必要按照古几何学家的要求，以阿基米德没能做到的方法，构建一个正方形使其等于圆的面积。

化圆为方

尽管数学们经过了上千年的努力，但他们为什么仍未能成功地解决化圆为方难题呢？当时就有很多数学家开始怀疑，这三个经典难题是否根本无法解决，但霍布斯绝对不能接受这样的结果。如果想把几何学作为他的哲学基石，那么几何学就必须是完全可知的，因此只能有一个答案：那些数学家所依据的是错误的假设。只要有了正确的假设，那么就自然会由这些假设得到正确的结果，他写道："几何学证明就如同植物的生长一样，它的枝繁叶茂只不过是根茎的自然延续。"

按照霍布斯的说法，欧几里得的问题在于，或者他更倾向的一种说法是，欧几里得的追随者和解释者的问题在于，他们所使用的定义过于抽象，在现实中没有所指对象。欧几里得对点的定义为"点是没有部分的东西"，对线的定义为"线只有长度而没有宽度"，对面的定义为"面只有长度和宽度"。但这些定义到底指的是什么呢？霍布斯认为："没有部分的东西，就是没有量值；如果一个点不存在量值的话……它就是零值。如果《几何原本》中的定义本来想表达的就是这个意思的话……那么他的定义可能过于简洁了（甚至有些荒谬），因为他把点定义成了零值。"书中对于线、面、体的定义也是如此：它们没有所指对象，因此毫无意义。

只有一种定义类型能让霍布斯感到满意，即一种基于物质运动的定义。事实上，作为一个唯物主义者，霍布斯认为，世界上只存在运动的物质。所有关于抽象和非物质精神的花言巧语，只不过是为了凌驾于人们之上而施加的伎俩。点、线、体，它们是所有几何图形的基本构成部分，它们必须以如下的方式加以定义：

如果一个物体处于移动当中，我们认为它的大小（尽管它必然总会有一些量值）为零（空值），它所通过的路径称为线或者一维，它走过的距离称为长度，物体本身称为点。

然后可以用同样的方式定义面和体的概念：线的运动形成面，面的运动形成体。

关于霍布斯给出的定义，令人感到奇怪的是，在他的定义体系下，点、线和面，它们都是真实存在的物体，因此具有量值。点有大小，线有宽度，面有厚度。这对于传统几何学家来说可以称得上是异端学说，柏拉图时代（可能比这还要早）的几何学家都把几何对象当作纯粹的抽象概念，它们的物理表现只不过是其完美形态的苍白投影。即使存在关于几何对象本质的哲学问题，也没有足够的理由能够否定霍布斯的做法，不过，在几何证明中，仍存在一些关于如何解释这些奇怪量值的实际问题。线应该定义为多宽，或者面应该定义为多厚？传统的证明方法也适用于这种非正统的几何对象吗？霍布斯对于这些问题都没有给出明确的答案。在霍布斯的定义下，他把以前纯粹抽象的几何对象，变成了具有长度和宽度的物质实体，因此，传统的数学家当然有理由把这种做法看作是对几何学的终结。

意识到了这些问题之后，霍布斯辩称，虽然几何对象是实体并且具有一定的量值，但在证明过程是不考虑它们的量度的。也就是说，即使在实际上，点是有大小的，线也是有宽度的，但在证明中，点"被看作"大小为零的实体，线"被看作"有长度但宽度为零的路径。霍布斯的这种说法所想表达的意思十分不明确。欧氏几何的传统要求也是他所极力推崇的，他似乎在试图平衡自己所坚持的哲学理念，即包括几何对象在内的一切事物都是由运动的物质构成的。可以明确的一点是，正统的几何学家根本不会信服他的说法。

将几何对象构想为物质实体，是霍布斯几何学的一个重要组成部分。另一个重要组成部分是另一个近似于物理上的属性：运动。线、面和体，它们都由物体的运动产生。霍布斯的几何学这样解释道：最微小的运动，"在极短的时间内移动的微小距离"，称之为"动力"（conatus），动力的速度称之为"冲力"（impetus）。为了将这些微小的移动引入到完整的线和面中，他借助了一个令人感到意外的途径：卡瓦列里的不可分量。

实际上，霍布斯对卡瓦列里著作的熟悉程度可能要超出所有的欧洲数学家。他是为数不多的真正读过卡瓦列里厚重的大部头著作的人之一，而且没有借助于托里切利后来的改编版本。但是，不可分量学说被公认为是有争议的学说，并且经常由于其逻辑上的不一致和自相矛盾而受到攻击，那么对于如此坚持几何学的逻辑清晰度的霍布斯来说，他又为什么会采用不可分量呢？答案就在于霍布斯对不可分量非常规的解释。按照霍布斯的说法，卡瓦列里的不可分量是具有一定量值的物质对象：线实际上是微小的平行四边形，面实际上是具有微小厚度的实体，为了计算方便，这些量值"被看作"为零。正如霍布斯的朋友索比耶所解释的："霍布斯没有说线有长度而没有宽度，而是在多数情况下允许它具有一个非常小的宽度，这个宽度可以小到忽略不计。"在霍布斯的几何学中，这些点、线和面并非静止的物体：像其他物理学上的实体一样，它们可以并且确实在运动。在给定的动力和冲力的作用下，点的运动会形成线，线的运动会形成面，面的运动会形成体。

克拉维斯这位古典几何学的捍卫者,如果他看到了霍布斯的非传统几何学,一定会被震惊到。对他来说,有宽度的线和有厚度的面,在一定冲力的作用下在空间中移动,这些都不应该出现在纯粹非物质的几何对象之中。但霍布斯并不是要推翻传统的几何学。相反,他是试图在物质运动原则的基础上创建新的几何学,通过这种改造使它变得更加严格和更加强大。他指出,如果不通过画线来构造图形,那么"每一个证明都是有缺陷的",而"每一次画线都是一次运动"。从来没有人见过没有大小的点,也从来没有人见过没有宽度的线,很明显,在这个世界上不存在这种几何对象,而且也不可能存在这种几何对象。一个真正的、严格的、合理的几何学必须是物质的几何学,而这正是霍布斯所创造的东西。霍布斯相信,这种新的物质几何学将能够轻松解决所有悬而未决的问题,以及那些已经困扰了几何学家上千年的难题(比如化圆为方)。它将会成为传统几何学所期望成为的样子——一个完全可知的体系。

遗憾的是,霍布斯在"化圆为方"问题上并没有取得顺利的进展,并没有像他曾说过的那样,如同植物的生长一样顺理成章地就能得到证明结果。到了17世纪50年代初期,他让自己的朋友们知道了他已经成功地解决了"化圆为方"问题,不过尽管他为自己的成就感到非常自豪,但他并没有马上出版它的计划。他的所有精力似乎都放在了准备出版《论物体》上面。但在1654年,霍布斯收到了一份挑战。霍布斯的老相识赛斯·沃德(Seth Ward)现在担任牛津大学的萨维尔天文学教授,他匿名发表了一篇为大学辩护并反对霍布斯的文章,因为此前霍布斯曾在《利维坦》一书中斥责他们为"黑暗王国"的仆人。沃德指出,他听说霍布斯先生公布他已经发现了一些难题的解决办法,其中至少已经解决了"化圆为方"难题,他许诺道,如果霍布斯能公布一个正确的解决办法,他就"加入到为他歌功颂德的行列"。

这是一个陷阱,霍布斯深知这一点。他意识到了,沃德在试图激怒他,以让他透露自己的证明方法。沃德认为霍布斯不可能解决存在了上千年的难题。不过，由于霍布斯相信，他改造过的几何学将在欧几里得几何失效的地方取得成功，因此霍布斯还是上钩了。他很快在《论物体》中加入了一章内容，其中包括对经典问题的证明。霍布斯坚信，通过解决"化圆为方"问题，他将会给那些贬低者一记沉重的打击，证明他所重建的几何学相对于传统几何学的优势，并且进一步地建立自己的哲学体系和政治纲领的真理。尽管存在着风险，但这是一个他无法拒绝的机会。

但霍布斯的计划开局不利。他的"化圆为方"解法收录在《论物体》一书的第20章，在将该书的手稿发送给一位印刷工之后，他有了一些顾虑。他的证明方法确实如他想的那样无懈可击吗？他把证明方法拿给一些值得信赖的朋友看，征询他们的意见，他们很快就指出了他的错误。他赶快给印刷工提供了修改方案。他可能本想从书中删除这个证明方法，但为时已晚，所以他想出了一个巧妙的解决办法。当时出版的书有一种习惯，即在每章的开头都包括一个内容列表，因此霍布斯决定保留证明方法，但修改其在列表中的描述：他没有称这个证明为"化圆为方"，而是以"由错误的假设得到的错误化圆结果"为标题。这可能使他免受由于错误证明而导致的尴尬，但这也使这个证明过程变得没有意义了。为了补偿这一点，他在同一章又增加了第二种证明方法，但仔细观察的话，这只不过是一个近似的结果。他在本章开头的标题中也基本上承认了这一点。之后他又给出了第三种证明方法，这个方法也没有取得更好的进展：虽然他在该章的开头自信地把它称为"真正的化圆为方"，但他最终在该章结尾处被迫加入了一段明显的免责声明：

> 由于（在写完这部分之后）我意识到，在这个求面积的方法中存在一些问题，相比推迟出版来说，似乎更好的办法是向读者指出这个问题……但是，读者应当认同在计算圆面积过程中的正确性，而不是错误性。

他的方法确实是有问题的。在《论物体》的一章内容里，尽管他信誓旦旦地向朋友们断言，尽管故作勇敢地接受了沃德的挑战，但霍布斯在"化圆为方"上却连续失败了三次。他没有得出一个无可争议的证明，而是分别得到了一个"错误的求积"，一个近似的结果，以及一个应该被认为"有问题的"证明。当他开始着手创建一种在逻辑上无可辩驳的几何学，以及在逻辑上无可辩驳的哲学时，这肯定不是他所希望看到的结果。他得到的是不精确的、有疑问的结果，而没有建立一个新的、和平的几何体系，所带来的只有更多的争议和疑惑。

如果这还不够糟糕的话，还有一个新的敌人正在准备让霍布斯变得更加狼狈，并把这变成了一次公开的羞辱。约翰·沃利斯是牛津大学的萨维尔几何学教授，他和他的同事沃德一样，关注这个被他们称为"马姆斯伯里的怪物"的人所带来的危险影响。就在霍布斯对《论物体》修改之后不久，沃利斯利用自己的人脉关系，从伦敦的印刷工那里获得了未经发表的文本。这虽然算得上是一种卑劣的，甚至是不道德的手段，但事实证明这种做法非常有效地破坏了霍布斯的数学信誉。霍布斯在1655年4月出版了《论物体》，几个月之后，沃利斯就对他的数学主张发起了反驳，那些未经发表的文本让沃利斯有了一个良好的开局。但他没有就此罢手：通过未发表的文本与已发表的版本进行对比，沃利斯能够重建整个事件链，从而能够了解为什么在第20章中会出现奇怪又自相矛盾的声明。霍布斯充满信心声地坚称会取得成功，却接二连三地出现尴尬的自我否定和限定性条件，所有这些都在沃利斯的《驳斥霍布斯几何》（*Elenchus Geometriae Hobbianae*）一书中暴露无遗。霍布斯作为一个领先数学家的声誉，从此便一蹶不振。

无望的探寻

事情发展的最后结果就是，霍布斯对几何学基础的改造，并没有让"化圆为方"的问题得到明显解决。虽然他的朋友索比耶自信地宣称，霍布斯所提出的点和线的物质属性，最终"为一些悬而未决的问题提出了解决办法，如化圆为方和倍立方的问题"，但事实证明并非如此。在《论物体》中所尝试的求面积方法确实是非正统的，即由点和线的运动来分别形成线和面，但相比传统几何学家的努力，它们最终也没能得出更具说服力的结果。无论是依据传统的欧几里得方法，还是依据霍布斯的新几何学，这都是一项不可能完成的任务：仅用尺规作图法，构造一个正方形使其面积等于一个给定圆，这是根本不可能的。霍布斯不肯接受这种观点，因为这将意味着几何学蕴藏着不可知的秘密，但同时代的许多数学家，包括沃利斯，都曾怀疑过可能没有解决它的办法。在近两千年里，几何学家对这个几何问题的挑战一直是屡战屡败，至少仅凭这一点就可以看出，"化圆为方"不是当时的几何学家所能轻易解决的问题。至于为什么仅凭尺规作图法不可能解决"化圆为方"，对于它的证明还要再等上两个多世纪，其所依据的数学方法也不是霍布斯和沃利斯所能想象的。

要想了解为什么"化圆为方"是一个无法解决的问题，我们可以假设有一个半径为r的圆。正如现在的每个中学生都知道的，以现代数学符号表示的圆面积为πr^2。因此面积与圆相等的正方形的边为$\sqrt{\pi r^2}$，或更简单地表示为$\sqrt{\pi}\, r$。r的数值是已知的，我们为了方便起见可以假设r为1，所以余下的问题就是要构造一条长度为$\sqrt{\pi}$的线段。由于欧几里得说明过如何构造出一条线段，使其长度等于另一条线段长度的平方根，因此这就意味着只需用尺规作图法构造出一条长度为π的线段即可。但事实证明，这是不可能的。正如18世纪的数学家所发现的，其原因是经典的几何作图法只能生成代数数[①]，即有理系数方程式的根。又用了一个世纪，到1882年，数学家费迪南德·冯·林德曼（Ferdinand von Lindemann）证明了π不是一个"代数数"，而是一个"超越数"[②]，因为它不是任何一个代数方程的

①代数数（algebraic number）是代数与数论中的重要概念，可以定义为"有理系数多项式的复根"或"整系数多项式的复根"。所有代数数的集合构成一个域，称为代数数域。——译者注
②在数论中，超越数（transcendental number）是指任何一个不是代数数的无理数。只要它不是任何一个有理系数代数方程的根，它即是超越数。最著名的超越数是e和π。——译者注

根。因此不能由尺规作图法构造出长度为π的线段，所以说"化圆为方"是不可能的。

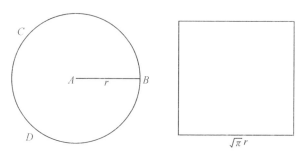

图7-2 化圆为方为什么是不可能的。

　　然而，所有这些都发生在距离霍布斯发表其"化圆为方"方法的一两百年之后。他对代数数、超越数以及经典几何构造的局限性一无所知，更不要说林德曼的证明，而他自始至终都一直坚信，他的方法必将得出"化圆为方"的正确结果。他在《论物体》第一版中出现的错误，被他归结为是操之过急的结果，他又在该书的后续版本以及在其他论文中陆续发表了经过修正的证明过程。沃利斯仍在步步紧逼，他对霍布斯提出的每一个证明都给予了反驳，并且其他领先的数学家也加入了沃利斯的行列。最初霍布斯曾无奈地承认过一些在数学上的批评，使他不得不一次又一次地修改自己的证明方法。然而，随着时间的推移，他对这些批评者失去了耐心：他越来越难以接受批评者的论点，驳斥那些批评者是由于心胸狭隘才会嫉妒他的作品，才会拒绝承认他对几何学所做出的巨大贡献。在霍布斯看来，数学界对其成就所产生的敌意，唯一可能的解释就是他们的迂腐、偏见和小气。他选择的道路一定是正确的，对于这一点他从来没有产生过怀疑。

　　霍布斯从来没有动摇过，他坚信自己已经解决了"化圆为方"问题。在他去世之前，91岁高龄的霍布斯交给奥布里一篇简短的自传，其中包括一个他毕生成就的列表。在这些成就当中，数学占据了首要地位。霍布斯的成就包括"纠正过一些几何原理"以及"解决了一些最困难的几何问题，它们是从几何学创立以来就一直令那些最伟大的几何学家束手无策的难题"。然后他列出了已经解决的七大问题，其中包括重心的计算和角度的划分。毫无疑问，其中必然包括最令霍布斯感到骄傲的"成就"——列在首位的正是"化圆为方"。

第8章
约翰·沃利斯是谁

一位年轻清教徒的教育

1643年，当霍布斯与宫廷贵族一起流亡巴黎，同时也在完善自己哲学体系的时候，一位身处伦敦的年轻教士也正在丰富他的哲学思想。他问道，我们如何知道我们所知道的，又如何能够确定我们所知道的就是正确的？同一时期的霍布斯也许亦在问同样的问题，但他们的答案却并不相同。这位教士在一本名为《探寻真理》（*Truth Tried*）的小册子中写道："即使是魔鬼也能创造出如同圣徒一般的推测性知识。"他解释道，这是因为即使是魔鬼，它也是理性的，也能像上帝的子民那样进行逻辑论证。不过，还存在着一种更高形式的知识："实验性知识"（*Experimentall* knowledge），这是另一种性质的知识。借助这种知识，"我们不仅可以掌握真理，而且可以验证真理"。与基于推测产生的信条不同，"真理因此可以更清晰和更易于理解地……直达灵魂，它似乎成了理智无法抗拒的力量"。

这位年轻的教士不是别人，正是约翰·沃利斯，他这时只有27岁，刚从剑桥大学毕业几年。他很有可能从来没有听说过托马斯·霍布斯。但在以后，霍布斯会成为他的一个宿敌。在当时，霍布斯虽然在哲学上自命不凡，但他还只是卡文迪许家族的一位默默无闻的家臣。毫无疑问，霍布斯也从来没有听说过沃利斯。几年之后他们将展开一场持续20多年的激烈斗争，但现在在他们之间就已经形成了鲜明的对比。霍布斯认为，真正的知识源自于正确的定义和严格的逻辑推理；

沃利斯认为这种知识既属于上帝又属于魔鬼。沃利斯认为，知识的最高形式是基于感性的，是"看出"，甚至"品尝出"的真理，霍布斯则鄙视这种感性的知识，认为它是不可靠的，容易出错的。他们两人似乎只在一个问题上达成了完全的共识：数学是一种关于正确的推理和准确的知识的科学，它应该成为所有其他学科的典范。

霍布斯对数学感兴趣，这不足为奇，因为数学是他的哲学和政治体系的核心。1643年，他就已经算是具有一定知名度的几何学家了，而且他的数学名望还将会持续一段时间。但在同一年的沃利斯却根本算不上是数学家，而是一位不断成长的长老会牧师，正积极投身于国会对教会的改革运动，并不需要什么高深的数学知识。况且他在《探寻真理》一书的表述当中也没有表现出对数学推理的极力赞赏。如果最可靠的知识是实验性知识的话，那么又该把数学摆在什么位置呢？沃利斯在27岁时所表达的看法，对于他的数学职业生涯来说，似乎并不像是一个有前途的起点。然而，仅仅在几年之后，沃利斯就被任命了全欧洲最负盛名的数学教授职位。在此后不久，他进一步证明了自己是世界上最具创造力和最受爱戴的数学家之一，从而用自己的实力证明了，对他的任命是实至名归的。

具有沃利斯这样职位和信仰的人为什么会投身于数学呢？这似乎是一个奇怪和不太可能的职业选择，但沃利斯有他的理由。与霍布斯类似，他的理由也关系到他的哲学和政治信仰。如同霍布斯一样，沃利斯的政治态度也是他对空位期那段混乱岁月的强烈反应，但他从中得出的结论却大不相同。在霍布斯看来，内战危机的唯一答案就是专制的利维坦国家；而沃利斯则认为，在国家中应该允许多元化的观点和广泛的不同意见。霍布斯依赖于欧氏几何的严格体系来支持他僵化的利维坦国家，而沃利斯则依赖于一种新的数学方法，它既灵活而强大，又带有矛盾和争议，即无穷小数学。

出生于1616年的沃利斯整整比霍布斯年轻了一代，但他的背景却与这个伟大的敌手惊人地相似。他也是南方人，来自于肯特郡的阿什福德镇（Ashford），位于霍布斯的故乡威尔特郡西港村以西。沃利斯的父亲也是一位牧师，但似乎要更受尊敬一些。老霍布斯的赌博比他的学识更出名，但老约翰·沃利斯却不同，至少根据他儿子的记载，他是"一位虔诚、谨慎、博学和正统的牧师"，并且是剑桥大学三一学院的毕业生。沃利斯在他80岁高龄的时候写了一部自传，他在其中回忆道，他的父亲是一位社区领袖，他很认真地对待自己的工作，"除了在主日①固定的两次布道之外，还有其他偶尔的布道以及问答教学；他……坚持在每个星期六举办一天讲座。经常有很多人光顾……包括邻近的牧师，太平绅士②，以及其他的上流社会人士"。

令年轻的约翰感到难过的是，他父亲在他只有6岁时就去世了，这也不禁让人想起早年的霍布斯。但沃利斯的家境显然更好一些，霍布斯被送到了他叔叔那里，而沃利斯的母亲乔安娜（Joanna）能够继续维持家庭，负责照料5个孩子的成长。虽然后来她有很多好的再嫁机会，但她"出于为自己孩子们的考虑"而始终没有再嫁。约翰是乔安娜的第3个孩子，也是最年长的儿子，她充满热情地负责起了他的教育。为了确保他能受到最好的教育，她把约翰送进了学校去读书，先是在阿什福德镇，后来又去了附近的坦特登镇（Tenterden），在那里他学习了英语语法和拉丁语。他后来写道，虽然他还是个孩子，但他从来没有满足于简单的"知道"，而是一直在寻求更深的理解，"因为这一直是我的习惯，无论学习什么知识，都不只是靠死记硬背来学习——那这样很快就会忘记，而是要探究所学知识的依据或原因"。

1630年的圣诞节，在沃利斯13岁时，他被转到了马丁·霍尔比奇（Martin

---

① 主日（Lord's Day）是基督教中称呼每周的第一天——星期日的一个传统名称，大部分基督徒按照新约圣经中四福音的记载，相信耶稣的复活发生在"七日的第一日"，遵守此日作为纪念。这一传统开始于基督教历史的最初时期，在每个星期日早晨聚集敬拜主耶稣基督，因此称为"主日"。——译者注
② 太平绅士（Justice of the Peace，也译作治安法官）是一种源于英国，由政府委任民间人士担任维持社区安宁、防止非法刑罚及处理一些较简单的法律程序的职衔。成为太平绅士无须任何学历或资格认证要求。——译者注

Holbeach）的学校，这所学校位于埃塞克斯郡的菲尔斯特（Felsted），这次转学将对他的未来产生很大的影响。霍尔比奇不仅是校长，而且也是一位著名的清教牧师，他积极参与教会改革，并经常与统治英国教会的大主教和主教产生公开的冲突。在随后几年里，在国会在与国王的斗争中，霍尔比奇成为国会的坚定支持者，并最终成为一名独立的教会政府的倡导者，既反对圣公会也反对长老会。他不仅是一位虔诚的信徒和可靠的国会议员，而且也是一位优秀的学者和教师。他如此高的声誉使得全国各地领先的清教徒都希望把自己的儿子送到他这里来学习，其中就包括奥利弗·克伦威尔，他把自己的4个儿子都送到了菲尔斯特学校来接受霍尔比奇的教导。

沃利斯虽然没有显赫的家世，但由于他敏捷的头脑和勤奋好学的习惯，他还是得到了校长的注意。他在自传中回忆道："霍尔比奇先生对我非常好，他曾说我是他从其他学校接收到的最好的学生。"在霍尔比奇的指导下，沃利斯提高了他的拉丁语和希腊语，学习了逻辑学和一些关于希伯来语的知识，到后来他上大学时，所有这些知识都会让他受益匪浅。但校长的真正影响力远远超越了学术指导范围。在随后几年里，对他充满仇恨的保皇党人声称，霍尔比奇"几乎没有培养出忠于他的亲王的人"，沃利斯也不例外。在菲尔斯特，他加入了清教徒的圈子，反对圣公会的等级制度，并且学会了在面对皇室压迫时主张英国人生而自由的权利。当10年之后内战爆发时，沃利斯仍然忠于他在菲尔斯特所学到的信念，毫不犹豫站在了国会一边。

但是，有一门学科是沃利斯在菲尔斯特和其他学校都没有学到过。沃利斯解释说，在那个时候，数学"极少被当作学术科目，而是被当作一种技能。就像贸易者、商人、海员、木匠、土地测量师等类似的职位所需要的技能一样"。人们认为这不是年轻绅士应该接受的教育内容，因此没有被列入任何学校的教学课程。结果，同霍布斯的情况非常类似，沃利斯与数学的第一次相遇也是纯属偶然。1631年12月，沃利斯在位于阿什福德的家里过圣诞假期的时候，发现自己的弟弟从事着一项特殊的活动。这个小男孩被送到城里的一个商人那里做学徒，商人教他学习算术和会计以帮忙照料生意。沃利斯对此感到很好奇，这个男孩对他哥哥表现出的关注无疑感到受宠若惊，于是主动向沃利斯介绍他所学到的知识。他们两个人一起度过了余下的假期，一起复习课程，沃利斯学习了会计的基本技巧。他在多年之后不满足地写道："这就是我第一次见识到数学，这也是我所接受的全部数学指导。"除了和他弟弟学到的这些早期课程之外，所有的数学知识都是沃利斯靠自己自学的。

虽然根据沃利斯和霍布斯自己所说，他们都是在偶然之间发现的数学，但他们所讲的故事却有很大的不同。霍布斯是在一位绅士的图书馆里偶然发现的数学，当时他正在和他的贵族同伴周游欧洲大陆。他的故事发生在一个贵族氛围之中，数学是经典知识的一部分，学习它不是为了其实用性，而是作为上层阶级生活的一种风雅和情趣。相比之下，沃利斯是在他母亲拥挤的房子里发现的数学，毫无疑问，他所处环境相当嘈杂——在圣诞假期里，家里还有他的兄弟姐妹们。在这里不但没有什么优雅可言，恰恰相反，这里适合他的学徒弟弟，但不适合培养像他这样的年轻绅士。

不仅只是环境上的不同，他们各自发现的数学也是完全不同的。在绅士的图书馆里，霍布斯发现的是庄严的欧几里得几何，他很快就被它那种冷酷而严格的美吸引住了。但沃利斯发现的数学根本不包括几何学，它只是记账用的算术和基本的代数。在这种数学里面既没有定理和证明，也没有一点代表欧氏几何的那种深远的哲学思想。霍布斯的数学对他而言是一种典范，代表着普遍而不容挑战的真理。而沃利斯的数学只是一种实用工具，它被商人、水手和土地测量师用来解决他们所遇到的各种问题。它一点也没有霍布斯所崇尚的那种宏大的哲学体系。

无论是沃利斯还是霍布斯，他们都是在很多年之后回顾的这些故事，他们成熟的、经过深思熟虑的数学观点，很可能会为他们记忆中关于数学的最初体验加上感情色彩。但无论如何，不可否认这些记录捕捉到了两个人在数学上的一些截然不同的看法和态度。在霍布斯看来，数学是一种优雅的贵族科学，因其严谨的逻辑推理而受到青睐，它是否有用根本无关紧要；而在沃利斯看来，数学没有什么高贵可言，它的核心是一种实用工具，使用它就是为了获得有用的结果，这就像教给他弟弟算术的那个商人的看法一样，它的逻辑严谨与否是无足轻重的。

在那个似乎是命中注定的圣诞假期，沃利斯从他弟弟那里发现了数学，他很高兴能学到这些数学知识，同样令他感到高兴的还有他惊人的数学天赋。从那时起，他就一直在自学数学，尽管"不是正式的学习，而是作为闲暇时间的一种消遣"。他没有老师，也没有人指导，但他利用一切机会练习他的数学技能，并且阅读了所有能找到的数学著作。然而，令他始料未及的是，这种闲暇时的消遣竟然最终成了他一生的工作。他的职业方向本来不是这样打算的，作为一个严肃和虔诚的年轻人，他渴望为这个世界做出有意义的事情，他本想成为像他父亲那样的牧师，宣讲上帝之言。为此，他必须首先获得牛津大学或剑桥大学的学位，因为在当时（以及此后的几个世纪），这两所著名的大学都是培养神职人员的主要学校。

1632年的圣诞节，沃利斯进入了剑桥大学，并且被伊曼纽尔学院（Emmanuel College）录取了。他对大学的选择很可能不是巧合，因为伊曼纽尔被称为剑桥的"清教徒"大学，它成立的目的就是专门培养清教徒神学家。这里对于菲尔斯特培养的沃利斯来说是一个理所当然的归宿，他的导师霍尔比奇也许动用了他在清教徒牧师中的关系，才确保了沃利斯的录取。大学的大部分课程都由中世纪的亚里士多德哲学（所谓的经院哲学）构成，对于学生们的评判标准就是，看他们在公开辩论中，为古代和中世纪哲学家的学说进行辩护的能力。霍布斯曾在他的大学时代鄙视过经院哲学，后来又在《利维坦》中谴责它为"亚里士多德主义"。但沃利斯却一点也不认为这些课程是令人厌恶的。他在自己的自传中自豪地写道，他很快就掌握了复杂的三段论，以至于"能够达到比他年长几届的同学的水平"，并很快赢得了一个"好辩手"的声誉。以这种方式，他不仅学习了逻辑学，而且学习了亚里士多德的其他一些经典学科，包括伦理学、物理学和形而上学。不过，他的重点始终在神学，而且在伊曼纽尔学院有很多神学课程。在他现有宗教知识的基础上，他开始系统地学习学院神学，并很快成了这方面的专家。

虽然学习紧紧围绕着必修的亚里士多德课程展开，但沃利斯并非没有注意到，在17世纪30年代的大学里面兴起的众多其他领域的学术之风。在过去一个世纪的地理探索活动中，发现了一整块新大陆，而这在古典教材上从未被提到过，新大陆的发现严重损害了对传统经典权威的信心，这使得地理学成为那个时代最有活力的领域之一。医学的发展也远远超越了盖伦①的著作（当时的大学课程），这主要归功于维萨里（Vesalius）的解剖图谱，以及由英国人威廉·哈维（William Harvey）发现的血液循环。然而，没有哪个领域能像天文学那样，产生如此之多的杰出发现。自从哥白尼在1540年首次发表了他的《天体运行论》（*De Revolutionibus*）之后，他的日心说就在不断获得追随者，从一种牵强的假设演变成了一种被广泛接受的天体理论。哥白尼的学说引起了越来越多的关注，这也得益于其他一些天文学家的伟大发现，其中包括开普勒精确计算出的行星轨道和行星之间的关系，以及伽利略在《星际信使》中记录的用望远镜观测到的惊人发现。伽利略因为主张哥白尼学说而遭到了罗马教会的迫害（这正是沃利斯进入剑桥大学学习期间），这更提高了该学说在英国新教中的普及程度。同样做出了杰出贡献的还有英国前大法官弗朗西斯·培根爵士，他将这些不同的发现纳入了一个哲学体系当中，他曾经承诺说，这将会彻底改变人类知识以及人类战胜自然的力量。

这些早期的科学革命萌芽在当时被称为"新哲学"（New Philosophy），这个名词既充满了巨大的魅力和希望，又暗含着一些危险和非正统。所有这些新科学

---

①盖伦（Galen，129—200），古希腊的医学家及哲学家，他的见解和理论在他身后的一千多年里是欧洲起支配性的医学理论。——译者注

都不包括在大学僵化的课程设置里面，但这并不意味着它们没有进入牛津大学和剑桥大学。新科学带来的兴奋在空气中弥漫着，教授和学生们聚集在一起，以非正式的形式学习着新科学，沃利斯也在他们当中。他除了学习长期以来一直感兴趣的数学之外，还学习了天文学、地理学和医学。他甚至还在一次公开辩论中捍卫血液循环理论，成为第一个在大学里这样做的学生。除了正常的学习之外，他在大学里的大部分空闲时间很可能都在参与这些活动。沃利斯不仅有着永不满足的求知欲，而且有着非同一般的刻苦学习能力。他后来写道，他认识到，"知识不是负担"，即使到最后证明它是没有用的，它也肯定没有害处。很多年之后，数学才由他的兴趣变成了他的主要工作，到那时，他与其他人一起建立了世界上第一家科学院——伦敦皇家学会。

沃利斯于1637年获得学士学位，并于1640年获得硕士学位，如果不是因为伊曼纽尔学院已经有了一位来自肯特郡的教员，他就会留在那里任教了——有法律规定每所大学只能有一名来自同一个郡的教员。因此，他去了皇后学院，但不久之后他就结婚了。在接下来的几年里，他先后在伦敦的几座教堂担任过牧师，并且是几位贵族的私人牧师。这几位贵族都在国会反对国王的斗争中站在国会一边，其中之一就是玛丽·维尔（Mary Vere）夫人，她是军队领袖霍雷肖·维尔（Horatio Vere）爵士的遗孀。一天晚上，当沃利斯在维尔夫人位于伦敦的家中做客时，一位牧师带来了一封被国会军截获的用密码写成的密信，他半开玩笑地问沃利斯是否可以破译它。沃利斯接受了这个挑战。非常出乎他同事意料的是，他在两小时内就成功地破译了这封密信。这第一封密信是相对简单的，但考虑到当时几乎没有现成的密码破解技术，沃利斯的功绩为他赢得了类似于奇迹创造者的声誉。他后来遇到的密码相对更为复杂，但沃利斯喜欢这样的挑战，并成功破译了其中的相当一部分。从此以后，无论是在国会统治时期，还是在护国公摄政时期，以及后来的国王复辟时期，他都被政府聘任为了代码破译者。尽管有通信者提出过要求，让他透露破解技术，但沃利斯从未答应过，不过他的破解技术很可能是基于代数学，因为这是他的数学方法的基石。

作为霍尔比奇的学生以及伊曼纽尔学院的毕业生，沃利斯很好地融入到了清教徒圈子，从与查理一世产生冲突的最初阶段开始，他就是一名彻头彻尾的国会党支持者。然而，直到1644年，这位年轻的牧师才有机会在当时的大事件中崭露头角，他被要求在对大主教威廉·劳德（William Laud）的审判中出庭作证。作为坎特伯雷大主教，劳德曾是查理一世统治时期的英国圣公会领袖，并且是清教徒的主要敌人。在对劳德的公开作证中，沃利斯证明了自己是长老会派中的一颗冉冉升起的新星，而正是长老会派在内战初期领导了反对国王的斗争。就在同一年，他被任命为西敏寺神学家议会（Assembly of Divines at Westminster，简称为西敏寺议会）的秘书，这确认了他在长老会派中的地位。西敏寺议会是长期国会的产物，其目的是制订一个计划，希望用一个或几个新的教会来取代英国国教。如同国会一样，西敏寺议会也是由长老会派控制，他们希望废除主教制度，并用长老会的制度取而代之。沃利斯不仅聪明、年轻，而且在教会内有着良好的人际关系和无可挑剔的长老会成员身份，因此，他理所应当地被认为是主持西敏寺会议的最佳人选。

他在几十年后写道，随着国王和圣公会成功复辟，他曾试图削弱议会的激进主义倾向，并尽量减少他在其中所起的作用。但事实可以说明一切：经过多年的激烈辩论，西敏寺议会建议取消主教制度，因为这是英国圣公会的最主要特征，并且是与国王结盟的象征。长老会派影响力的下降以及英国国会的最终恢复，使得议会的建议从未能够付诸实践。但是，在他们当政时期，他们的提议相当激进，提出了一个更加民主的教会治理计划，提出让教会脱离皇室控制。作为议会秘书，沃利斯参与了整个计划的制订，并因此而闻名。

虽然在对抗国王斗争的初期，长老会派是公认的国会众多派系中的领袖，但随着革命的日益激进，他们很快就失去了在国会中的优势地位。独立派认为长老和主教之间没有多大差别，因此希望同时废除两者的统治权力。更糟糕的是，喧嚣派、贵格派和掘土派都威胁到了社会秩序的根基。这足以让受人尊敬的长老会教徒怀念之前由国王和主教统治的旧时光，虽然那时的日子他们也不认为有多好，但那时至少还有法律和秩序，而现在剩下的似乎只有无尽的混乱。因此，长老会派由17世纪40年代的激进派变成了50年代的保守派，开始反对多年前施行的颠覆活动。沃利斯的职业生涯也遵循着类似的路线。1648年，他写了一份递交给军队的谏言书，希望保住国王的性命，这虽然是一次可敬的行动，但最后也没能阻止对国王的处决。1649年，他与伦敦的其他牧师一起签署了《一份严肃而忠诚的上书》（*A Serious and Faithful Representation*）以抗议托马斯·普莱德（Thomas Pride）对国会的清洗，因为军队驱逐了那些被认为过于温和的国会议员。沃利斯与其同事宣称，这是一种犯罪，比任何一位国王所犯下的罪行都要严重。他们还以修正主义的后见之明辩解道，况且1640年的国会也从来未想过要剥夺国王的王权。

虽然勇气可嘉，但上书运动对挽救国王或者挽救长老会派来说都是无济于事的，曾经作为国会核心和灵魂的长老会派，如今已经成了一股过气的政治力量。目前控制国家的独立派和激进派都认为他们过于保守。保皇党也不信任他们，指责他们挑起了对国王的战争，以及发动了席卷全国的暴乱运动。由于无法把握自己的命运，许多长老会教徒悄悄地站到了保皇党一边，希望一旦国王重登王位，他们过去的罪行能够得到原谅。

沃利斯所在党派运势的衰落使得他在伦敦的处境也相当难堪。他仍然是位于铁器巷（Ironmonger Lane）的圣马丁教堂的牧师，但慷慨的赞助人已经变得很难得了，因为现在的政治气候变得对长老会派不利，而他也无缘继续参与发生在他周围的大事件了。在长老会被保皇党指控背叛国王，并且被独立派和激进派指控背叛事业的时期，甚至连他自己的人身安全也无法得到保障。但就在这个紧要关头，在他认为似乎在伦敦已经穷途末路的时候，沃利斯得到了一次忘记过去并重新开始的机会：1649年6月14日，就在他签署了上书文件的几个月之后，他获得了一项高贵的职位，被任命为牛津大学的萨维尔几何学教授。

牧师与教授

这项任命对于沃利斯来说，可以说是一个无论如何也意想不到的惊喜。直到去年时，萨维尔教授一职还在被彼得·特纳（Peter Turner）占据着，他是一位完全有资格胜任和受人尊敬的数学家。但就像他的许多大学同事一样，特纳也是一名保皇党，当1648年国会将注意力转向大学改革时，他被赶下了这个教授职位，此后萨维尔教授一职就一直空缺着。当局希望寻找一位具有深厚国会背景的学者作为他的继任者，以这个标准来看，沃利斯当然成了独一无二的人选。但沃利斯却几乎没有担任几何学教授的资格。他与特纳不同，特纳在进入牛津之前，曾经担任过位于伦敦的格雷欣学院的几何学教授，而沃利斯则没有这方面的经历，他既没有教学经验，也没有出版过数学著作。他所具备的知识只有他在少年时从他弟弟那里学到的会计技巧，以及几年以来凭兴趣自学的一些数学知识。在他名下的唯一一项数学作品就是一篇关于角度划分的论文，但这与数学的前沿领域相差甚远，而且由于某种原因，这篇论文还未曾发表。在人们的印象中，有如此背景的人并不适合被任命为牛津大学的几何学教授。

对沃利斯的任命可以说只是出于政治上的原因，并且可以肯定地说，没有人会期望他成为一名真正的数学家。如此不够资格的人如何获得了这样一个有名望的职位，至今仍是一个谜。但沃利斯有着强烈的进取心。仅仅在从剑桥毕业的数年之后，他就成了西敏寺议会的秘书，借此成功地把自己推向了国家政治舞台的中心。如今，当所有机会的大门似乎都对他关闭的时候，他却赢得了这个国家中最令人向往的一个数学职位。当时的古文物研究者安东尼·伍兹（Anthony Woods）曾暗示道，很有可能是他与奥利弗·克伦威尔的良好关系从中发挥了作用。克伦威尔认识并推崇马丁·霍尔比奇，同时霍尔比奇又是他儿子的老师，所以这位校长对沃利斯的高度评价很可能给他留下了深刻的印象。不过即便如此，到1649年，克伦威尔也仅仅是一位将军而非护国公，他对这件事情很可能没有太大的影响力。沃利斯清楚地认识到，他必须设法走出困境并获得辉煌的成就。事实证明，多亏了他非凡的数学天赋，才使得他在此后的三个半世纪仍能星光熠熠。只要在伦敦，他就永远与陷入重围的长老会脱离不了干系，但在牛津，他是可以被简单地视为一名国会议员，由于得到政府的支持而被安排在了这里；在伦敦，他会被看作一名政治家，并相应地接受政治上的评判，而在牛津他会被认为是一名学者，从而可以远离伦敦那种沸沸扬扬的革命氛围，过上相对宁静的生活。他现在所要做的就是使自己成为一名名副其实的数学家。

他以相当惊人的速度实现了这一过程。早在1647年，他就已经读过了威廉·奥特瑞德广为流传的代数课本——《数学之钥》（*Clavis Mathematicae*），并且第二年他就在自己的论文《论角度划分》（Treatise on Angular Sections）中对其进行了详细的讨论——这篇论文在过了将近40年之后才最终被发表。作为萨维尔几何学教授，他现在认识到，"以前一直被当作娱乐消遣的数学，现在已经成了我的正式研究领域"，于是，他开始按照最新的数学著作系统化地进行自学。在数学方面算是外行的沃利斯，虽然只了解一点现代数学，但却掌握了伽利略、托里切利、笛卡尔以及罗伯瓦尔的复杂的数学著作。在几年之内，他不但掌握了那些大陆学者们的著作，而且已经开始着手进行自己的数学研究计划。在上任6年之后，他于1655年和1656年分别发表了两本具有惊人独创性的数学专著，一本名为《论圆锥曲线》（*De Sectionibus Conicis*），另一本名为《无穷算术》（*The Arithmetic of Infinites*）。这两部著作在欧洲数学界引起了巨大反响，从意大利一直流传到了法国和荷兰共和国。

本是一名清教徒牧师的沃利斯，是如何重塑自己成为一名享誉国际的数学家的呢？这无疑要归功于他与生俱来的数学天赋，还有他潜心研究与努力工作的惊人能力。但其中还有一些其他因素：沃利斯已经能够熟练地利用并依靠他那些广泛的人际网络以及一些位高权重的朋友。他在自己的忠诚和信仰上也表现出了灵活性：伊曼纽尔学院和西敏寺议会的信仰一去不复返了，取而代之的是一位温和牧师的信仰，他只忠于当权者，无论是护国公克伦威尔，还是复辟的斯图亚特国王，或者是（1688年光荣革命①之后的）威廉和玛丽。事实上，在他临终写下自传时，他曾试图淡化他在青年时期反抗国王的政治活动，他辩解道，所谓"长老"是指那些受人尊敬的牧师，他们反对的是激进的独立派，而不是圣公会主教。在沃利斯出任萨维尔几何学教授的那些年里，他灵活有度的忠诚和处世技巧让他有了更大的发展：在1658年，他被选举为牛津大学"档案保管者"。在选举过程中，他在牛津大学博德利图书馆的同事亨利·斯特布（Henry Stubbe）提出了强烈的抗议，因为斯特布是霍布斯在牛津大学的主要支持者。1660年，沃利斯被复辟的君主查理二世确认留职，后来又被授予了"皇家牧师"的荣誉头衔。

霍布斯作为沃利斯的著名对手，沃利斯的见风使舵必然会引起霍布斯对他的嘲笑，因为霍布斯从来没有对自己的利维坦国家信仰产生过动摇，不论周围的环境如何，他都一直在顽强地坚守着自己的结论，完全无视同僚们对他与日俱增的敌意。他被谴责为无神论者和唯物主义者，"他是一个人面兽心的人，他的学说使人堕落，以至于虔诚的基督徒如果不事先祈祷的话，都不愿意听到他的名字"。现在成为塞勒姆（Sarum）主教的赛斯·沃德，曾在国会中提议将霍布斯作为异教徒以火刑处决，最后只是因为霍布斯强大的资助人，还有国王念及他是自己以前的家庭教师，才使霍布斯得以逃过一劫。虽然受到了孤立和嘲讽，但霍布斯有毅力承担这一切，他从来没有动摇过自己的观点。对于见机行事的沃利斯，以及他根据时下盛行的政治风向重塑自我的天赋，霍布斯表现出的只有蔑视。

顽固而不妥协，霍布斯的个性也正反映了他在哲学和数学上的观点。在欧几里得几何中，他发现了一个像他本人一样严格、刚性的体系，它的批评者只不过是愚蠢的傻瓜，这就是霍布斯喜欢欧氏几何的原因。而见机行事的沃利斯却对几何学的宏大意义没有多少兴趣，他不关心几何学是否是理性的化身和绝对真理的典范。在他看来，数学只是一个实用的工具，为的是获得有用的结果。他不关心

---

①光荣革命（Glorious Revolution），是指在1688年，由英国资产阶级和新贵族发动的推翻詹姆斯二世的统治，防止天主教复辟的非暴力政变。这场革命未有流血，因此历史学家将其称为"光荣革命"。君主立宪制政体即起源于这次光荣革命。——译者注

自己的证明是否符合欧几里得数学所要求的较高的确定性。他只关心这些定理能否足够"正确"地解决他所遇到的问题。如果为了得到他想要的结果，而不得不违反一些被珍视的经典几何原则，那么那些被珍视的原则只能为结果让路。传统的几何学家可能会反对这样的概念，即"面是由无穷多条线构成的"，因为它违反了著名而古老的悖论。但是，如果在沃利斯的计算中，这种假设被证明是有效的（事实上确实有效），那么，他就不会关心传统几何学家的反对意见。如果为了得到想要的结果需要对原则做一些调整，那么沃利斯会毫不犹豫地这样做，他在数学中如此，在生活中也是如此。

在沃利斯看来，霍布斯的顽固就是迂腐、偏激，并最终会自掘坟墓。他藐视这种性格，并且在哲学上也拒绝这种思想，但他认为最重要的还是它在政治上的危险。沃利斯认为，这种教条主义只承认单一的真理，否认不同政见的合法性，甚至否认不同政见的可能性，它绝不会带来霍布斯所寻求的和平。在沃利斯看来，如果国家坚持僵化的教条主义，则会导致它的反对者形成教条主义甚至狂热，这反过来将导致内战以及社会和政治的混乱——而这正是霍布斯想方设法避免的结果。

事实上，无论是沃利斯还是霍布斯，他们最关心的事情都是相同的：防止国家陷入空位期的无政府状态和混乱状态。沃利斯和霍布斯都惧怕掘土派统治的世界，并且都希望维护现有的秩序。他们的显著区别仅在于实现方式上。霍布斯认为，维护秩序的唯一途径就是建立一个"极权国家"，完全不给不同政见留下任何余地。沃利斯则认为，在前进的道路上应该允许出现不同政见，只需把它们限定在一个合适的范围之内即可，这样既允许了人们持有不同政见，又保留了他们之间的共同之处。

我们无须推测霍布斯的政治观点或者他在数学发展中所起到的作用，因为他把所有这一切都写进了他优雅的散文当中。与之相反的是，沃利斯在这些年里写了大量的数学论文，并且组织了大量的宗教宣讲活动，但他从来没有声称过自己属于哲学家。为了拼凑出他对政治秩序的观点，我们需要超越他个人的写作范围，去了解他更广泛的活动圈子。在他的大学时代，以及在对抗国王斗争的初期，他所在长老会神学家的小圈子在国会中占据着主导地位。但从17世纪40年代中期开始，沃利斯成了各种不同团体的领导成员。在整个空位期期间，他们定期在伦敦和牛津的私人住所集会，他所在的团体在不同时期有不同的名称。有一段时期，它被称为"无形学院"（Invisible College），在另一段时期它被称为"哲学学会"（Philosophical Society）。在1662年，查理二世复辟时，终于给它颁发了正式的许可，并正式命名为：伦敦皇家学会。

图8-1　1701年的约翰·沃利斯，当时他正处于与霍布斯交战的热烈阶段。（照片提供：National Portrait Gallety，London）

科学的阴霾时期

皇家学会成立三个半世纪以来，一直是世界上最权威的科研机构。可以毫不夸张地说，皇家学会包括了历史上一些最伟大的科学家。如果有人细数一下外籍会员的话，可以肯定地说，它包括了所有的伟大科学家。罗伯特·波义耳因"波义耳定律"[①]而闻名，他是学会的创始人之一，并且是早期学会中最有影响力的一位会士。艾萨克·牛顿通常被认为是第一位现代科学家，他在1687年出版的《数学原理》（*Principia Mathematica*）对物理学、天文学，甚至数学都产生了革命性的影响，他从1702年开始直到1727年去世为止一直担任皇家学会会长。法国人安托万·洛朗·拉瓦锡（Antoine Laurent Lavoisier，1743—1794），近代化学的奠基人，是一位外籍会士。还有美国的开国元勋本杰明·富兰克林，和后来的查尔斯·巴贝奇（Charles Babbage，1791—1871）——第一台可编程计算机的设计师，以及开尔文男爵（Lord Kelvin）威廉·汤姆森（William Thomson）——热力学之父，曾于1890年到1895年担任学会会长。查尔斯·达尔文（进化论），欧内斯特·卢瑟福（Ernest Rutherford，原子结构），阿尔伯特·爱因斯坦（相对论），詹姆斯·沃森（James Watson，DNA），弗朗西斯·克里克（Francis Crick，DNA）以及斯蒂芬·霍金（黑洞），等，他们都是曾经或现任的皇家学会会员。这只不过是他们当中一小部分最著名的成员，但足以得出结论：现代科学史上的杰出科学家大部分都是伦敦皇家学会会员。

从1645年起，沃利斯开始参加由一些热爱自然哲学的绅士举办的非正式会议，这些会议为以后学会的成立奠定了基础。根据皇家学会的历史学家托马斯·斯普拉特记载，当时会议的目的并不是要建立一个科学研究院，推动前沿知识的发展仅是一个次要目的。斯普拉特称："他们的首要目的就是为了享受更加

---

①波义耳在1662年根据实验结果提出："在密闭容器中的定量气体，在恒温下，气体的压强和体积成反比关系。"他称之为波义耳定律（Boyle's law）。这是人类历史上第一个被发现的"定律"。——译者注

自由和宽松的氛围，并能彼此平和地交谈，远离那个阴霾时期的激情和疯狂。"在当时的历史时期，保皇党和议员，长老会派和独立派，清教徒和狂热派，土地所有者和租户，这些党派都在进行着针锋相对的斗争，而这些学者是想寻求暂时的解脱。他们发现，只有在研究自然科学时才能享受到暂时的平和氛围。

斯普拉特记录道："在这样一个阴霾时期，在这样的一个坦诚而平和的团体里面，还有什么是比自然哲学更适合讨论的呢？"探讨神学问题或者"自己国家的祸患"简直太令人沮丧了。但是，自然科学能转移他们的注意力，"让他们把过去和现在的不幸暂时抛在脑后"，让他们在这个疯狂的世界里体验一种控制感，让他们成为"一些事情的征服者"。他们的会议让他们可以平静地交谈，在提出反对意见时也不会大声争吵，尽管存在分歧，但仍能找到共同点。在席卷着革命浪潮的英国，在一片愤怒、狂热和讨伐之声中，他们是在寻找一个避风港，以能够从事一个学科的研究。他们相信，这即使不能让全人类受益，至少也能让所有英国人受益。他们称这一学科为"自然哲学"，我们现在称之为科学。

根据沃利斯自己所说，他在剑桥学习期间就已经了解到了新哲学。现在，有了这些新的同伴，他开始系统地学习起了新哲学。他们每周召开一次会议，有时在某位成员的家里，有时在格雷欣学院，他们讨论并实验一系列新的想法和发现，他们的研究成果正在撼动中世纪知识秩序的基础。沃利斯列出了他们所涉及的所有领域：

物理学、解剖学、几何学、天文学、航海、静力学、磁学、化学、机械力学……血液的循环、静脉瓣膜、哥白尼假说、慧星的性质、新的恒星、木星的卫星、土星的椭圆轨道、太阳黑子、太阳的自转、月面学、金星和水星的相位、望远镜的改进并由不同观测目的的镜片打磨、空气的重量、真空的可能性或不可能性、托里切利汞柱实验、自由落体实验，以及加速度。

沃利斯解释说，其中只有两个领域是避而不谈的："神学与国家事务"。

　　沃利斯在伦敦参加了数年这样的会议。他作为一名坚定的长老会派成员，不但参加了反对处决国王的抗议活动，而且参加了反对军队清洗国会的抗议活动，即使是在这期间，他也在参加学会的会议。正如他多年之后在自传中写道的那样，也许是因为他的政治实验者身份为他提供了一个有利的避风港，才使他得以避免了空位期政治上的教条主义。他很可能是在为自己找退路，他希望，如果万一长老会派的权力瓦解了，那么他与自然哲学家的关系能帮他找到获得安全或成功的途径。而实际情况也正是这样发展的。一直只是一位业余数学爱好者的沃利斯，开始学习更专业的数学知识。可以肯定的是，在他被意外任命为牛津大学的萨维尔几何学教授的过程中，这起到了一定的作用。

　　搬到牛津并没有终结沃利斯与这个团体之间的联系。其他几位成员在大约同一时期也来到了牛津，他们与牛津大学的一些老朋友一起成立了牛津大学哲学学会，定期在罗伯特·波义耳的家里召开会议。沃利斯回忆说："那些在伦敦的学者继续像以前一样定期召开会议（我们偶尔去那里时也和他们一起），我们这些在牛津大学的学者……继续在牛津举办这样的会议，而且使这种学术探讨成为这里的一种时尚。"这两个团体交往密切，当查理二世为伦敦皇家学会颁发特许证时，牛津学会也包括在其中，它的成员成为皇家学会的创始人。沃利斯是两个学会的幕后倡导者，他成了这个新组织的一位重要成员。

　　在国王的庇护下，伦敦皇家学会成为引领潮流的科学组织，与法国皇家科学院一起，成为欧洲和欧洲以外国家的科研机构的典范。学会在成立初期的定期会议，主要进行一些公开的实验，实验内容包括光学、物质的结构、真空实现、望远镜观测等，以及其他一些主题，这些实验主要由学会的实验管理员（Curator of Experiments）罗伯特·胡克（Robert Hooke）操作执行。最著名的罗伯特·波义耳的空气泵实验（用以研究空气的结构和组成），就是在伦敦皇家学会的公共实验室，在众多见证人面前进行的。1665年，学会的秘书亨利·奥登伯格推出了《伦敦皇家学会哲学汇刊》（*Philosophical Transactions of the Royal Society*），这是世界上第一份科学期刊，当然也是历史最悠久的科学期刊。这份科学期刊不仅刊登学会会员的调查报告，而且还包括学会之外其他人的研究成果，这使得皇家学会成了科学研究的世界中心。

早期伦敦皇家学会的一些做法，在现代科学家看来也许会显得有些特别。举例来说，现在被认为有专业和业余之分的一些事物，在当时几乎没有什么分别，而且在早期期刊中还会有异常天气现象和畸形家畜出生的报告。在早期的学会中，社会地位也很重要，有不少杰出的绅士是因为他们的显赫家世，而不是因为科学成果，才享有了皇家学会会员的荣誉。从我们的角度来看，还有一件事情也是令人难以理解的，那就是实验都是公开进行的，也就是说，实验是在众多学会会员观看之下进行的，甚至有时还要在其他重要嘉宾在场的情况下进行。所有在场的人会对他们所看到的实验进行讨论，检验它的意义和重要性。在现代科学家看来，这似乎更像是一场马戏表演，而不是一场合理的科学实验。

早期伦敦皇家学会的一些实验方法与现代科学方法之间的差异，可以归因为这样一个事实，即科学在17世纪初期时还很年轻，它的一些实验方法仍然在形成过程当中。职业科学家是19世纪的产物，而不是17世纪。其他方面的差异主要是因为，当时伦敦皇家学会对自己的定义与我们如今看到的科学机构之间有着明显的差别。现代的科学机构或大学主要专注于科研和教育，主要通过其出版物和发明的数量和质量来衡量它的学术水平；伦敦皇家学会同样看重它的研究和发明，始终坚持其研究成果的实用性，但除了这一点这外，它还肩负着与现代科学机构完全不同的一个使命：为整个国家的运作提供一个模型。

这一使命与早在17世纪40年代的伦敦小组会议有着一定的渊源。在会议大厅之外，这些小组成员可能是激进派或温和派，长老会派或独立派，国会议员甚至是保皇党，所有人都为统治地位进行着生死搏斗。但是，在他们举行会议的期间，所有这些都被抛在了一边：他们不再关心宗教和政治派别，可以和平而文明地从事自然哲学的研究。斯普拉特对早期的会议这样描述道："在这里只有对自然哲学的探讨……它使我们的思想暂时摆脱了过去或者现在遭遇的不幸……我们从未陷入世俗的派系斗争；在这里我们可以提出不同意见，同时又不会产生敌意；这里允许我们提出相反的设想，也不会有内战的危险。"在追求自然哲学真理的过程中，沃利斯、波义耳和他们的同仁们创造了一个自由而安全的空间，在这里即使有分歧也可以和平而文明地解决。这些会议可以使人们从空位期残酷的政治氛围中解脱出来。

从一个简单的避风港开始，它最终形成了一种理想：如果这些有着不同背景和信仰的理性的人可以聚在一起，共同讨论自然规律，那么他们为什么不能在有关国家大事的问题上也这样进行讨论呢？为什么国会党和保皇党不能和平而文明地解决他们的分歧，而非要在英格兰北部的战场上互相杀戮呢？为什么独立派、长老会和圣公会不能在教会的管理问题上达成一个理性的一致意见，而非要各自都想强制推行自己的体系并打压其他派系呢？在自然哲学家的会议中盛行的这种和谐氛围，虽然有人强烈反对，但它似乎给整个英国的政治上了重要一课。正如斯普拉特所记录的那样，在这些会议上，"我们对生活在这个国家中的人们持有一种不同寻常的见解，不同党派和不同生活方式的人们已经忘记了仇恨，他们都在为同样的工作做着共同的努力……在这里，他们不仅能够不带暴力倾向和恐惧情绪地彼此和谐相处，而且还能一起工作和思考，为对方的发明提供帮助"。

在空位期恶劣的政治环境下，沃利斯和他的同伴沉浸在了他们创造的和平环境中。在这种氛围下，他们可以共同研究课题，尽管有不同意见仍能进行合作，共同推进他们所珍视的事业。当他们的团体从幕后走到台前，并由查理二世正式颁布了特许证之后，他们准备推广这种模式，利用他们的经验来重建整个政治体。他们的会议和他们的科学都有着一个共同的特征，那就是有着适度性和开放性的思想。几十年来的教条主义将被这种开放的思想所取代。狂热者的傲慢将被实验者的谦逊所取代，激情将被理性的争论所取代，各个教派的互不相容将被互相包容所取代，只要是理性的人，都将为了一个共同的事业而携手合作。

皇家学会把自己作为了国家的一个典范，他们力求做到尽可能地具有包容性。可以肯定的是，学会中不存在什么民主观念，他们的会议不欢迎下层阶级的成员，就像政治阶级不欢迎他们一样。沃利斯、波义耳和他们的同伴都惧怕并且不信任普通民众，他们认为，实现和平与秩序的唯一方式就是重建有产阶级的权威。对于绅士，学会力求建立起一个开放性的范例，这就意味着需要接受那些有着显赫家世但学术成就并不突出的贵族。学会会员在过去一直把自己视为"专业人士"，而排斥那些"业余人士"，他们现在应该减少这种强烈的门户之见，不应该再把自己作为评判所有其他人的标准。

在皇家学会的政治使命中，学会初期的公开实验也起到了一定的作用。对于诚信而理性的人如何讨论困难的问题并达成一致意见，学会初期的公开实验提供了一个范例。这个范例是指学会的创始人在空位期时召开的私人会议，他们在这些会议中进行实验和讨论，并对他们所观察到的现象提出不同的看法。最终，他们会达成一些一致意见——但仍会保留不少尚未解决的问题。为了实现这样的讨论，既然现在的学会已经成为一个官方机构，也就不必继续在僻静的个人实验室进行实验了。如果学会会员想要得出一种观点，他们就必须共同观察实验过程。因此，实验必须在有可靠证人（通常是其他会员）在场的情况下进行，然后他们就所看到的实验进行讨论，并对实验结果达成一个一致的意见。现代的实验室则完全不同，不必承担早期皇家学会的这种思想负担。它仅仅依靠专家的证词即可，因为它自然地假定外行人不会理解实验过程。

皇家学会促进和平、宽容和公共秩序的这一目标，并非适用于所有形式的自然哲学。其中最可能不适用的就是那种庞大的哲学体系，它们声称通过纯粹的理性推理达到了无可争议的真理。在这种哲学体系中，学会创始人最关心的就是笛卡尔哲学（以创始人笛卡尔的名字命名），而笛卡尔哲学正在这一时期席卷了整个欧洲大陆。在他的著作中，笛卡尔提出废除所有未经证实的假设，把所有知识精简成了一个不可撼动的真理："我思故我在。"（I think therefore I am.）从这一坚实的确定性出发，他通过一步一步的严格推理重新创建了整个世界，在这个世界，只有清楚而明确的思想才是有效的。笛卡尔和他的追随者认为，由于他的推理是无懈可击的，所以他的结论必然是正确的。

波义耳、沃利斯、奥登伯格以及早期学会的其他领导者，都对笛卡尔有着深刻的印象，但也都对他的方法和结论持批评态度。他们更关心的是另一个靠纯粹推理形成的哲学体系，因为它就潜伏在他们身边，这当然就是霍布斯的哲学。霍布斯与笛卡尔在许多关键问题上有着根本的不同，但他们也有很多共同之处：两者都认为，他们的哲学体系是依照欧几里得几何体系构造而成，都建立在不证自明的假设的基础之上，并通过严格的推理得到了不可辩驳的真理。而正是由于他们坚信自己的系统推理是有效的，并且坚信自己所得到的结论是绝对正确的，这才让皇家学会的创始人觉得尤其危险。

斯普拉特在他的《皇家学会史》（*History of the Royal Society*）中解释道，教条主义哲学的问题在于，"它通常会产生这样一种人，他们自认为已经解决了问题，并且不会再改变自己的观点，他们变得更加专横，并且对反对观点不屑一顾"。这种态度对科学是有害的，因为"这会使他们易于低估别人的劳动，并容易忽略别人的优点。至少，他们应该把自己放低一些"。斯普拉特继续说道，"这是一种精神上的戾气，这是最有害的"。他把这种戾气归结为"人们知识增长缓慢的原因"。更糟糕的是，这种戾气很容易导致对国家的颠覆："人们蔑视一切权力的原因在于他们对自身智慧的过度崇拜……他们认为自己是不可能犯错的"。这必然会导致叛乱行为，因为"叛乱的根源就在于骄傲以及对自己智慧的极度自负。从而，他们会想象自己有足够的能力，可以对管理者的一切行动给予指导或者加以指责"。

斯普拉特在1663年当选为皇家学会会员时只有28岁，他当时还年轻，并且也不是特别出众，之所以招募他可能就是为了编写皇家学会的历史。如果斯普拉特在当时算是一个相对无足轻重的人，但任命他的人却是学会中最伟大的人物，包括皇家学会会长布隆克尔勋爵、秘书亨利·奥登伯格、首席科学家罗伯特·波义耳，他们都会审查并纠正他的文稿，以确保文稿正确地表达了自己的观点。这样一来，《皇家学会史》其实并不是斯普拉特的私人记录，而是皇家学会的领导者在当时发表的关于学会目标和目的的一份公开声明。当它涉及到他们对于教条主义哲学的观点时，他们的结论是明确的：教条主义会导致国家的叛乱和颠覆活动，不允许在皇家学会实行这种方法。

皇家学会的创始人认为，除了笛卡尔和霍布斯的教条式的理性主义之外，还有另一种选择，那就是实验哲学（experimental philosophy）。与理性主义的傲慢不同，实验主义能培养谦逊的品格。理性主义哲学会导致对持对立观点的哲学家产生偏见和嫉妒，而实验主义哲学会促进合作和相互信任。最重要的是，实验主义所产生的影响不是导致叛乱和颠覆，而是导致"对公民政府的服从"。不同于理性主义者的是，实验主义者从来不会声称，自己已经发现了唯一正确的哲学体系，或者自己的结果是绝对正确的、无可辩驳的真理。实验主义者不会对将要得出的结果进行任何假设，而是保持谦逊的态度，从一个又一个的实验当中发现结果，并尽力对自己的发现做出合理的解释。其结论总是当前所能给出的最好解释，但这个结论又总能在后面的实验中被推翻。而霍布斯关于人性、物质和唯一可行的政体所得出的大胆结论却并非如此。实验主义者会审慎地进行实验，经过很多次的不同实验之后，才会谨慎地，甚至有些不情愿地，仔细地对所得结果给出暂时的解释。

实验主义是一个谦逊的追求，这完全不同于像笛卡尔和霍布斯那样的系统哲学家所具有的才华和锐气。斯普拉特写道，这是"一种辛苦的哲学……教给人们谦卑并让人们承认自己的错误"。而这也恰恰是皇家学会的创始人钟情于它的原因。斯普拉特指出，实验主义"能消除思想中的所有傲慢以及不断膨胀的幻想"，教会人们努力地工作，承认自己的失败，承认他人的贡献。这正是皇家学会的创始人希望让整个政治体形成的一种态度。各个政党和派系之间互不相容的狂热，已经让整个国家陷入了暴力和混乱之中，实验主义一旦取代这种狂热，将会培养出对不同意见的宽容、合作和尊重，最终实现公民的和平。

在皇家学会的会员们庆祝这个实验性方法所创造的辉煌时，他们也在庆祝这一切的缔造者，"这位伟大的缔造者构建了整个庞大的哲学体系"。这个人就是弗朗西斯·培根。这位詹姆斯一世的大法官，在他退休之后，在关于正确的科学研究方法方面，撰写了一系列相当有影响的著作。比他更为年轻的笛卡尔认为，真正的知识必须基于明确而严格的推理；而培根则坚持认为，自然界的真正知识只能通过观察、实验以及仔细地收集事实来获得。对于皇家学会来说，培根可以称得上是实验方法的鼻祖，他也是皇家学会本身的精神之父，尽管在其创建之时他已经去世多年。事实上，皇家学会自认为是培根所说的"所罗门圣殿"的真实化身，这是培根在他乌托邦式作品《新亚特兰蒂斯》（*New Atlantis*）中所提出的一个研究自然哲学的国家机构。

具有讽刺意味的是，培根在他人生的最后岁月的秘书，不是别人，正是托马斯·霍布斯。作为一名公开承认自己是理性主义者的人，霍布斯在与波义耳的争论中曾嘲笑过实验的价值。虽然培根才华横溢，但霍布斯的思想显然没有受到多少他的影响（也许只有他对自然科学不变的兴趣）。但是不可回避的一个事实是，尽管皇家学会的领导者们在努力地使培根偶像化，但他们从未在实际上结识过这位大法官，而他们的敌人霍布斯却曾经是他亲密的陪伴者。

这对培根的辉煌声誉几乎没有造成什么影响，甚至直到今天也是如此。他本身不仅是一位创造性的科学家，而且也被认为是科学革命中的关键人物之一，他的著作使科学得以发展和壮大。在过去几个世纪里，经院哲学家一直信赖古老的经典权威，认为这才是通往真理的正确路径。他们认为实验方法是值得怀疑的，而培根为实验方法给出了杰出的辩护。他为实验科学的发展提供了一个路线图，他提倡依靠同一领域的大量学者来系统地收集数据，并在一个集中的机构对汇总的数据进行系统的评估。也许最重要的一点就是，他使实验性方法变得值得尊敬了。

在培根出现之前的很久一段时间，一直有一些人试图通过错误而粗略的方法获取自然界的秘密。有时，他们会取得成功，如火药和指南针的发明，而更多时候则没有那么幸运，比如那些炼金术士，他们建造了精心设计的实验室，利用各种火炉和化学药品寻找难以捉摸的金石。但是，任何通过这些方法所获得的知识，即使它被证明是有用的，也都被认为不适合在高等学府进行传授。因为，这是"粗鲁"和"靠体力"得来的知识，它与下层阶级有关，只有下层社会的人才会以脏乱环境下的体力工作为生。从来没有哪位自重的绅士会屈尊从事这样的工作，因为他们担心会被沾染上平民气息。那些值得学术研究的真正的知识，必须能够在古代大师们的经典著作中找得到，或者是源自于严格的逻辑推理的知识。实验结果根本不被看作知识，因为这些结果依据的是不可靠的感觉，因此并不能达到所要求的确定性。培根几乎单凭一己之力破除了这种观念。让英国大法官来提倡经验主义作为获得正确知识的路径，这是再合适不过的了。猛然间，对于具有求知欲的绅士来说，"粗鲁的体力"活动成为他们一项值得从事的追求。

然而，培根的方法论中有一个方面经常受到批评，即他对数学作为科学工具的贬低。这并不是说培根完全忽视数学，因为他确实承认，世界上的物体存在数量，而数学就是关于数量的科学。但培根认为，数学知识在使用上太过普通了。他写道，"这是人类思想的本性，倾向于在草原的一般性，而不是在森林的特殊性中获得满足"，而数学是"满足这种欲望"的最佳领域。但是，这样的做法是"对知识的极端偏见"，因为所有的知识之所以值得追求，是因为森林那样的特殊性，而不是草原那样的一般性。培根承认，数学是有用的，但只能在实验领域中居于从属地位，从这方面来看，它不算是一门科学。比知识增长更糟糕的是，"数学家的过分讲究和骄傲，他们几乎要这让这种科学凌驾于物理学之上"。

培根对数学作为认识世界的工具所持的怀疑并不十分难以理解。为了使数学能够正确地描述自然界，那么自然界必须是数学的，也就是说，自然界是根据严格的数学原则构造而成的。如果真是这样的话，那么为了了解自然界的运作，人们所需要做的就是遵循严格的数学规则，从而所有的观察和实验都成了多余的。但培根并没有做出这样的假设。他相信，除了进行仔细和系统地观测之外，没有其他办法能够知道世界是如何构造的。对于人们可以通过单纯的数学推理推导出自然界的运作方式，这种想法是一种危险的幻觉，它基于毫无根据的自豪感，并且必然会把科学家引入歧途。

培根对数学家"优雅和骄傲"的警告并没有影响他的追随者——这些皇家学会的创始人。尽管学会被正式命名为"促进自然—数学实验知识发展学会"（Colledge for the Promoting of Physico-Mathematicall Experimentall Learning），实际上，"数学"研究确实严格从属于"实验性"的自然科学研究。学会的领导者与培根有着同样的担心，即数学会滋生傲慢，很容易会认为上帝是按照严格的数学结构创造的世界。像培根一样，他们担心数学推理会诱导科学家远离辛苦的实验工作。

不过，皇家学会的创始人还有一些其他顾虑，这些顾虑在培根发出警告之前的半个世纪就已经存在了。他们认为，数学是教条式的理性主义哲学家的盟友和工具。它成为理性主义者精致哲学体系的一个模型，数学家的骄傲也正是笛卡尔和霍布斯骄傲的基础。而且，正如那些理性论者的教条主义会导致不宽容、对抗，甚至内战，因此，数学也会如此。毕竟，数学的结果没有给不同意见、讨论或妥协留下任何余地，而这些又是皇家学会所珍视的东西。数学结果是由个人得出的，而不是能过公开实验得出的，得出这些数学结果的人是一小部分专业的神职人员，他们使用自己的语言，利用自己的方法，而且不允许外行加入。数学结果一经得出，就被赋予了蛮暴的力量，要求完全的赞同，而不允许反对。当然，这正是霍布斯如此崇拜数学的原因，但也正是波义耳和他的同仁们所担心的：他们认为，数学就其本质而言能够导致绝对真理、教条主义、暴政威胁，并且很容易导致内战。

然而，尽管有这些思想上和政治上的危险，但数学的作用也是不容忽视的。新哲学方面的一些最伟大的成就都得益于数学。医学上的一些进步，如哈维发现的血液循环，肯定是实验性的结果，还有用于测量气压的著名的"托里切利实验"、威廉·吉尔伯特对磁力性质的研究。但是，这个时代最伟大的科学胜利当属天文学领域，而且该领域也非常得益于数学的发展。

那么，皇家学会的领导者们现在该何去何从呢？他们不能简单地忽视数学对科学所做出的杰出贡献，也不能忽视它所表现出来的一种强烈迹象，即它很可能继续在今后的科学发展中发挥核心作用。但皇家学会如何在既能享有数学所做出的重要科学贡献的同时，又避免它在方法论、哲学和政治上可能产生的危险影响呢？这成了皇家学会需要面对的一个难题，很多年来，他们都为数学的科学特点陷入一个两难的境地。但没有人比约翰·沃利斯更能敏锐地察觉到这种冲突。

第9章
数学的新世界

无穷多的线

沃利斯是皇家学会创始人里面的唯一一位数学家，因此解决数学地位问题的任务自然就落在了他的身上。他完全能够感受到同伴对于教条主义的深恶痛绝。在他的自传中，他对自己关于不同意见所采取的态度感到自豪，即使在对方观点与自己产生冲突时，他也保持着适度与开放的态度。他写道："我始终尽力按照适度的原则行事，介于两个极端之间……而不是带着强烈的敌意去反对那些不按自己想法行事的人，因为我知道，每一方都有许多杰出人士。"

然而，作为一名数学家和萨维尔教授，在沃利斯所从事的数学领域中，人们一直以来所引以为豪的正是它固定的方法、绝对正确的结果以及不容置疑的真理。而皇家学会的会员所珍视的却是适度性和灵活性，那么他该如何调和两者之间的关系呢？沃利斯的解决办法很简单，也很激进：他创造了一种新的数学。不同于传统的数学，这种新数学将不再以严谨的演绎证明作为研究方法，而是以反复试错的方法进行，它所得到的结果将是一个极可能的结果，而不是一个无可辩驳的确定性结果，这些结果不再是通过"纯粹理性"进行验证，而是以讨论并达成一致意见的方式进行验证，就像在皇家学会进行的公开实验那样。最终，他的数学将不再以完美的逻辑性作为评价标准，而是以产生新结果的有效性作为评价标准。

换句话说，他的数学不是以欧几里得几何为模型——虽然这个宏大的逻辑体系在两千多年里曾经启发过无数学者，当然也包括克拉维斯和霍布斯——而是仿效皇家学会的实验方法建立的数学体系。如果沃利斯能够成功的话，那么他将使数学与教条主义及不宽容彻底脱离干系，并且能够解决一些学会会员一直以来对数学所持有的反对意见。这将是一种新的"实验数学"（experimental mathematics），它将能够强有力地服务于科学，成为一个宽容和适度的典范，而不是教条和僵化的典范。而它最核心的部分将会是无穷小概念。

沃利斯作为萨维尔教授出版的第一部著作名为《论圆锥曲线》，从这本书的第一个定理中就可以看出他的方法的独特性。

我们首先假设，所有平面都是由无穷多的平行线构成（根据博纳文图拉·卡瓦列里的《不可分量几何学》）。或者更确切地说（我更倾向的），是由无穷多个高度相等的平行四边形构成，每个平行四边形的顶垂线（altitude）为整个图形高度的 $\frac{1}{\infty}$（符号 ∞ 表示无穷大），或者为一个无穷小的等分部分。因此，所有平行四边形的顶垂线之和等于该图形的整个高度。

这就是沃利斯的无穷小数学，我们立刻就置身在了这个极其非正统的数学世界之中。像在他之前的卡瓦列里和托里切利一样，沃利斯也认为平面是类似于物质的对象，它由排列在一起的无穷多条线构成，而不是欧氏几何中的那种抽象概念。对于所有读过这本小册子的数学家来说显而易见的是，这与经典的芝诺悖论以及通约性问题都产生了冲突，霍布斯和法国数学家皮埃尔·德·费马很快就指出了这一点。但沃利斯对这些明显的批评并没有在意。他的这种"面由线构成"的观点，源自于卡瓦列里对面的定义。卡瓦列里的一个著名类比是，面是由线构成的，就如同布料是由纺线构成的一样，他还把面看作是所有线的集合。因此，他直接提醒读者参考卡瓦列里的方法，因为卡瓦列里不仅已经回答了所有的反对意见，而且给出了更多的解释。沃利斯甚至发明了一种符号来表示构成平面的无穷小量的数量及大小，它们分别为"∞"和"$\frac{1}{\infty}$"。

有了这些基本的工具，沃利斯开始通过证明一个实际的定理来说明其方法的效用：

由于一个三角形是由无穷多成比例的线或者平行四边形构成的，这些平行四边形由顶点顺次排列到底边（如前面所讨论的）：那么这个三角形的面积就等于底边乘以高的一半。

当然，为了确定三角形的面积是底乘以高的一半，沃利斯并不需要给出复杂的证明。这个证明的目的并不是证明其结果，而是通过说明它能够得到正确并且熟悉的结果，来证明他非传统方法的有效性。一旦确定了自己方法的可靠性，他就可以用它来解决那些更具挑战性和不熟悉的问题。

关于构成三角形的这些线呈"算术比例"这一说法，在这里需要做出一些解释。沃利斯的意思是说，如果在三角形内画出平行于底边的所有平行线，并且，如果这些线是沿着三角形的高以相等的距离分布着的，那么这些线的长度就形成了一个等差数列。例如，如果在三角形的顶点与底边之间画出一条平行于底边的线，它的长度为底边的一半，这就形成了一个等差数列（0，$\frac{1}{2}$，1），分别为顶点、画出的那条线和底边；如果将三角形的高分成三等份，并在三分之一和三分之二处分别画出平行于底边的线，那么它们的长度将形成一个等差数列（0，$\frac{1}{3}$，$\frac{2}{3}$，1）；如果将三角形的高分为十等份，则平行于底边的各条线段长度将形成一个等差数列（0，$\frac{1}{10}$，$\frac{2}{10}$，$\frac{3}{10}$…$\frac{9}{10}$，1），以此类推。不管将三角形的高分成多少份，只要它们彼此间的距离相等，这种说法就是成立的。在他的证明中，沃利斯假定，即使在三角形的高被分成无穷多个等份时，这个原则也同样是成立的。

他继续证明道：这是数学界众所周知的一个规则，即一个等差数列的总和，或者所有数列项的总和，等于其最大值与最小值的和乘以总项数的一半。这是如今很多中学生都了解的一个简单规则。例如，从1到10的所有数字的总和，等于11（即1+10）乘以5（数列的项数的一半），即等于55。将单一一个点的无穷小量标记为字母"o"，然后沃利斯开始利用这一规则来对构成三角形的所有不可分割线进行求和：

因此，如果我们认为最小的一项为"o"（由于我们假设一个点的大小等于"o"，就像数字中的零一样），则两个极值之和就等于最大项。我们用图形的高度来代替数列中的数值，因此，如果我们假设数列的项数为∞，则它们的长度之和等于$\frac{\infty}{2}$×底边（因为底边等于两个极值之和）。

沃利斯依据的是所有线的总长度构成三角形。由于它们的数量是无穷的，并且它们的长度从零（或"o"）一直增长到底边的长度，它们组合在一起的总长度就等于$\frac{\infty}{2}$×底边。然后他再用总长度乘以每条线的厚度：

由于我们假设每一个不可分量（线或平行四边形）的厚度或高度为$\frac{1}{\infty}$×三角形的高度，现在再用它乘以总长度。用$\frac{1}{\infty}$×A乘以$\frac{\infty}{2}$×底边就将得出三角形的面积。也就是$\frac{1}{\infty}\times A\times\frac{\infty}{2}B=\frac{1}{2}AB$。

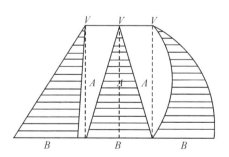

图9-1 沃利斯的三角形，由平行线构成。［《论圆锥曲线》（Oxford: Leon Lichfi, 1655）］

这就是沃利斯计算三角形面积的方法：他求出所有构成三角形的线的长度

（它们形成一个等差数列）之和，然后用每条线的"厚度"乘以它们的总长度。这样就得到了一个等式，在它的分母与分子中都含有∞，他消掉了分子与分母中的∞，最终得到了我们所熟悉的三角形面积公式。证明完毕。

可以毫不夸张地说，现代数学家肯定不会赞同沃利斯这些不成熟的计算方法。许多与他同时代的人，包括费马还有所有的SJ会士，也都不赞同他的方法。除了"面由具有一定（非常小）厚度的线构成"这一有问题的假设之外，沃利斯还在没有证明的情况下假设，适用于有穷数列的规则同样也适用于无穷数列。如果这些未经证实的假设还不够形成疑问的话，那么沃利斯在此后又随意地用无穷大除以无穷大，或用他自己的符号表示为，用∞除以∞。在现代数学中，$\frac{\infty}{\infty}$是不被允许的，原因很简单，因为如果$\frac{\infty}{\infty}=a$，那么$\infty=a\times\infty$，又因为任何数值与∞相乘的结果都等于∞，所以a可以是任意数值。但沃利斯却将$\frac{\infty}{\infty}$视为了一个普通的代数表达式，并将分子与分母中的两个∞互相抵消了。在受到费马等人的批评时，沃利斯似乎并不关心他的方法在逻辑上的问题，并且拒绝承认他们的任何观点。毕竟，他这样做不是为了证明他的方法符合严格的常规证明标准，而是为了让皇家学会的会员们能够更好地接受数学。

沃利斯的非传统方法是如何实现的呢？首先，他假定，几何对象是世界上"存在"的对象，并可以像对待任何自然对象那样对其进行研究。这与传统观点截然相反，传统观点认为，所有的几何对象都应该根据第一原理构造而成。这也与霍布斯的观点背道而驰，他认为，因为是由我们构造了几何对象，所以它对我们来说应该是完全可知的。而沃利斯的观点却并非如此，沃利斯认为，三角形已经存在于这个世界之中，而几何学家的工作就是要破译隐藏其中的属性——就像科学家试图了解地质岩层或者动物的生物系统一样。鉴于对物理世界的常识和直觉，沃利斯得出结论，三角形是由排列在一起的平行线构成的，就如同一块岩石是由地质岩层构成的，一块木头是由纤维构成的，或者（按照卡瓦列里的说法）

一块布料是由织线构成的。

根据沃利斯的观点，由于几何对象是客观存在的，所以完全没有必要遵循数学的严谨性。在传统的几何学中，人们必须遵循第一原理构造几何对象，来证明有关几何对象关系之间的定理，其逻辑严谨性是必不可少的。毕竟，只有这样严格地坚持正确的逻辑推理，才能保证其结果的正确性。然而，人们在研究自然对象时的情况却大不相同，因为它是由客观现实决定了所得的结果是否正确。过度坚持严格的逻辑推理可能会适得其反。

举个例子，假设一位地质学家在研究岩层。他肯定不会只因为有人指出，他们的研究报告有拼写错误，或者一个测量数据具有一个微小的错误，就否定他们的结果。而是，如果结果正确地描述了这个岩层——它的结构、年代、形成方式，等等——那么这位地质学家就可以正当地得出结论：尽管有一些微小的误差，但他们的总体方法肯定是正确的。这个道理对沃利斯同样适用，他把三角形当作客观对象来进行研究，在他看来，三角形与岩层没有本质区别。我们可以想象得到沃利斯的想法，他认为坚持严谨性固然很好，但这不能阻碍得到新的研究成果。有些数学家抱怨他的无穷小量以及他用无穷除以无穷的做法，但沃利斯认为这不过是迂腐的表现。他毕竟确实得出了一个正确的结果。

这种随意无视逻辑严谨性的做法，对于一位数学家来说是一种奇怪的态度，但沃利斯早在1643年的《探寻真理》一书中就表现出了他与众不同的观点。沃利斯没有采用欧几里得几何的纯粹逻辑推理，而是假设三角形近乎为物质对象，可以通过感官直觉对其进行感知。在沃利斯看来，三角形当然能够从视觉上被看到，即使不能从味觉上"品尝"到它的内部结构，也可以"感觉"到，因此人们可以获得对它的基本感觉。他在1657年出版的《普遍数学》（*Mathesis Universalis*）中自信地写道："数学对象存在于现实之中而不是想象之中。"

沃利斯在1643年出版《探寻真理》之后，在接下来的10年里他又出版了大量数学著作，在这10年里，他的生活有了很大的变化。他彻底远离了长老会，从伦敦搬到了牛津大学，并成为一名专业数学家和萨维尔教授。但是，当涉及如何获取真正的知识这一问题时，已成为杰出数学教授的沃利斯，与年轻时那个作为国会议员的沃利斯同样具有煽动性：获取真正知识的途径，不在于抽象推理，而在于物质直觉，"它是无法被意志拒绝的方法"。

实验数学

沃利斯在《论圆锥曲线》中用到的方法，是将几何对象定义为客观存在的物体，但对于如何研究这些几何对象，他没有给出更详细的答案。在证明三角形面积的过程中，沃利斯凭借着一种对物质的直觉，将面分解成了无穷多条平行线，然后再对它们进行求和。这种方法在解决当前问题时被证明是有效的，但它不是一种可以适用于广泛数学问题的"方法"。在《探寻真理》一书中，沃利斯提出，更广泛的方法应该依靠实验，但并没有给出更具体的说明。应该如何运用这种实验方法，如何依靠物质科学工具与实际的物理观测，来对数学对象（如三角形、圆形和圆锥）进行抽象呢？沃利斯在《无穷算术》一书中给出了他的答案，该书紧随《论圆锥曲线》之后于1656年出版。这部著作被广泛认为是他的成名作。

沃利斯在《无穷算术》命题1的第一页上这样写道："在这个问题以及随后的各种问题中，最简单的研究方法，就是在一定程度上列举出问题可能出现的一些结果，并观察其得到的比值，对比值进行互相比较，因此最终能够通过归纳得出一般性的结论。"这里的关键词也是最后提到的"归纳"，这种方法被沃利斯及他的批评者称为"归纳法"（method of induction）。如今，数学归纳法指的是一种非常严谨和广泛使用的证明方法，现在的中学生和大学生都会学习这种证明方法。该方法的证明过程包括，首先在一个个例中证明定理成立，比如当$n=1$时，然后再证明如果该定理对于n成立，它对于$n+1$是否也成立，最终得到对于所有的n都成立。然而，这是在很久之后才发展出来的方法，当时的沃利斯根本不具备这种想法。因为在17世纪，特别是在17世纪的英国，归纳法与一个特定的科学方法，以及一个特定人物密切相关，这个人就是詹姆斯一世的大法官弗朗西斯·培根，他是实验方法的奠基人和主要倡导者。

培根在1620年出版了《新工具》（*Novum Organum*）一书，在该书中他发明了自己的归纳理论，这是他关于科学方法的最具系统性的著作。他把归纳法看作是演绎法的一种替代性方法。在亚里士多德及他在欧洲各个大学的众多追随者看来，演绎法是逻辑推理的最强形式。演绎法不仅是欧几里得几何学所采用的方法，而且是亚里士多德物理学所采用的方法。它从一般情况（"所有人都会死"）推导到特殊情况（"苏格拉底会死"），并从原因（"重物会落在宇宙中心"）推导到结果（"重物会落在地上"）。培根认为，这种推理方法永远不会产生新的知识，因为它没有为通过观察和实验获得新的事实留下任何空间。在培根看来，归纳法是推理的另一种形式，它与演绎法不同的是，它可以利用实验获得新的结果。

在17世纪初，归纳法当然不是一种新的想法，亚里士多德和其他一些古代哲学家早就知道这种方法。他们认为相比演绎法来说，归纳法是一种低级的推理形式。归纳法不是遵循从一般到特殊的推理过程，而恰恰相反：它需要收集很多特殊情况，然后从中得出一般原则。归纳法不是遵循从原因到结果的演绎推理过程，而从我们周围世界发生的结果开始，然后从中推理出这些结果的原因。

黑天鹅事件是许多哲学教授都喜欢的一则警世寓言，如果我们考虑到黑天鹅事件，那么归纳推理的陷阱就变得很明显了。很多个世纪以来，欧洲人一直可以见到天鹅并观察它们，他们所看到的天鹅都是白色的。利用归纳法，他们有理由得出结论，所有天鹅都是白色的。但是，当欧洲人在18世纪到达澳大利亚时，他们得到了一个意外的发现：黑天鹅。事实证明，尽管许多个世纪以来欧洲人看到过无数个特殊的观察对象，尽管每一个观察对象也都是白天鹅，但所得出的"所有天鹅都是白色的"这一结论仍是错误的。

培根的归纳法提出于17世纪之初，虽然他对黑天鹅事件一无所知，但他充分意识到了归纳法所固有的不确定性。不过他并没有就此退缩。他认为，亚里士多德的物理学是一个完美而精致的陷阱，虽然它在逻辑上是一致的，但它与这个世界是完全脱节的。他指出，扩大人类对世界的认识的唯一途径，就是直接从自然界中获得知识，这就意味着需要系统性的观察和实验。他承认，由于这些方法用的是归纳推理，所以它们具有归纳推理的弱点，它们的结论绝不会是完全确定的。培根还指出，但是，如果谨慎并系统地加以应用，充分地意识到其潜在的弱点，那么它最终会促进人类知识的进步。按照培根所说，这是研究自然和揭开自然之谜的唯一途径。

所以沃利斯在《无穷算术》的开头写道，他将通过归纳法来进行证明，他使用了一种非常特别的哲学体系：实验哲学。这种哲学由已故的弗朗西斯·培根爵士提出，后来又被皇家学会的创始人采用并推广。沃利斯已经在《论圆锥曲线》中做过说明，他将数学对象看作是客观存在的物体，就像物理对象一样。在《无穷算术》中，他说明了自己将如何研究数学对象：通过实验。换句话说，他所用来研究三角形、圆形和正方形的方法，将类似于他的朋友罗伯特·波义耳用来研究空气结构的方法，以及他的同事罗伯特·胡克在显微镜下研究微生物的方法。在试图得出一个数学真理时，他将从几个特殊情况的实验入手，并仔细观察这些"实验"的结果。最终，通过在不同情况下的反复实验，"将通过归纳法得到一个具有一般性的命题"。对于沃利斯的同事们对数学方法所持的怀疑态度，他已经找到了答案：他发明了一种数学实验来契合皇家学会的实验精神。沃利斯的数学，不是通过演绎推理得出颠扑不破的普遍规律，不是强迫认同和排除所有异议，而是通过一次又一次的实验，不断地收集证据，小心谨慎地得出一般性的、暂时的结论。这就是实验者获取知识的途径。

沃利斯的数学实验是《无穷算术》的基础工具，也是他数学声望的基础。这部著作的目标与霍布斯最具雄心的数学冒险十分相似：计算圆的面积。但是，在他们的目标之间还是有着重要差别的。霍布斯试图在只利用传统的欧几里得工具（即直尺和圆规）的情况下，真正地构造出一个等于圆面积的正方形。他这样做是注定要失败的，因为，对于一个半径为r的圆，与其面积相等的正方形的边长应为$\sqrt{\pi}\,r$，而π（正如两个世纪之后被证明的那样）是一个超越数，这就意味着它不能通过尺规作图的方式构造出来。沃利斯当然没有试图构造任何东西。相反，他试图得出一个数值，即在正方形的一个边等于圆的半径的情况下，得出圆与正方形之间的一个正确比值。由于正方形的面积为r^2，圆的面积为πr^2，那么这个比值就是π。由于π是超越数，所以它不能被表示为一个一般的分数或有限小数。不过，在本书的结尾处，沃利斯设法得出了一个无穷级数[1]，使他能够求出尽可能近似于π的值：

$$\frac{4}{\pi} = \frac{3\times3\times5\times5\times7\times7\times9\times9\times11\times11\times\cdots}{2\times4\times4\times6\times6\times8\times8\times10\times10\times12\times\cdots}$$

沃利斯在计算圆的面积时所用的方法，就像他计算三角形面积所用的方法一样：观察半径为R的圆的一个象限，他将这部分面积分割成了无穷多条平行线，如图9-2所示。其中最长的线段为R，其他的线段逐渐变短，直至在圆周时达到"0"。让我们把最长的线段标记为r_0，其他的线段标记为r_1，r_2，r_3，以此类推。同时，包围这个象限的正方形的面积也由无穷多条平行线构成，但它们的长度都相等。因此，该象限与正方形面积之间的比值为：

$$\frac{r_0+r_1+r_2+r_3+\cdots+r_n}{R+R+R+R+\cdots+R}$$

我们在该象限和正方形中画出的线越多——或者，我们按照现在的说法可以说，当n趋近于无穷大时——就越接近于该象限与正方形的面积之比。

现在，构成该象限的每条平行线r的确切长度，取决于它与第一条且最长的

---

[1]若有一个无穷数列（infinite sequence）"u_1，u_2，u_3，$\cdots$，u_n，$\cdots$"，此数列构成这样一个表达式"$u_1+u_2+u_3+\cdots+u_n+\cdots$"，则称该表达式为无穷级数（infinite series）。——译者注

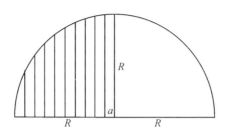

图9-2　平行线构成的象限表面。〔约翰·沃利斯，《无穷算术》（Oxford：Leon Lichfield，1656）〕

线的距离，如果将这个 R 的距离分为 n 个相等的部分，并且把各个相等部分看作为一个单位，那么与 R 最接近的线的长度则为 $\sqrt{R^2-1^2}$；它边上的一条线的长度则为 $\sqrt{R^2-2^2}$，再边上的一条线的长度则为 $\sqrt{R^2-3^2}$，依此类推，直至到达圆周上，最后一条线的长度为 $\sqrt{R^2-R^2}$，即为零。因此，构成该象限的线与相同数量的构成正方形的线之间的比值为：

$$\frac{\sqrt{R^2-0^2}+\sqrt{R^2-1^2}+\sqrt{R^2-2^2}+\sqrt{R^2-3^2}+\cdots+\sqrt{R^2-R^2}}{R+R+R+R+\cdots+R}$$

在《无穷算数》中，沃利斯的目的就是为了计算，当 n 增加到无穷大时的这一比值，而事实证明这不是一件容易的事。他通过一系列类似数列的近似值得出了结果，即得到了与所希望求得的比值极其接近的结果。但相比沃利斯计算圆面积更重要的是，他用来求无穷级数之和的方法得出了他的最终结果。

他在《无穷算术》的开始部分提出，假设我们已经有了一个"等差级数，从一个点或0开始……不断增加到0，1，2，3，4等。"他问道，这个数列的所有项之和与相同个数的最大项之和的比值将是多少？沃利斯决定试验一下。他从最简单的情况开始，即只有2项的数列0，1。该比值相应为：

$$\frac{0+1}{1+1}=\frac{1}{2}$$

他继续试验其他情况：

$$\frac{0+1+2=3}{2+2+2=6} = \frac{1}{2}$$

$$\frac{0+1+2+3=6}{3+3+3+3=12} = \frac{1}{2}$$

$$\frac{0+1+2+3+4=10}{4+4+4+4+4=20} = \frac{1}{2}$$

$$\frac{0+1+2+3+4+5=15}{5+5+5+5+5+5=30} = \frac{1}{2}$$

$$\frac{0+1+2+3+4+5+6=21}{6+6+6+6+6+6+6=42} = \frac{1}{2}$$

　　每一种情况得到的都是相同的结果，沃利斯从而得出了一个明确的结论："如果存在一个等差级数（或者自然数列），从一个原点或者0开始不断增加，无论它是有穷的还是无穷的（不必进行区分），它与由该级数的最大项组成的具有相同项数的级数之比，都等于1比2。"

　　沃利斯可以很容易证明这一简单的结果，通过求从0开始的自然数列之和的通式，再除以相同项数的最大项之和：$\frac{n(n+1)}{2}$除以$n(n+1)$，便立即可以得出$\frac{1}{2}$。但他的目的不是为了计算这一比值，而是为了证明归纳法的有效性：试验一种情况，然后再试验另一种情况，以此类推。如果该定理在所有情况下均成立，那么沃利斯就认为该命题得到了证明并且为真。他在多年之后写道，"归纳法是一个非常好的研究方法……它经常可以让我们得出早期发现的一般规则"。最重要的是，"它不需要……任何进一步的证明"。

　　在得出了这第一个定理之后，沃利斯继续按照同样的方法研究更复杂的级数：如果不是用自然数列之和除以相同项数的最大项之和，而是用自然数的平方之和除以相同项数的最大项之和，结果又会如何呢？利用他所钟爱的归纳法，他试验出了结果。从最简单的情况开始，他可以得到：

$$\frac{0+1=1}{1+1=2} = \frac{1}{2} = \frac{1}{3} + \frac{1}{6}$$

然后他加入了更多项，在每一种情况下计算两个级数之比：

$$\frac{0+1+4=5}{4+4+4=12} = \frac{5}{12} = \frac{1}{3} + \frac{1}{12}$$

$$\frac{0+1+4+9=14}{9+9+9+9=36} = \frac{14}{36} = \frac{1}{3} + \frac{1}{18}$$

$$\frac{0+1+4+9+16=30}{16+16+16+16+16=80} = \frac{30}{80} = \frac{3}{8} = \frac{1}{3} + \frac{1}{24}$$

$$\frac{0+1+4+9+16+25=55}{25+25+25+25+25+25=150} = \frac{55}{150} = \frac{11}{30} = \frac{1}{3} + \frac{1}{30}$$

$$\frac{0+1+4+9+16+25+36=91}{36+36+36+36+36+36+36=252} = \frac{91}{252} = \frac{13}{36} = \frac{1}{3} + \frac{1}{36}$$

观察不同情况所得到的结果，沃利斯推论得出，级数所包含的项数越多，该比值就越接近于 $\frac{1}{3}$。他得出结论，对于一个无穷级数来说，这个差异将会最终完全消失。他将其总结成了一个定理（命题21）：

如果存在一个无穷级数，其中的每一项都是自然数列项的平方（或者为一个平方数的数列），从0开始不断增加，它与由最大项组成的具有相同项数的级数之比，结果为1比3。

沃利斯的证明只需要一句话：他写道，"根据此前的证明，同理可证"。归纳法不需要进一步的证明。

沃利斯又再次试验了一个这种类型的级数，这次不是观察自然数的平方，而是观察自然数的立方：

$$\frac{0+1=1}{1+1=2} = \frac{2}{4} = \frac{1}{4} + \frac{1}{4}$$

$$\frac{0+1+8=9}{8+8+8=24} = \frac{3}{8} = \frac{1}{4} + \frac{1}{8}$$

$$\frac{0+1+8+27=36}{27+27+27+27=108} = \frac{4}{12} = \frac{1}{4} + \frac{1}{12}$$

$$\frac{0+1+8+27+64=100}{64+64+64+64+64=320} = \frac{5}{16} = \frac{1}{4} + \frac{1}{16}$$

$$\frac{0+1+8+27+64+125=225}{125+125+125+125+125+125=750} = \frac{6}{20} = \frac{1}{4} + \frac{1}{20}$$

$$\frac{0+1+8+27+64+125+216=441}{216+216+216+216+216+216+216=1512} = \frac{7}{24} = \frac{1}{4} + \frac{1}{24}$$

归纳法再一次不证自明地得出了结果。随着级数项数值的增加，该比值越来越趋近于 $\frac{1}{4}$，这就得到了命题41：

如果存在一个无穷级数，其中的每一项都是自然数列项的立方（或者为一个立方数的数列），从0开始不断增加，它与由最大项组成的具有相同项数的级数之比，结果为1比4。

就像此前的定理一样，该命题除了不证自明的归纳法之外，不需要其他证明。

用现代数学符号，沃利斯的这三个定理可以表示为：

$$\lim_{n \to \infty} \frac{0+1+2+3+\cdots+n}{n+n+n+n+\cdots+n} = \frac{1}{2}$$

$$\lim_{n \to \infty} \frac{0^2+1^2+2^2+3^2+\cdots+n^2}{n^2+n^2+n^2+n^2+\cdots+n^2} = \frac{1}{3}$$

$$\lim_{n \to \infty} \frac{0^3+1^3+2^3+3^3+\cdots+n^3}{n^3+n^3+n^3+n^3+\cdots+n^3} = \frac{1}{4}$$

沃利斯认为这些比值是计算圆面积过程中的重要步骤，因为每个代数比值都对应着一个特定的几何情况。第一个表示的是三角形与其外切矩形之间的比值，正如沃利斯在《论圆锥曲线》中给出的对三角形面积的证明。数列0，1，2，3，…，n表示构成三角形的平行线的长度，而数列n，n，n，n，…，n表示构成外切矩形的平行线，这两个数列的项数相等。它们之间的比值为 $\frac{1}{2}$，这也的确是三角形与长方形的面积之比（见图9-1）。第二种情况对应的是半抛物线及其外切矩形之间的比值，或者更精确地说，是半抛物线以外的面积与矩形面积之间的比值。构成该面积的平行线长度以平方的形式递增，即0，1，4，9···，n^2，而矩形的面积则表示为n^2，n^2，n^2，n^2，···，n^2。沃利斯实际上证明了抛物线以外的面积与其外切矩形的面积之比为$\frac{1}{3}$。第三个比值对应的是较为陡峭的"立方"抛物线（见图9-3），结果证明这时的比值为$\frac{1}{4}$。沃利斯的目标是要计算四分之一圆及其外切正方形之间的比值，虽然这一比值相对难于计算，并且在实现这一目标之前，他还有很长的路要走，但他实现这一目标的策略明显正在成形。

在得到了这些结果之后，沃利斯开始再次利用归纳法得出更一般的定理：适用于自然数及其平方与立方的规则，则必定适用于自然数的所有指数幂的情况：

$$\lim_{n \to \infty} \frac{0^m + 1^m + 2^m + 3^m + \cdots + n^m}{n^m + n^m + n^m + n^m + \cdots + n^m} = \frac{1}{m+1}$$

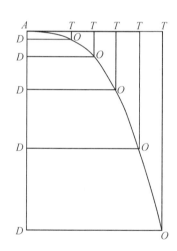

图9-3 半个三次抛物线及其外接矩形。沃利斯的比值表明，三次抛物线以外的面积AOT和外接矩形的面积之比为$\frac{1}{4}$。（沃利斯，《无穷算术》，命题42）

沃利斯并没能把结果直接表示成这种形式。由于缺乏现代符号，他采用了表格的形式，他为"一次幂"确定的比值为$\frac{1}{2}$，为"二次幂"确定的比值为$\frac{1}{3}$，为"三次幂"确定的比值为$\frac{1}{4}$，以此类推。这个表格是开放式的，而其中的规则是显而易见的：对于任何指数幂m，对应的比例为$\dfrac{1}{m+1}$。

　　沃利斯把几何图形视为物质的东西，并因此认为，它们就像所有物体一样，都是由一些基本部分构成的。平面图形是由排列在一起的不可分割线构成的，几何体则是由堆叠在一起的平面构成的，这正如在他之前的卡瓦列里和托里切利所认为的那样。但不同于这两位意大利数学大师的是，沃利斯用来研究数学对象的首选方法是培根哲学中的归纳法，这让他的数学研究看起来更像是实验者在实验室所做的事情，而不像是数学家在办公桌上所做的事情。沃利斯的数学方法是物质的、无穷小的、实验的方法，这是在西方数学史上最非正统的一次大胆尝试。

　　沃利斯利用非正统的数学方法所取得的成就，并没有引起其他数学家的重视，但这丝毫也不奇怪。皮埃尔·德·费马在今天被人们所熟知，大多是因为他的费马大定理（Fermat's Last Theorem），这是数学领域中持续最久的未解难题之一，直到1994年它才被英国数学家安德鲁·怀尔斯（Andrew Wiles）证明出来。但在费马那个时代，这位法国人仍是欧洲最知名和最受尊敬的数学家之一。在《无穷算术》于1656年出版之后不久，他就读了这本书，在此后一年，他与沃利斯展开了热烈的争论。费马持有怀疑态度，他的批评直指沃利斯方法的非传统核心。首先，他反驳了沃利斯的无穷小学说，因为它不加鉴别地假定，人们可以通过对平面图形中的线求和的方法来计算平面面积。费马认为，沃利斯的方法存在不足：人们不能对图形内的所有线进行求和，除非他已经通过传统方法得出了这个图形的面积。如果费马是正确的，那么沃利斯的整个计划就没有意义了，因为它假装证明了实际上已知的命题。

　　如果费马对沃利斯随便使用无穷小感到不满，那么他对沃利斯非传统的证明方法也应该不会感到高兴。他在写给英国朝臣坎奈姆·迪格比（Kenelm Digby）的信中，对沃利斯的方法给出了评价，最初，他还在表面上保持着一定的风度："我已经收到了沃利斯先生的信件副本，他当然是一位令人尊敬的学者。"他在开头先表达了对沃利斯的崇敬之情。但从下文来看，可能并非如此："但他的证明方法是基于归纳法，而不是基于阿基米德风格的演绎推理，这对于那些希望从始至终看到三段论式的证明的新手来说可能有点困难。"他相当自以为是地指出，你与我当然都了解这种非同寻常的方法，但数学"新手"可能会遇到麻烦，或许沃利斯能很好地让他们理解这种方法。但在经过一番礼貌和谦虚的表述之后，马上就可以清楚地看出来，费马真正关注的并非是那些数学上的外行人，而是沃利斯的方法本身：他写道，最好是"通过常规的、合法的、阿基米德的方法进行证明"。言外之意就是说，沃利斯的方法既不符合常规，也不合法。

此后不久，费马在另一封信中明确指出了归纳法存在的问题。他警告说，我们必须非常小心地使用这种方法，因为人们利用它得到的规则"可能适用于几个特殊情况，但实际上却是假命题，而且不是普遍适用的"。他继续说道，如果小心使用的话，这种方法在某些情况下可能是有用的。但是，一定不能把这种方法作为科学的基础，像沃利斯先生那种靠归纳法得出的规则并不可靠。因此，我们所能倚靠的只能是证明方法。隐含而未明说的意思是，沃利斯的归纳法根本不算是证明方法。

沃利斯不为所动。他回复道，他的无穷小数学是建立在卡瓦列里的不可分量方法基础之上的，费马有关几何图形构造的批评，都能在卡瓦列里的书中找到答案。他的方法远非与传统方法大相径庭，而只是对无可指责的穷举法的简单应用，古代数学大师欧多克索斯和阿基米德都曾用过这种方法。沃利斯写道，如果费马仍然希望以古典形式重建所有证明，那么"这是他的自由"。但是，"他这样做可能是徒劳的，因为卡瓦列里已经替他做过了"。

沃利斯巧妙地转移了费马对无穷小方法的有效批评，而且并没有直接答复他的批评。他声称"在书中不存在什么新的东西"，这听起来有些虚伪，因为他曾公开地声明过其作品的新颖性。他在《无穷算术》写给威廉·奥特瑞德的致辞中写道，"你会发现这本书的新颖之处（如果我判断正确的话）"，并补充道，"我没理由不这样说"。他声称，卡瓦列里已经回答了所有反对意见，这是一种有效的策略，也是曾被托里切利、安杰利以及其他无穷小的提倡者所使用过的策略。这样做既忽略了SJ对卡瓦列里的致命攻击，又使不可分量学说显得获得了比实际更广泛的接受程度。这也很可能是因为费马从未真正阅读过卡瓦列里厚重的大部头，由于其众所周知的晦涩难懂，这为许多17世纪的不可分量论者提供了掩护。

对于费马对归纳法的批评，沃利斯同样不为所动。沃利斯指出，归纳法的证明"是直接、有效和简单的"，并且不需要额外的证明。他写道："如果有人认为这种方法没有价值，那是因为他不能放下传统几何方法的浮夸与卖弄，除此之外没有其他理由。"沃利斯认为，任何一位合格的数学家，只要他肯花一些时间，都可以将其归纳法的证明转化为传统的几何证明，但这样做是徒劳无益的。他写道："我不觉得欧几里得会如此迂腐，我也敢肯定阿基米德同样不会如此。"按照沃利斯所说，如费马这般迂腐的是极少数："我所见过的多数数学家，在看过一些归纳法的证明之后……都会对所得出的普遍性结论及其效力感到满意。因此，这种归纳法迄今为止一直被认为是……一种有说服力的证明方法。"通过寥寥几句轻蔑的话语，沃利斯就瓦解了上千年的数学传统。

挽救

虽然沃利斯的数学方法，对于像费马那些较为正统的数学家来说是不能接受的，但对于他在伦敦皇家学会的同仁来说，这却解决了一个困扰他们的大问题。波义耳、奥登伯格和其他一些同仁已经把实验方法奉为了从事科学研究的正确方法。对他们来说，这不仅是揭开自然之谜的正确方法，也是国家合理运作的一个模型。遗憾的是，虽然实验主义支持皇家学会的创始人们对于自然和社会的愿景，但它也在政治和方法上把数学归到了错误的一边。按照一般的理解，数学不会为反对意见留下任何余地，它应该通过严格的推理产生不可辩驳的一致意见，而不是通过自由讨论达成一致意见。这是少数专家主宰的领域，他们的研究太过于专业和深奥，以至于外行学者很难有资格给予评价。基于他们独有的权威性，人们必须接受他们（绝对而且傲慢）的言论。最重要的是，对于霍布斯的专制科学和极权国家来说，数学正是其知识体系和国家愿景的基石，而霍布斯的哲学又正是皇家学会所厌恶和恐惧的。在他们看来，实验主义主张适度、宽容与和平，而数学却成了宣扬教条主义与不宽容思想的工具，其结果必然就是导致内战。

这让皇家学会的创建者们陷入了一个左右为难的境地。他们如何能够既保证数学的效用和科学成就，又不承担其不受欢迎的方面呢？沃利斯给出了答案：他独特的数学方法不仅像传统方法一样具有强大的效用，而且完全符合皇家学会所珍视的经验主义。在皇家学会的创始人们看来，这可谓是一个天赐的礼物：这是一种灵活的数学方法，不仅能够容纳不同的意见，而且能够温和地提出数学真理。这正是皇家学会能够认可并提倡的那种数学。

要想了解沃利斯的数学方法与皇家学会所厌恶的严格的欧几里得方法到底有什么不同，最好的办法就是将沃利斯的方法与他们最畏惧的人——托马斯·霍布斯——的数学观点进行比较。首先，霍布斯坚持认为，必须由我们自己根据第一原理来构造几何体，而且几何学必然是完全可知的。与之相反的是，沃利斯认为，线、面和几何图形是已经构造好的物体，应该像科学家研究自然物体那样探寻其中的奥秘。然后是数学方法的问题。霍布斯坚持认为，严格的演绎推理是唯一能够接受的数学研究方式，因为只有这种方式才能保证绝对的确定性。相反，沃利斯主张归纳法，他认为，在发现新的结果方面，归纳法远比演绎法更为有效。归纳法从未试图想要达到霍布斯所珍视的那种确定性，在沃利斯看来，确定性并不是很重要的事情。最后，由于霍布斯坚持认为自己的数学推理得到的是绝对真理，所以他对别人的意见毫不在意。他的证明本身就是对自身强有力的证明，而不管别人理解与否。但沃利斯的归纳证明不是绝对不会出现错误的逻辑推理，而是具有很强说服力的证明，旨在说服他的听众。它们的成功在很大程度上取决于沃利斯的读者是否最终相信该定理适用于所有情况，而不仅仅是他所试验的这种特殊情况。

几乎在每一个方面，沃利斯的数学都在复制他在皇家学会的同仁所遵循的实验方法。他研究的是客观存在的外部对象，而不是去构造一个几何对象；他的数学依靠的是归纳法，而不是演绎法，归纳法永远不会声称得到了终极真理，对这些真理的最终仲裁者是人们的一致意见。对于皇家学会的创始人中唯一的一位数学家，这正是人们希望他能给出的那种数学，也恰恰是皇家学会的领导者所期望得到的数学。现在的数学不再是实验方法的一个危险对手，而是可以和这些实验性方法一起促进正确的科学和正确的政治秩序。

沃利斯与霍布斯都认为，数学秩序是社会和政治秩序的基础，但除了这个共同的设想外，他们几乎没有其他的共识。霍布斯提倡严格和严谨的数学演绎方法，这是他专制、僵化、有等级的国家的模型。沃利斯提倡适度、灵活和共识驱动的数学，其目的是促进整个政治体内形成同样的这种品质，因此这种数学的重要性达到了前所未有的程度，它关乎真理的属性、社会和政治秩序以及现代世界的面貌。

巨人与"毁谤者"之战

在1655年夏天，萨维尔几何学教授沃利斯与宫廷政治哲学家霍布斯展开了第一场战争，沃利斯发表了《驳斥霍布斯几何》，严厉地批评了霍布斯在《论物体》中的几何方法。他们的最后一次交锋发生在23年后，90岁的霍布斯发表了《自然哲学十日谈》（*Decameron Physiologicum*），其中包括一篇关于"直线与象限弧的一半的比例"（the proportion of a straightline to half the arc of a quadrant）的讨论。这是霍布斯所做的最后努力，以捍卫自己的数学并诋毁他的对手。如果不是霍布斯在第二年去世的话，这场不断拉锯的论战还可能会一直持续下去。在这期间，沃利斯发表了另外10本书和一些论文来直接针对霍布斯，而霍布斯则至少发表了13本小册子来专门针对沃利斯。除了这些之外，在这两位非常多产的作家的其他一些作品里，还可能有无数其他的侮辱、诽谤、指责以及（偶尔）严厉的批评。在论战达到顶峰时，他们互相之间的指责以非常频繁的节奏来回往复，不仅指责对方数学能力差，而且指责对方政治颠覆、宗教异端，以及个人邪恶。

在这场战争打响之时，两人很可能素未谋面。沃利斯无疑应该知道这位创作《利维坦》的著名作家，当霍布斯在1651年回到英国的时候，沃利斯的朋友及同事赛斯·沃德曾前往伦敦拜访过霍布斯。霍布斯如果知道沃利斯的话，也只因为他是（显然不够资格的）牛津大学新的萨维尔教授，他被国会任命明显是出于政治上的原因。即使在以后的岁月里，在两个人花了大量的时间来设法诋毁对方名声的过程中，也没有记录显示他们曾经见过面。虽然这很难想象，但他们在英国知识精英的紧密社交圈子里的确从未遇到过对方。他们之间的冲突是源于他们在政治上、宗教上以及数学方法上的不同意见，而不是源于个人恩怨。但没过多久，两个人的冲突就转移到了个人身上，并且开始恶言相向。

沃利斯对霍布斯的批评，在早期所定下的基调为："没有人会怀疑这个人是多么地高傲自大"，他在《驳斥霍布斯几何》一书写给约翰·欧文（John Owen，基督教会学院院长和牛津大学副校长）的献辞中这样写道，"当我看到他，还有（他著名的）'利维坦'或者说'巨人'，所表现出的那种傲慢和不可一世，我认为应该彻底打击一下他的嚣张气焰，让他能够明白，如果没有分工协作，他就不能做任何自己喜欢干的事情……"一个膨胀而且傲慢的"巨人"四处横行，仿佛唯独他才拥有真理一样，这成了沃利斯所喜欢的对霍布斯的讽刺刻画，他发誓要"刺破这个人的膨胀之躯，因为他是如此的满腹空话"。至于霍布斯，他似乎并未受到沃利斯粗言的影响，虽然他会偶尔抱怨对手粗俗的语气，但他饶有兴趣地加入了这场论战，并且自得其乐。

霍布斯对沃利斯的恶言抨击给出了首次回应，而从他的这些标题中就可以看出其居高临下的姿态：《给数学教授的六堂课》（*Six Lessons to the Professors of*

Mathematics）、《一种几何学》（*One of Geometry*）、《另一种天文学》（*the Other of Astronomy*）。如果说此前沃利斯认为他傲慢是没有依据的，那么他发表的这些小册子无疑证实了沃利斯的说法。霍布斯作为卡文迪许家族的家庭学者，既没有文凭也没有职位，却妄想教给沃利斯和沃德几何学知识，要知道，这两位数学家可是占据着欧洲最杰出的数学职位。霍布斯并没有就此停止，在他写给皮尔庞特（Pierrepont）勋爵的献辞中，他继续争辩道，他其实远比他们更能胜任他们的数学职位：凭借在《论物体》中建立的真正的几何基础，"我就足以能领受沃利斯博士所领到的那份薪水"。

至于著作本身，霍布斯从捍卫自己的数学著作开始，后来发展到嘲讽沃利斯，并以他的轻蔑回应沃利斯的轻蔑。他对沃利斯的《无穷算术》以及有关接触角的著作评论道："我可以肯定地说，这些书中出现的谬论之多，在几何领域可谓是前无古人、后无来者的。"对于沃利斯所用的代数符号，其中有一些是他自己发明的（比如 ∞），他这样评论道："这些符号蹩脚而且不美观，即使有必要用，也只能是证明的辅助；而且完全不必公之于众，这些丑陋的东西，最好还是留给你自己用。"按照霍布斯的说法，沃利斯的《论圆锥曲线》"布满疤痕一样的符号，这甚至让我没有耐心去检查他的证明是否正确"。也许正是因为他这样说，才会让沃利斯在多年后想到了那些妙语来反驳霍布斯，沃利斯说那些嘲笑数学符号并坚持古典证明方法的人，"沉浸在线与图形的浮夸虚饰中不能自拔"。当沃利斯试图对霍布斯的一些更为实质的批评做出回应时，霍布斯像一个专横的校长管教一个任性的孩子一样斥责了他，他不耐烦地写道，"你确实很活跃而且没有规矩，我都无法预知你要做什么，我也不需要知道"。但一切都是徒劳的："你的《无穷算术》从头到尾都是徒劳无功的"。

他们这样反复的交锋持续了将近20年。霍布斯更加文采出众和才思敏捷，但沃利斯拥有更高的谴责热情和声势。沃利斯很好地利用了自己在牛津大学和皇家学会的职位优势，逐步孤立霍布斯，并在英国学术界诋毁他的声誉。如果说在17

世纪50年代时，霍布斯还被普遍认为是一位令人敬畏的科学家和数学家，那么到了17世纪70年代时，他已经被当成了一位政治哲学家，只是他不明智地偏离了自己的专业领域，并且被揭露为是一位不称职的业余数学家。即使霍布斯以前的学生国王查理二世，也加入到了揶揄这位老哲学家的行列：当霍布斯到宫廷进行经常性的拜访时，国王会说，"冬眠的熊来了！"结果，尽管他是英国最著名的学者之一，尽管他有很多熟人在皇家学会位居要职，但他从来没能当选为皇家学会的会员。霍布斯将此归因于他在皇家学会的两个势不两立的强大敌人——沃利斯和波义耳，毫无疑问，他这样说也有一定的道理。但还有另外一个原因，他与沃利斯持续数十年之久的激烈斗争（以及与波义耳的短期斗争），已经使得他在科学上声誉扫地，所以也就不够资格当选为会员。

当这两位著名学者进行这场公开争论的时候，在他们的之间的声讨和愤怒之下，实际上隐藏着诸多危机。沃利斯解释了，他为什么会首先对霍布斯的数学发起攻击：他问道，"当他在其他方面也犯有同样更危险的错误时，我为什么没有针对他的神学和其他哲学，而是要反驳他的几何学呢？"他解释道，其原因就是，霍布斯已经"通过几何学奠定了他的哲学基础，如果没有几何学，那么他的哲学将几乎不存在什么合理之处"。霍布斯对其哲学体系的数学基础是如此肯定，以至于"当他看到有人与他在神学和哲学上存在不同意见时，他都会高傲地认为应该把他们赶走，因为他们根本不懂几何学，他们根本不明白这些东西"。唯一能够推翻霍布斯的整个哲学体系的方式，就是证明他其实是一个在数学上不学无术的人。这样，他的"满腹空话"将被"彻底戳穿"，人们就会知道"……其实没有必要对这个利维坦过于担心，因为他的（最有信心的）盔甲很容易被刺穿"。

在与霍布斯经过几个回合的激战之后，沃利斯在1659年写给荷兰博学家克里斯蒂安·惠更斯的一封信中重复解释道，对霍布斯"非常恶劣的抨击"，并非是因为自己缺乏修养，而是由于"事出必然"。这是"因为利维坦的挑衅，他尽其所能地攻击了我们，破坏了我们的大学教育……特别是攻击了神职人员，以及所有的机构和所有的宗教"。沃利斯继续说道，既然这个"利维坦"非常依赖于数学，"似乎有必要由一些数学家……让他明白他自己对数学（其勇气产生的根源）的理解是多么得少"。摧毁他的数学公信力会使霍布斯的学说失去信任，并使这些教育机构免受他具有破坏性的哲学的威胁。

对沃利斯来说幸运的是，霍布斯非传统的几何学为高明的数学家提供了很多可以攻击的地方。如果霍布斯牢牢坚持多年之前所迷恋的古典几何的话，也就是他在欧洲大陆的一位绅士的图书馆那里偶然发现的欧几里得几何，那么他还可能具有更可靠的理由。但对霍布斯来说，这种几何还远未达到他的要求：为了支持他的政治体系，他的几何学必须是一门完美的科学，能够解决所有突出的问题。所以他需要将古典几何学转换成他希望得到的那种几何学。他之所以遇到问题，并不是因为他在数学上的无知，从他所尝试的证明方法来看，他已经显示出了很强的数学能力。究其原因在于，根本无法通过古典的几何方法解决"化圆为方"的问题，因而他所希望建立的体系从一开始就是注定要失败的。

在一定程度上，霍布斯效法了克拉维斯和SJ，他们都企图利用几何学来作为知识、社会和国家的正常秩序的模型。在他们所主张的具有严格等级制度的体系中，主权者（对于霍布斯来说）或者教皇（对于SJ来说）的话都具有法律效力，所有反对意见都被视为荒谬的，这反映了理性和不可辩驳的几何秩序。但霍布斯比SJ更进了一步：他不仅将几何学视为一种模型和理想，还试图在逻辑上系统地从他修改过的几何原理中推导出他的哲学。这就要求他能够证明，世界上一切事物都可以通过几何原理构造出来，他在《论物体》要做的就是这些。

但事实证明，这个世界不可能完全由数学构造出来。毕达哥拉斯学派早在2000多年前就认识到了这一点，不可通约性（无理数）的存在颠覆了他们原有的信仰，即世界上的一切事物都能够以整数之比来描述。

当沃利斯嘲笑他在"化圆为方"上的屡次失败时，霍布斯曾试图为自己辩护。他抗议沃利斯重新引用被他抛弃的结果，他写道："看来你已经知道了我否定的那个命题，你这样做是令人不齿的行为，就像我排泄物里面的虫子。"他承认自己在《论物体》中的前两次尝试是错误的，但他坚称，只是因为一时疏忽才会导致这样的错误，而他的方法没有任何问题。

霍布斯不想，而且很可能不能，承认他的基本方法是有缺陷的。他认为，他的整个哲学体系都受到了威胁，如果承认他的几何学是没有前途的，那么对他来说，就如同承认他所创作和主张的一切都是没有意义的。因此，在此后的20多年里，霍布斯不断地提出新的"证明"，而沃利斯也了解这些证明对霍布斯来说是多么得重要，他也在不断地拆穿它们。走投无路并且孤立无援的霍布斯，面对着对他的数学方法不断增加的批评，终于放低了姿态。在1664年，关于他的又一个"化圆为方"的方法，他在给朋友索比耶的信中写道："对于即将发表的证明方法，我不希望再对其进行更正、证实或者争论了。""这是正确的方法，如果人们背负着偏见，不够仔细地去理解它，那就是他们的错误，而不是我的。"在去世之前他仍然完全相信，他已经成功地解决了"化圆为方"的问题。

哪种数学

对于那三个经典几何难题，霍布斯一次又一次地提出新的解决方法，而沃利斯也一次又一次地拆穿他的解决方法，沃利斯从否定他的方法中找到了自己的乐趣。沃利斯也会收到他的对手对他的批评，而他也把这些对他的批评用到谴责霍布斯的数学上面。特别是，沃利斯反对霍布斯试图用物理学上的物质原则来构建数学。沃利斯指责道："在你之前，有人曾把点定义成物体吗？有人曾真正地提出过数学上的点存在大小吗？"如果点存在大小，那么把两个、三个或者一百个点加在一起，将会使它们的大小增加两倍、三倍或者一百倍，这明显是荒谬的。相同的批评也适用于霍布斯在其几何学定义中所使用的其他物理属性，比如他定义的"动力"和"冲力"。霍布斯需要这些术语，因为他认为所有的证明都必须受到物质原因的驱动。但沃利斯看到了其中的漏洞，他采用古典欧几里得几何的观点，将完美的几何对象与霍布斯所定义的有缺陷的物质对象进行了严格的区分：沃利斯问道，在几何定义之中，"出于什么目的才会考虑时间、重量或者其他类似的量值呢？"他认为，这样的物理属性在几何世界中根本没有存在的必要。

沃利斯因为霍布斯在数学中加入了物质概念而批评他，沃利斯这样的做法可以说是有些虚伪的。毕竟，沃利斯在自己的数学方法中也做着同样的事情：他主张将几何对象看作已经存在的"客观对象"，将它们划分成不可分割的组成部分，并通过实验性方法对它们进行研究。事实上，霍布斯很乐于用同样的理由来谴责沃利斯。然而，沃利斯的数学说到底还是比霍布斯的方法更不容易受到攻击，因为霍布斯想用数学作为一个确定性的堡垒来支撑他的政治哲学。因此，所有关于其方法的逻辑可靠性的批评都指向了其哲学体系的核心。相比之下，沃利斯并不十分在意方法上的确定性。他在多年后解释道，他的目的"在很大程度上不是为了提出一种用于研究已知知识的方法……而是要提出一种发现未知知识的研究方法"。沃利斯最为关注的是方法在获得新结果上的有效性。而所使用的证明方法是否完美或者无懈可击，这并不是沃利斯十分看重的。

霍布斯是绝不会接受这种观点的。他认为，混乱的基础会导致混乱的思维、混乱的知识、争议和社会冲突。霍布斯认为，沃利斯及其他神学家，之所以提倡这种很难站得住脚的数学理念，不管是没有大小的点，还是非物质思想，其中唯一可能的原因就是，他们是出于自身利益的考虑，试图使自己获取本应属于主权者的权威。他决定制止他们的这种做法。他解释道，写《利维坦》是为了揭露那些英国牧师在如何努力地夺取尽可能多的权力，以至于最终导致了内战的爆发。在这场对抗权力饥渴的神职人员的斗争中，他与沃利斯的斗争也同样是其中的一部分。他在1655年写给索比耶的信中解释道："我是在与全英国的所有神职人员进行斗争，而沃利斯就是他们反对我的代表。"阻止这场阴谋并拯救国家的办法就是，揭露沃利斯数学的虚伪，把他从有威望的数学家行列中赶出去，使他失去信誉。

霍布斯直接攻击了沃利斯数学的两大支柱。他首先针对的是归纳法。他充满怀疑地惊呼道："这位逻辑学家和几何学家，居然认为归纳法……足以推断出一个普遍适用的结论，并且适用于几何证明！"一个数学规则适用于一定数量的情况，并不意味着它也适用于其他未经验证的情况。费马曾提出过同样的观点，实际上任何一位具备古典理念的数学家，都可能会提出这种观点。

不过，沃利斯数学的第二个支柱才是霍布斯的重点打击对象，即无穷小概念。沃利斯将三角形面积分割成了无穷多条平行线，每条线都具有一个无穷小的宽度 $\frac{1}{\infty}$，然后再对它们求和。霍布斯觉察到了其中的漏洞，他发动了猛烈而精准的打击。"在你的《论圆锥曲线》的命题1中，你首先提到，'一个平行四边形的宽度为无穷小，也可以说非常接近于零宽度，它是除了线之外最狭窄的几何对象'"。霍布斯在一开始就引用了沃利斯说的话。"这是几何语言吗？"他怒喝道，"你如何定义'狭窄'这个词？"凭直觉，我们很清楚沃利斯用这个词指的是什么，但霍布斯是完全正确的，"狭窄"根本不算是一个数学术语。这不是一个细枝末节的小问题：在霍布斯看来，学习数学的所有意义就在于它的严谨性、精确性和确定性。使用模棱两可的术语——沃利斯喜欢的这种做法，破坏了整个数学体系。

此外，霍布斯还准备了很多针对沃利斯的攻击。构成三角形的线或平行四边形的宽度既不是为零也不为某个数值，而且沃利斯的证明也不是建立在这两种方式基础之上的。霍布斯指出："如果线没有宽度，那么你的三角形就是由无穷多条没有宽度的线构成的，就是无穷多条宽度为零的线的集合，因此你的三角形面积也没有数值。"允许线具有一定的宽度，并把它们当作极小的平行四边形，这对沃利斯的证明来说同样是灾难性的。霍布斯指出："如果你说的平行线指的是无穷小的平行四边形，那么你永远不会是正确的。"这是因为，在沃利斯构造的三角形中，他所假设的平行四边形的两条对边分别平行于三角形的两条边。正如霍布斯所指出的，因为在三角形中没有哪两条边是平行的，因此平行四边形的对边也不是平行的。这不可避免地会得出这样的结论，即它们根本不是平行四边形。

然后，霍布斯又从另一个角度对沃利斯的《无穷算术》进行了更为严厉的批评。在沃利斯的证明当中，他计算了两个无穷级数的比值，其分子为一个不断增加的无穷级数，分母为一个由最大项组成的与分子具有"相等项数"的无穷级数。但一个不断增加的无穷级数怎么会有一个"最大项"呢？两个无穷级数怎么能有"相同的项数"呢？霍布斯指责道，把无穷级数看成具有最大项，或者具有一定的项数，这相当于把无穷当作有穷来处理，这是一种自相矛盾的做法。霍布斯斥责道："这个法则实在是荒谬透顶，我相信没有哪个神智清楚的人会提出这样的方法。"关于沃利斯随口声称，卡瓦列里已经说明过"任何连续量都由无穷多的不可分量或者无穷小的部分构成"，霍布斯回应道，虽然他读过卡瓦列里的书（他十分怀疑沃利斯实际上并没有读过），但他不记得在书中曾出现过任何诸如此类的说法。"所以这种说法是错误的。一个连续的量由其性质决定了，它可以一直被分割成可分割的部分：因此不可能存在什么无穷小量。"

为未来而战

这的确就是问题的关键所在：霍布斯拒绝接受无穷小概念以及使用无穷小的数学方法。他坚持认为，数学必须从第一原理开始，一步一步地进行演绎推理，最终得出更为复杂但同样具有确定性的真理。在这个证明过程中，所有的几何对象都必须从简单图形开始进行构造，仅能利用简单而且不证自明的对点、线、面等的定义。霍布斯相信，通过这种方式，可以构造出一个完全理性、绝对透明并且充分可知的世界，在这样的世界中，将不会再有任何秘密可言，它的规则将像几何法则一样简单而绝对。当一切设想都成为现实的时候，利维坦的世界就降临了，他是至高无上的主权者，他的法令一定要得到无可争议的真理的庇护。企图对数学的完美理性推理进行的任何篡改，都将破坏完美的理性国家秩序，并将导致不和谐的党派之争以及内战。

然而，在霍布斯看来，无穷小是一个擅自闯入数学领域的不速之客，它破坏了明白无误的数学合理性，这反过来又会破坏社会、宗教和政治秩序。一方面，如果数学要成为一种普遍的理性秩序，那么它就必须在逻辑上系统地构造其几何对象，但显然无穷小方法并非如此。更受诟病的是，无穷小本身是含混不清的，甚至是自相矛盾的，它可能产生真理，同时也容易产生明显的错误。这种非构造性的、自相矛盾的方法，是霍布斯的数学所绝对不能容忍的。如果允许无穷小进入数学领域，那么所有的秩序都将处于危险之中，社会和国家将被摧毁成一片废墟。从含混不清和定义不明的无穷小之中，霍布斯似乎听到了圣乔治山上不受控制的掘土派的回声。

沃利斯有着不同的看法。实际上，在霍布斯看来是在制造灾难的那些无穷小的特征，在他看来都是明显的优势。霍布斯认为，正是由于异议的存在，才不可避免地导致了混乱和冲突，并决心清除掉任何可能产生异议的线索。数学是唯一一门（他认为）已经成功地消除了异议的科学，只有数学才能使他达到自己的目的。但沃利斯以及皇家学会的其他会员则认为，正是教条主义和不宽容导致了17世纪40年代和50年代的灾难。他们所关注的并不是知识的不确定性，而是它似乎过于确定、教条和排除异议了。沃利斯的数学提供了另一种选择。

不同于传统的欧几里得几何，沃利斯的数学并没有试图构建一个数学世界，而是去研究这个客观存在的世界。对于那些恐惧严格的理性世界秩序的人来说，沃利斯的数学极合他们的胃口。沃利斯的世界仍然是神秘的、有待发现的，并且可以通过数学或者其他方式对其进行新的研究。无穷小的模糊性也是一个积极的特征，绝不能因为这种模糊性而认为它不适合作为一个正当的数学概念。它的不明确，甚至是矛盾，为解释不同的性质和运作方式留下了空间。最后，事实证明，沃利斯的无穷小在揭示新的数学真理方面非常成功，从而证明了这种未被完全理解的概念的效用。对于它的提倡者来说，前进的道路就是要小心地、实验性地使用任何可能有效的方法来揭开世界的奥秘。想要构造一个完全可知和理性的数学世界的任何企图，不仅在政治上是危险的，而且在科学上也是一条死胡同。

后记：两种现代性

沃利斯赢得了胜利。17世纪60年代，在这场将持续数十年的战争刚刚打响几年的时候，霍布斯实际上就已经从数学家的行列中被驱逐了出来，而沃利斯则仍然是数学界中一位值得尊敬的数学家。赛斯·沃德是沃利斯的同事，同时也是霍布斯的死敌，他后来成了圣公会主教，但沃利斯并没有像他那样也被任命为圣公会主教，很可能是因为沃利斯早年间激进的长老会经历阻碍了这一任命。但沃利斯仍然享有牛津大学的萨维尔教授和档案保管者职位，并且他还是皇室宫廷的一位常客。在他的朋友之中，不仅有皇家学会的创始人，如亨利·奥登伯格和罗伯特·波义耳，而且还有他们杰出的继承者，包括艾萨克·牛顿和约翰·洛克（John Locke）。他一生都在发表作品，不仅限于数学领域，还包括力学、逻辑学、英语语法，而且他还自认为是一位教聋哑人说话的专家。他的两部文集收录了他在几十年间发表的数十篇论文，直到他去世前一直在出版。沃利斯于1703年去世，享年86岁，他被哀悼为"一个在很多方面都受人尊敬的人，并且非常勤勉，在短短几年里，他就因其精湛的数学技能而闻名，因此，在那个时代的数学界之中，他可以当之无愧地被称为最伟大的人"。

但比他在个人生活和职业生涯上所取得的成功更重要的是：沃利斯存在争议

的数学已经取得了胜利，而霍布斯的证明方法却逐渐沦为了一个业余爱好者的数学成果。沃利斯在《无穷算术》和其他作品中得出的结果，得到了他同仁的验证和肯定。毫无疑问，其中最重要一位读者就是那位剑桥大学的年轻本科生——艾萨克·牛顿。1665年，23岁的牛顿发明了他自己版本的无穷小数学，他后来承认，他当时主要是受到了《无穷算术》的启发。在接下来的几十年里，牛顿的微积分，以及其竞争对手莱布尼茨版本的微积分，均得到了广泛流传，他们的微积分转化为了大量的数学实践和众多的数学分支学科。数学分析——这个以微积分为起点的新的数学领域，成为18世纪数学的主要分支，并且成为该学科的主要支柱之一。它使数学研究能够应用到几乎所有领域，从行星的运动，到琴弦的振动，从蒸汽机的运作，到电动力学——几乎囊括了从那时到现在的数理物理学的各个领域。沃利斯在有生之年只看到了这场数学革命的萌芽，而这场数学革命在接下来的几个世纪里改变了整个世界。但是，当他于1703年去世时，这场数学之争胜负已定：无穷小最终胜出。

从罗马和佛罗伦萨到伦敦和牛津，在17世纪中叶发生的这场关于无穷小的斗争席卷了整个西欧大陆。在西欧大陆的两端，这场斗争产生了两种截然相反的结果：在意大利，SJ战胜了伽利略学派；在英国，则是沃利斯战胜了霍布斯。这并不是预料中的结果。如果请一位17世纪30年代的客观观察者来预测数学在这两个国家的命运的话，他几乎肯定会给出相反的预测。意大利一直保持着杰出的数学传统，而英国在之前从来没有出现过任何著名的几何学家，除了没有发表过作品并处于隐居状态的托马斯·哈里奥特。如果说有哪个国家会注定成为具有挑战性的新的数学先锋的话，那一定是意大利，因为自从文艺复兴时期开始，它的艺术和科学就激励了整个欧洲。而同时期的英国可以说一直停滞不前，它只能从那些更有文化的邻近的大陆国家那里得到一些文化上的滋养。

但是，此后事情的发展却完全出乎人们的意料。针对无穷小的战争开始之后，高等数学就在意大利停止了发展步伐。而英国的数学迅速崛起，成为欧洲主要的具有数学传统的国家，只有法国能够与之相较。

要想体会接受无穷小量对现代西方世界的影响程度，可以先想象一下，如果没有无穷小学说，这个世界又会是何种景象。如果这个世界是按照SJ及其盟友们的愿景发展下去的话，世界上就不会存在微积分，不会存在数学分析，也不会存在任何由这些强大的数学方法所产生的科学和科技创新。早在17世纪时，"不可分量法"就被应用到了解决力学问题上，并且被证明在描述运动方面特别有效。伽利略曾用它来描述自由落体运动，与他同时代的开普勒曾用它发现并描述了行星围绕太阳运动的轨迹。艾萨克·牛顿利曾用微积分创建了一门新的物理学，并与万有引力一起在数学上描述了整个"世界体系"。

牛顿的成果在18世纪得到了延续，一些杰出的数学家，比如，丹尼尔·伯努利（Daniel Bernoulli）、莱昂哈德·欧拉（Leonhard Euler），以及让·达朗贝尔（Jean d'Alembert），他们为流体的运动、弦的振动以及气流等提供了一般性的数学描述。他们的继承者拉格朗日和皮埃尔-西蒙·拉普拉斯（Pierre-Simon Laplace）已经能用一组精确的"微分方程"（differential equations，即应用微积分方程式）来描述宇宙万物的运行机制了。从当时那个时代一直到现在，数学分析（更广泛的微积分形式）一直是物理学家用来解释自然现象的基本工具。而这一切都起源于曾在1664年困扰索比耶的"数学家的不可分割线"。

微积分发展到对工程技术产生影响，花了比较长的一段时间，但一旦发生，就带来了革命性的影响。在19世纪，由约瑟夫·傅立叶（Joseph Fourier）发明的热传导数学理论，以及由威廉·汤姆森发明的热力学，使设计和生产更加高效的蒸汽机成为可能。在19世纪60年代，詹姆斯·克拉克·麦克斯韦（James Clerk Maxwell）发明了著名的"麦克斯韦方程"，即描述电场、磁场与电荷密度、电流密度之间关系的偏微分方程。后来发明的电动机、发电机以及无线通信，都是得益于他的研究成果。此外，微积分在很多领域都起到了基础性作用，包括空气动力学（使空中旅行成为可能）、流体力学（航运、水的收集和分配）、电子学、土木工程、建筑学、商业模式等等。因此，可以很明显地看出来，如果没有微积分及其思想，那么现代世界将是无法想象的，它开辟了自然世界的运作方式。

但故事并没有就此结束，这场关于无穷小的斗争，其影响范围远远超出了数学界，甚至也超出了科学和技术领域。这场斗争关乎现代社会的面貌——而且斗争最激烈的两个国家，它们的确走上了截然不同的现代化道路。意大利完全变成了SJ所希望的面貌：具有着浓厚的天主教风格，充斥着天主教教义永恒不变的真理；教皇和教会的等级制度是绝对的精神权威，统治着这个国家。这种宗教秩序支撑着世俗秩序，两者有着许多相同的特征。教皇权威不允许意大利发展为一个强大的国家。统治意大利的是独裁者，作为世袭的君主他们享有古代王朝的权力，在统治范围内享有绝对的权威。在这里，宗教异议是不可想象的，政治上的反对派也受到了强烈压制，知识创新得不到鼓励，社会流动性几乎不存在。随着位于欧洲北部的国家成为学术辩论、技术创新、政治实验和经济发展的温床，意大利却依然处于停滞不前的状态。在此前的数百年里，这个国家曾一直在艺术和科学上引领着整个欧洲，它的一些著名城市曾经是最富有的，比许多伟大的王国都要繁荣，而如今却变得停滞、倒退和不景气。

在意大利逐渐落后的几年里，英国逐渐成为最有活力、最有远见以及发展最快的欧洲国家。英国在长期以来一直被认为是一个野蛮和半野蛮的国家，因为它一直处于欧洲文明的北部边缘。而它现在不仅已经成为欧洲文化和科学的前沿阵地，而且成为政治多元化和经济成功的典范。这里呈现的是现代性的另一番景象，它在各个方面都是与意大利相反的：在这里没有教条的一致性，对于异议和多元化展现出了空前的开放性。在政治上、宗教上和经济上，英国都成了一个可以包容多种声音的国家。在这里，可以公开争论互相对立的观点和利益，这里相对自由，基本没有压迫政策。而正是因为这种相对自由，使得英国走上了获取财富和权力的道路。

斯图亚特国王曾企图建立一个君主专制国家，但由于受到了来自国会的激烈反抗而未能取得成功。国会的反抗先是表现在内战期间，最终表现在1688年的光荣革命。及至后来，最后一位斯图亚特国王詹姆斯二世被迫流亡，并被具有君主立宪制思想的威廉三世取而代之，国会成为国家的最高领导机构。可以肯定的是，17世纪和18世纪的英国国会远非我们今天所熟悉的制度。它是一个代表地主和有产阶级的保守机构，相比皇室的统治，他们更惧怕由无产者引起的社会动荡。然而，它仍然是一个审议机构，具有前所未有的包容性，允许出现异议、争论和自由表达思想。随着时间的推移，国会制度所固有的开放性战胜了其成员对阶级和社会的忠诚。在18世纪和19世纪，公民权虽然推行得比较缓慢，但已经形成了不可逆转之势，国会成员包括了更广泛的人口组成。这个进程直到1928年，当所有的妇女被赋予了投票权的时候才宣告结束。

英国的政治多元化伴随着史无前例的宗教宽容度。17世纪早期的清教徒并没有多少宽容度。他们认为自己是上帝的选民，而他们以极大的热情试图将自己的信仰和道德强加给更广泛的民众，这在很大程度上导致了1640的政治危机和随之而来的内战。虽然普遍认为内战的悲剧是由对抗教条而产生的冲突造成的，但它却促进对宗教真理产生了更多的宽容度。在空位期之后的许多圣公会主教，以及新成立的皇家学会的几乎所有领导者，他们都主张对宗教实行自由主义而不是教条主义。他们既不是坚持严格的宗教教义，也不是将所有不完全赞同它的人都排除在外，而是提倡在教义事务方面保持更广泛的宽容度，承认终极真理是需要探索的，而不是既定的。一些不同的信仰，只要它们认同一定的基本原则，如三位一体和国王至上（而不是教皇至上），那么它们在圣公会的信徒中也会受到欢迎。

起初只是为了提倡英国国教，但宗教多元很快就超出了原有的范围。在光荣革命之后，随之而来的是1689年的《宽容法案》（Act of Toleration），它保证那些不信仰国教的新教教派免受迫害，如长老会派、贵格派和一位论派。虽然在许多公共生活方面都受到了限制（直到1828年为止），还有牛津大学和剑桥大学的教学活动也受到了限制，但不信仰国教的人还是能够得到不会受到政府干预的保证，而且可以在经济和学术上取得发展。他们建立了自己的教堂和院校，他们的教学往往比保守的圣公会大学更为先进。然而，天主教仍是不容易得到宽容的。对它的厌恶和恐惧主要是因为，它不仅会让人联想到外国的干预以及教皇施行霸权的危险，而且会让人联想到废黜的斯图亚特王室。但是，即使他们遭到了制度性歧视，英国天主教徒在很大程度上还是处于和平状态，直至在1829年得到正式解放。

政治和宗教的多元化与科学、学术和经济的开放性可谓是齐头并进。伦敦皇家学会与法国科学院很快成为欧洲领先的科学研究院，英国的科学为整个欧洲设立了标准。在学术界，英国成了哲学和政治的公共辩论场所，其中有一些杰出人物，如约翰·洛克、乔纳森·斯威夫特（Jonathan Swift）和埃德蒙·伯克（Edmund Burke）采取了反对立场，但仍有杰出的论断。政治自由化也促进了经济自由化和空前的私有企业规模。累积的资本和不断扩大的车间规模使投资于新技术变得有利可图，特别是蒸汽机。其结果是，到18世纪后期，英国成为世界上第一个工业化国家，远远领先于其在欧洲大陆的对手，使它们只能跟在英国身后苦苦追赶。

连续体是否由无穷小量构成，这似乎是一个难解的问题，我们很难衡量它所释放出的力量。但当这场斗争在17世纪被引燃的时候，处于交战的双方都认为，对于即将到来的现代世界，这个问题的答案将会影响到生活的各个方面。他们是正确的：当尘埃落定的时候，无穷小量的捍卫者赢得了胜利，他们的敌人被击败了。世界从此更迭一新。

注　释

导　言

French courtier Samuel Sorbière：On Samuel Sorbière's visit to England，see his account in *A Voyage to England Containing Many Things Relating* to *the State of Learning，Religion，and Other Curiosities of That Kingdom*（London：J.Woodward，1709），first published in Paris in 1664 as *Relation d'une voyage en Angleterre*.For the English reaction to Sorbière's account，see Thomas Sprat，*Observations on M.de Sorbière's Voyage into England*（London：John Martyn and James Allestry，1665）.A short biography of Sorbière is available in Alexander Chalmers，*General Biographical Dictionary*（London：J.Nichols and Son，1812-17），28：223.For a recent account of Sorbière's career and especially his visit to England，see Lisa T.Sarasohn，"Who Was Then the Gentleman? Samuel Sorbière，Thomas Hobbes，and the Royal Society，" *History of Science* 42（2004）：211-32.

By his own testimony he was a "trumpeter"：Sorbière's description of himself as a "trumpeter" and not a "soldier" is found in his dedication to King Louis XIV in *A Voyage to England*.

"Hierarchy inspires People with Respect"：Sorbière，*A Voyage to England*，pp.23-24.

"the Royal Society be not some way or other blasted"：Ibid.，p.47.

Sorbière insulted the Society's patron：Quoted in Sarasohn，"Who Was Then the

Gentleman?", p.223.

"*noxious in conversation*": Sorbière, *A Voyage to England*, p.41.

Hobbes, he wrote, was a courtly and "gallant" man: For Sorbière's praise of Hobbes, see see ibid., pp.40-41.Sprat's response is quoted in Sarasohn, "Who Was Then the Gentleman?", p.225.

"*the indivisible Line of the Mathematicians*": Sorbière, *A Voyage to England*, p.93.

第1章　依纳爵的孩子

Machiavelli's model of a cunning and brutal prince: Machiavelli's advice to the ideal ruler is contained in *The Prince*, first published in Italian in 1532.

"*a soldier of God*": For the founding of the Society of Jesus, see WilliamV. Bangert, *A History of the Society of Jesus* (St.Louis, MO: Institute of Jesuit Sources, 1972).The quote is on page 21.

the Society's growth: Ibid., p.98; R.Po-Chia Hsia, *The World of Catholic Renewal* (Cambridge: Cambridge University Press, 1998), p.32.

"*a nursery of great men*": The story of Montaigne's visit to the Collegio Romano is told in Bangert, *History of the Society of Jesus*, p.56.

their activities in France: The Jesuits' troubles in France are discussed in Bangert, *History of the Society of Jesus*, esp.pp.120-21.

"*to be obedient to the true Spouse of Christ*": Ignatius of Loyola, "The First Rule," in "Rules for Thinking, Judging, and Feeling with the Church," in "The Spiritual Exercises," in *Spiritual Exercises and Selected Works* (Mahwah, NJ: Paulist Press, 1991), p.111.

"*What I see as white*": Loyola, "The Thirteenth Rule," in "The Spiritual Exercises," p.213.

Big Brother: George Orwell, 1984, part 3, chap.2.

"*all authority is derived from God*": An excellent discussion of the Jesuit ideal of obedience can be found in Steven Harris, "Jesuit Ideology and Jesuit Science," Ph.D.dissertation, University of Wisconsin-Madison, 1988, pp.54-57, and also in Bangert, *History of the Society of Jesus*, p.42.

Neatness, cleanliness, and order: The importance of neatness for Jesuits is discussed in Hermann Stoeckius, *Untersuchungen zur Geschichte der Noviziates in der Gesellschaft Jesu*（Bonn：P.Rost & Co.，1918）.Quoted in Harris，"Jesuit Ideology，" p.83.

"*If the heretics should see*"：Favre's letter is quoted in Bangert，*History of the Society of Jesus*，p.75.

"*Talis quus sis*"：The quote is from Francis Bacon，*The Advancement of Learning*，Book 1，III.3.Bacon is quoting from Plutarch's life of the Spartan king Agesilaus.

the Jesuit intervention proved decisive：On the Jesuits' work in Germany，Belgium，and Poland，see Hsia，*The World of Catholic Renewal*，chap.4，"The Church Militant."

"*Your holy order*"：Pope Gregory XIII's address to the Jesuits can be found in Bangert，*History of the Society of Jesus*，p.97.

Rubens was a devout Catholic：On Rubens and the Jesuits，see Hsia，*The World of Catholic Renewal*，pp.128，154.

absolute authority：On the Jesuits' ideas of authority derived from abso-lute truth and expressed in the Church hierarchy，see Rivka Feldhay，"Authority，Political Theology，and the Politics of Knowledge in the Transition from Medieval to Early Modern Catholicism，" *Social Research* 73，no.4（2006）：1065-92.

第2章　数学的秩序

"*the parts of mathematics that a theologian should know*"：Ignatius's advice on the teaching of mathematics is quoted in Giuseppe Cosentino，"Mathematics in the Jesuit Ratio Studiorum，" in Frederick J.Homann，SJ，ed.and trans.，*Church Culture and Curriculum*（Philadelphia：St.Joseph University Press，1999），p.55.

"*to keep what remains，and restore what was lost*"：Polanco's letter is quoted in Cosentino，"Mathematics in the Jesuit Ratio Studiorum，" p.57.

"*a sort of hook with which we fish for souls*"：Nadal's pronouncement is quoted in M.Feingold，"Jesuits：Savants，" in M.Feingold，ed.，*Jesuit Science and the Republic of Letters*（Cambridge，MA：MIT Press，2003），p.6.

Ignatius regarded him as well-nigh infallible：On Ignatius and the setting of the curriculum at Jesuit colleges, see Cosentino, "Mathematics in the Jesuit Ratio Studiorum, " p.54.

"anyone suspect us of trying to create something new": Pereira's and Acquaviva's views on innovation are quoted in Feingold, "Jesuits: Savants, " p.18.

Legem impone subactis: The impress of the Parthenic Academy is discussed in Ugo Baldini, *Legem impone subactis*: *Studi su filosofia escienza dei Gesuiti in Italia 1540-1632* (Rome: Bulzoni, 1992), pp.19-20.

On April 12 he was received as a novice into the Society of Jesus by Ignatius of Loyola himself: On Clavius's early years in the Society of Jesus, see James M.Lattis, *Between Copernicus and Galileo*: *Christoph Clavius and the Collapse of Ptolemaic Astronomy* (Chicago: University of Chicago Press, 1994), chap.1.

Clavius was self-taught: On Clavius's mathematical education, see Lattis, *Between Copernicus and Galileo*, pp.16-18.

Even years later he was still fighting: On Clavius's fight for recognition for mathematics professors in the Society, see A.C.Crombie, "Mathematics and Platonism in the Sixteenth-Century Italian Universities and in the Jesuit Educational Policy, " in Y.Maeyama and W.G.Saltzer, eds., *Prismata* (Wiesbaden: Franz Steiner Verlag, 1977), pp.63-94, esp.p.65.

his status in the rigid hierarchy of the order: On Clavius's career at the Collegio Romano, see Cosentino, "Math in the Ratio Studiorum"; Crombie, "Mathematics and Platonism, " pp.64-68; and Lattis, *Between Copernicus and Galileo*, chap.1.

"intolerable to all the wise": Quoted in J.D.North, "The Western Calendar: 'Intolerabilis, Horribilis, et Derisibilis, ' "in G.V.Coyne, M.A.Hoskin, and O.Pedersen, eds., *Gregorian Reform of the Calendar*: *Proceedings of the Vatican Conference to Commemorate its 400th Anniversary*, 1582-1982 (The Vatican: Pontificia Academia Scientarum, 1983), p.75.

it based its recommendations largely on Lilius's suggestions: On Lilius and the calendar commission, see Ugo Baldini, "Christoph Clavius and the Scientific Scene in Rome, " in Coyne, Hoskin, Pedersen, eds., *Gregorian Reform of the Calendar*, p.137.

Clavius would emerge as the public spokesman for the new system: Clavius's report on the calendar commission was published as Christopher Clavius, *Romani calendarii a Gregorio XIII restituti explication*, first published in 1603.Clavius also wrote various pamphlets refuting critics such as Joseph Justus Scaliger, Michael Maestlin, and François Viète.

"S.Stephen, John Baptist, & all the rest": Donne's satire was published as John Donne, *Ignatius His Conclave* (London: Nicholas Okes for Richard Moore, 1611). The passage is quoted in Lattis, *Between Copernicus and Galileo*, p.8.

Clavius believed that he knew what this secret was: On Clavius's belief that it was mathematics that made the triumph of the calendar possible, see Romano Gatto, "Christoph Clavius' 'Ordo Servandus in Addiscendis Disciplinis Mathematicis' and the Teaching of Mathematics in Jesuit Colleges at the Beginning of the Modern Era," *Science and Education* 15 (2006): 235-36.

"They demonstrate everything in which they see a dispute": See Clavius, "In disciplinas mathematicas prolegomena," in Christopher Clavius, ed., *Euclidis elementorum libri XV* (Rome: Bartholemaeum, 1589), p.5.Clavius's *Euclid*, including the "Prolegomena," was first published in 1574.

"The theorems of Euclid": See Clavius, "Prolegomena," p.5, translation from Lattis, *Between Copernicus and Galileo*, p.35.

"the first place among the other sciences should be conceded to mathematics": Ibid.

the angles in the same segment are all equal to one another: These theorems appear in Euclid's *Elements* as propositions I.5, I.47, and III.21.

Proposition 32: See the instance in Dana Densmore, ed., *Euclid's Elements, the Thomas L.Heath Translation* (Santa Fe, NM: Green Lion Press, 2002), pp.24-25.

"Geometrical architect for all": The quote is from Antonio Possevino, *Biblioteca selecta* (1591), quoted in Crombie, "Mathematics and Platonism," pp.71-72.

"mathematical disciplines are not proper sciences": Pereira continued: "to have science is to acquire knowledge of a thing through the cause on account of which the thing is; and science (scientia) is the effect of demonstration: but demonstration...must be established from those things that are 'per se,' and proper

to that which is demonstrated, but the mathematician neither considers the essence of quantity, nor treats its affections as they flow from such essence, nor declares them by the proper causes on account of which they are in quantity, nor makes his demonstrations from proper and 'per se' but from common and accidental predicates." Benito Pereira, *De communibus omnium rerum naturalium principiis* (Rome: Franciscus Zanettus, 1576), I.12, p.24.Quoted in Crombie, "Mathematics and Platonism," p.67.

If one seeks strong demonstrations, one must turn elsewhere: For more on Pereira and the "Quaestio de certitudine mathematicarum," see Paolo Mancosu, "Aristotelian Logic and Euclidean Mathematics: Seventeenth-Century Developments in the Quaestio de Certitudine Mathematicarum," *Studies in History and Philosophy of Science* 23, no.2 (1992): 241-65; Paolo Mancosu, *Philosophy of Mathematics and Mathematical ractice in the Seventeenth Century* (New York and Oxford: Oxford University Press, 1996); Gatto, "Christoph Clavius' 'Ordo Servandus,' " esp. pp.239-42; and Lattis, *Between Copernicus and Galileo*, pp.34-36.

The subject of mathematics is matter itself: The complete quote is "because the mathematical disciplines discuss things that are considered apart from any sensible matter— although they are themselves immersed in matter— it is evident that they hold a place intermediate between metaphysics and natural science.For the subject of metaphysics is separated from all matter, both in the thing and in reason; the subject of physics is in truth conjoined to sensible matter, both in the thing and in reason; whence, since the subject of the mathematical disciplines is considered free from all matter— although it [i.e., matter] is found in the thing itself— clearly it is established intermediate between the other two." Clavius, "Prolegomena," p.5.Translation from Peter Dear, *Discipline and Experience* (Chicago: University of Chicago Press, 1995), p.37.

"It will contribute much": The passage is from Clavius, "Modus quo disciplinas mathematicas in scholis Societatis possent promoveri," quoted in Crombie, "Mathematics and Platonism," p.66.

Clavius also made positive suggestions: The discussion and the quotes can be found in Clavius, "Modus quo disciplinas mathematicas," p.65.

"Ordo servandus": On Clavius's "Ordo servandus," see Gatto, "Christoph Clavius' 'Ordo Servandus, ' " esp.pp.243-46.

Ratio studiorum: On mathematics in the "Ratio studiorum, "see Cosentino, "Math in the Ratio Studiorum, " pp.65-66.

writing new textbooks: For Clavius's textbooks and publications, see Gatto, "Christoph Clavius' 'Ordo Servandus, ' " esp.pp.243-44, and Ugo Baldini, "The Academy of Mathematics of the Collegio Romano from1553 to 1612, " in Feingold, ed., *Jesuit Science and the Republic of Letters*, esp.appendix C, pp.74-75.

a mathematics academy at the Collegio Romano: On Clavius's academy at the Collegio Romano, see Baldini, "The Academy of Mathematics." On Acquaviva's decree, see Gatto, "Christoph Clavius' 'Ordo Servandus, ' " p.248.

the Jesuits never deviated from their commitment to Euclidean geometry: On the Jesuits' commitment to mathematics as both a key to understanding physical reality and as a model science to be emulated, see Rivka Feldhay, *Galileo and the Church: Political Inquisition or Critical Dialogue?* (Cambridge: Cambridge University Press, 1995), p.222.

the Dominicans could boast of no comparable accomplishment: On the Jesuit-Dominican struggle for intellectual and theological supremacy, see Feldhay, *Galileo and the Church*.

"some would rather be blamed by Clavius": Riccioli's comment is quoted in Eberhard Knobloch, "Sur la vie et l'oeuvre de Christophore Clavius (1538-1612), " *Revue d'histoire des sciences* 41, no.3-4 (1988): 335.

His many admirers outside the Society: On Tycho Brahe's and the Archbishop of Cologne's opinions of Clavius, see ibid., pp.335-36.On Commandino and Guidobaldo, see Mario Biagioli, "The Social Status of Italian Mathematicians, 1450-1600, " *History of Science* 25 (1989): 63-64.

"a German beast with a big belly": Clavius's detractors are quoted in Knobloch, "Sur la vie et l'oeuvre de Christophore Clavius, " pp.333-35.

some new results in the theory of combinations: On Clavius's innovations in this field, see ibid., pp.343-51.

a strict defender of the old orthodoxy: On Clavius as a defender of orthodoxy, see Lattis, *Between Copernicus and Galileo*, as well as Knobloch, "Sur la vie et l'oeuvre de Christophore Clavius."

he knew of Viète's groundbreaking work: On the absence of Viète's analysis from Clavius's *Algebra*, *see Baldini*, "The Academy of Mathematics," p.63.

"The theorems of Euclid and the rest of the mathematicians": Clavius, "Prolegomena," p.5, translation from Lattis, *Between Copernicus and Galileo*, p.35.

even suspect the Jesuits of innovating: Acquaviva's warning is quoted in Feingold, "Jesuits: Savants," p.18.

第3章 数学的无序

the Jesuits celebrated Galileo: The story of Galileo's astronomical discoveries and his triumphant visit to Rome and the Collegio Romano is summarized in Stillman Drake, ed.and trans., *Discoveries and Opinions of Galileo* (New York: Anchor Books, 1957).

Discourse on Floating Bodies: Discourse is discussed ibid., pp.79-81.

Letters on Sunspots: The Letters are discussed and largely translated ibid., pp.59-144.

"Letter to the Grand Duchess Christina": Discussed and translated ibid., pp.145-216.

"I call the lines so drawn 'all the lines'": Cavalieri to Galileo, December 15, 1621.The letter can be found in Bonaventura Cavalieri, *Lettere a Galileo Galilei*, ed.Paolo Guidera (Verbania, Italy: Caribou, 2009), pp.9-10.

As early as 1604: Galileo's early work on infinitesimals is cited in Festa, "La querrelle de l'atomisme," p.1042; and Festa, "Quelques aspects de lacontroverse sur les indivisibles," p.196.

Galileo was still occupied with the paradoxes of the continuum: See Festa, "La querrelle de l'atomisme," p.1043.

Dialogue on the Two Chief World Systems: The standard English edition is Galileo, Dialogue on the Two Chief World Systems, trans.Stillman Drake (Berkeley: University of California Press, 1962), first published in Florence in 1632.

the mathematical continuum was modeled on physical reality: In additionto the discussion in the *Discourses*，Galileo presented a similar view of the continuum in his commentary on Antonio Rocco's *Filosofi che esercitazioni* in 1633.See François de Gandt，"Naissance et métamorphose d'une théorie mathématique：La géométrie des indivisibles en Italie，"*Sciences et techniques en perspective*，vol.9，1984-85（Nantes：Université de Nantes，1985），p.197.

he had experimented extensively with indivisibles：On Valerio's work on indivisibles，see Carl B.Boyer，*The History of the Calculus and Its Conceptual Development*（New York：Dover Publications，1949），pp.104-106；and the entry "Luca Valerio" in The MacTutor History of Mathematics archive mathematical biographies，http：// www-history.mcs.st-andrews.ac.uk /Biographies /Valerio. html.

It follows，Salviati concludes：Salviati's discussion of the law of falling bodies can be found in Galileo，*Dialogues Concerning Two New Sciences*，ed.Henry Crew *and Alfonso de Salvio*（Buffalo，NY：Prometheus Books，1991），pp.173-74.In the standard Italian Edizione Nazionale，it is on pp.208-209.

"I am proud，and will always be"：Quoted in Enrico Giusti，*Bonaventura Cavalieri and the Theory of Indivisibles*（Bologna：Edizioni Cremonese，1980），p.3n9.

"his singular inclinations and ability"：Quoted ibid.，p.3n10.

"I am now in my own country"：Cavalieri to Galileo，July 18，1621，quoted ibid.，p.6n18.

"to the great wonder of everyone"：The quote is from Cavalieri's biographer Girolamo Ghilini，quoted ibid.，p.7n19.

he approached the Jesuit fathers：Cavalieri to Galileo，August 7，1626，quoted ibid.，p.9n26.

"few scholars since Archimedes"：Galileo to Cesare Marsili，March 10，1629，quoted ibid.，p.11n30.

"like cloths woven of parallel threads"：Cavalieri's comparison of indivisibles to threads in a cloth and pages in a book，and his discussion of the metaphors，are found in his *Exercitationes geometricae sex*（Bologna：Iacob Monti，1647），pp.3-4.

proposition 19: Cavalieri, *Geometria indivisibilibus libri VI*, proposition19, pp.437-39.For discussions of this proof, see de Gandt, "Naissance et métamorphose d'une théorie mathématique," pp.216-17; and Margaret E.Baron, *The Origins of the Infinitesimal Calculus* (New York: Dover Publications, 1969), pp.131-32.

Archimedes had used his own ingenious approach: On Archimedes's calculation of the area enclosed in a spiral, see Baron, *The Origins*, pp.43-44.

Cavalieri's calculation of the area enclosed inside a spiral: The calculation is presented as proposition 19 in Cavalieri, *Geometria indivisibilibuslibri* VI, p.238.

"It can be said that with the escort of good geometry": Cavalieri to Galileo, June 21, 1639, in Galileo, *Opere*, vol.18, p.67, letter no.3889.Quoted and translated in Amir Alexander, *Geometrical Landscapes* (Stanford, CA: Stanford University Press, 2002), p.184.

"all the lines": On the importance of the concepts of "all the lines" and "all the planes" in Cavalieri's work, see de Gandt, "Naissance et métamorphose d'une théorie mathématique," and François de Gandt, "Cavalieri's Indivisibles and Euclid's Canons," in Peter Barker and Roger Ariew, eds., *Revolution and Continuity: Essays in the History and Philosophy of Early Modern Science* (Washington, DC: Catholic University of America, 1991), pp.157-82; and Giusti, *Bonaventura Cavalieri*.

Cavalieri's younger contemporary: The biographical information on Torricelli is from Egidio Festa, "Repères biographique et bibliographique," in François de Gandt, ed., *L'oeuvre de Torricelli: Science Galiléenne et nouvelle géométrie* (Nice: CNRS and Université de Nice, 1987), p.8.

"I was the first in Rome": Torricelli to Galileo, September 11, 1632, quoted ibid.

"how the road you have opened": Castelli to Galileo, March 2, 1641, quoted ibid., p.9.

a long and fruitful correspondence with French scientists: On Torricelli's correspondence with his French colleagues, see Armand Beaulieu, "Torricelli et Mersenne," in de Gandt, ed., *L'oeuvre de Torricelli*, pp.39-51.On his connections with Italian Galileans, see Lanfranco Belloni, "Torricelli et son époque," in de

Gandt, ed., *L'oeuvre de Torricelli*, pp.29-38; on the barometer, see Festa, "Repères," pp.15-18, and P.Souffrin, "Lettres sur la vie," in de Gandt, ed., *L'oeuvre de Torricelli*, pp.225-30.

Opera geometrica: Torricelli' s *Opera geometrica* can be found in volume 1 of Gino Loria and Giuseppe Vassura, eds., *Opere di Evangelista Torricelli*（Faenza: G.Montanari, 1919-44）.An Italian translation is in Lanfranco Belloni, ed., *Opere scelte di Evangelista Torricelli*（Turin: Unione Tipografico-Editrice Torinese, 1975）, pp.53-483.

"De dimensione parabolae": For discussions of "De dimensione parabolae," see François de Gandt, "Les indivisibles de Torricelli," in de Gandt, ed., *L'oeuvre de Torricelli*, pp.152-53; and in de Gandt, "Naissance et métamorphose," pp.218-19.

that the ancients possessed a secret method: Torricelli discusses this idea in the *Opera geometrica*, esp.in Loria and Vassura, eds., *Opere*, vol.1, pp.139-40.The Italian translation is in Belloni, ed., *Opere scelte*, p.381.

"the Royal Road through the mathematical thicket": See Loria and Vassura, eds., *Opere*, vol.1, p.173.Quoted in de Gandt, "Les indivisibles de Torricelli," p.153.

"We turn away from the immense ocean of Cavalieri's Geometria": Loria and Vassura, eds., *Opere*, vol.1, p.141.

Torricelli's directness made his method far more intuitive: See de Gandt, "Naissance et métamorphose," p.219.

three separate lists of paradoxes: On Torricelli's lists of paradoxes, see de Gandt, "Les indivisibles de Torricelli," pp.163-64.

the simplest one captures the essential problem: Torricelli's basic paradox is presented in a treatise entitled "De indivisibilium doctrina perperam usurpata," in Loria and Vassura, eds. Opere, vol.1, part 2, p.417.

"that indivisibles c re all equal to each other": Torricelli's discussion of unequal indivisibles can be found in Loria and Vassura, eds., *Opere*, vol.1, part 2, p.320.It is quoted in de Gandt, "Les indivisibles de Torricelli," p.182.

"semi-gnomons": The diagrams here are derived from de Gandt, "Les indivisiblesde Torricelli," p.187.

to calculate the slope of the tangent: For a discussion of Torricelli's method of tangents, see ibid., pp.187-88, and idem, "Naissance et métamorphose," pp.226-29.De Gandt's exposition is based on Torricelli's *Opere*, ed.Loria and Vassura, vol.1, part 2, pp.322-33.

第4章 生存还是灭亡

"one of the best books ever written on mathematics": Quoted in H.Bosmans, "André Tacquet（S.J.）et son traité d'arithmétique théorique etpratique,"Isis 9（1927）: 66-82.

"either legitimate or geometrical": André Tacquet, *Cylindricorum etannularium libri IV*（Antwerp: Iacobum Mersium, 1651）, pp.23-24.

geometry formed the core of Jesuit mathematical practice: On the persistence of the Euclidean tradition among Jesuit mathematicians throughthe eigh teenth century, see Bosmans, "André Tacquet," p.77.Not coincidentally, some of the most popular textbooks on Euclidean geometry in that era were composed by Jesuits, including Honoré Fabri, *Synopsis geometrica*（Lyon: Antoine Molin, 1669）; and Ignace-Gaston Pardies, *Elémens de géométrie*（Paris: Sébastien Maire-Cramoisy, 1671）.Both textbooks were published repeatedly in the seventeenth and eighteenth centuries.

the struggle between geometry and indivisibles: Tacquet, *Cylindricorum et annularium*, pp.23-24.

the continuum is infinitely divisible: Benito Pereira, *De communibus omnium rerum naturalium principiis*（Rome: Franciscus Zanettus, 1576）.On Pereira's discussion of the composition of the continuum, see Paolo Rossi, "I punti di Zenone," *Nuncius* 13, no.2（1998）: 392-94.

"great confusion and perturbation": Quoted in Feingold, "Jesuits: Savants," p.30.

The first decree by the Revisors General: The Revisors' condemnations of1606 and 1608 can be found in the Jesuit archive ARSI（Archivum Romanum Societatis Iesu）, manuscript FG656 A I, pp.318-19.

Luca Valerio of the Sapienza University: The book was Luca Valerio, *Decentro gravitatis solidorum libri tres*（Rome：B.Bonfadini，1604）.On Valerio's use of infinitesimal methods，see Carl B.Boyer，*History of the Calculus*（New York：Dover Publications，1947），pp.104ff.

experimenting with indivisibles：On Galileo's 1604 experimentation with indivisibles see Festa，"Quelques aspects de la controverse sur les indivisibles，" p.196.

"the Archimedes of our age"：Galileo，*Dialogues Concerning Two New Sciences*，p.148.

"the continuum is composed of indivisibles"：The first condemnation of1615，dated April 4，is in ARSI manuscript FG 656A II，p.456.The second，dated November 19，is in manuscript FG 656A II，p.462.

Valerio had misread the signs：On Valerio's rise and fall，see David Freedberg，*The Eye of the Lynx：Galileo，His Friends，and the Beginnings of Modern Natural History*，（Chicago：University of Chicago Press，2002），esp.pp.132-34，as well as the online MacTutor biography of Valerio by J.J.O'Connor and E.F. Robertson at http：// www.gap-system.org /~history/Biographies /Valerio.html.On his use of infinitesimals，see Boyer，*Historyof the Calculus*，pp.104-106.

By relying on their hierarchical order：On tensions between Jesuit intellectuals and the hierarchy's efforts to control their scholarly work，see Feingold，"Jesuits：Savants"；and Marcus Hellyer，" 'Because the Authority of My Superiors Commands'：Censorship，Physics，and the German Jesuits，" *Early Science and Medicine* 1，no. 3（1996）：319-54.

he settled for a curt permission by the Jesuit provincial of Flanders：Incontrast，when Tacquet published his *Cylindricorum et annularium* four years later，also in Flanders，his license stated that his work had been read and approved by three mathematicians of the Society.St.Vincent's book carried no such endorsement.

St.Vincent's experience typifies the Jesuit attitude toward indivisibles：On Gregory St. Vincent's troubles，see Feingold，"Jesuits：Savants，" pp.20-21；Herman Van Looey，"A Chronology and Historical Analysis of the Mathematical Manuscripts of Gregorius a Sancto Vincentio（1584-1667），" *Historia Mathematica* 11（1984）：58；Bosmans，"André Tacquet，" pp.67-68；also Paul B.Bockstaele，"Four Letters from

Gregoriusa S.Vincentio to Christopher Grienberger, " Janus 56（1969）: 191-202.

For the Jesuits, the choice could hardly have been worse: On the changing politi cal and cultural climate in Rome surrounding the election of Urban VIII, see Pietro Redondi, *Galileo Heretic*（Prince ton, NJ: Princeton University Press, 1987）, esp.pp.44-61 and 68-106.

"bring down the pride of the Jesuits": This is from a letter by the Lincean Dr.Johannes Faber to Galileo from February 15, 1620.Quoted in Redondi, *Galileo Heretic*, p.43.

the new Pope was amused and full of admiration: Cesarini to Galileo, October 28, 1623. Quoted in Redondi, *Galileo Heretic*, p.49.

The plot misfi red badly: On the Santarelli affair, see Bangert, *A History of the Society of Jesus*, pp.200-201; and Redondi, *Galileo Heretic*, pp.104-105.

Galileo even believed that he had been given implicit permission: See Redondi, *Galileo Heretic*, p.50.

The young aristocrat was a rising star in Roman intellectual circles: On Pallavicino's dissertation defense, see ibid., pp.200-202. Father Grassi had been Galileo's opponent in a dispute over the nature of comets and the chief target of *The Assayer*.His condemnation of the orthodoxy of Galileo's atomism was contained in his 1626 book *Ratio ponderum librae et simbellae*, published under the pseudonym Lothario Sarsi.

Urban VIII had run out of options: On the political crisis in Rome in1631, and on Cardinal Borgia's attack on Urban VIII, see Redondi, *Galileo Heretic*, pp.229-31.

Galileo's friends were running for cover: Not all made it safely.In April of1632, Giovanni Ciampoli, the most prominent Lincean in the Curia and personal secretary to the Pope himself, was given the impressivesounding title of "Governor of Montalti di Castro" and exiled from Rome to the Apennines.He would never return.

Father Rodrigo de Arriaga of Prague: On Rodrigo Arriaga, his *Cursus philosophicus*, and his views on the infi nitely small, see Rossi, "I punti di Zenone, " pp.398-99; Hellyer, " 'Because the Authority of My Superiors Commands,' " p.339; Feingold, "Jesuits: Savants, " p.28; Redondi, *Galileo Heretic*, pp.241-42; and John L.Heilbron, *Electricity in the 17th and 18th Centuries*

(Berkeley: University of California Press, 1979), p.107.

Quite possibly he was influenced by his friend Gregory St.Vincent: On Arriaga's friendship with St.Vincent, see Van Looey, "A Chronology and Historical Analysis of the Mathematical Manuscripts of Gregorius a Sancto Vincentio," p.59.

"*The permanent continuum can be constituted*": The Revisors' decree is preserved as manuscript FG 657, p.183, in ARSI (Archivum Romanum Societatis Iesu), the archive of the Society of Jesus in Rome.It is also reproduced in Egidio Festa, "La querelle de l'atomisme," *La Recherche* 224 (September 1990): 1040; and quoted in French in Egidio Festa, "Quelques aspects de la controverse sur les indivisibles," in M.Bucciantiniand M.Torrini, eds., *Geometria e atomismo nella scuola Galileana* (Florence: Leo S.Olschki, 1992), p.198.Special thanks to Professor Carla Rita Palmerino of Radboud University Nijmegen, in the Netherlands, for making available to me her notes from the Jesuit archives.

he found himself writing to Father Ignace Cappon: General Mutio Vitelleschi to Ignace Cappon, 1633, quoted in Michael John Gorman, "A Matter of Faith? Christoph Scheiner, Jesuit Censorship, and the Trial of Galileo," *Perspectives on Science* 4, no.3 (1996): pp.297-98.Also quoted in Feingold, "Jesuits: Savants," p.29.

On February 3, 1640: ARSI manuscript FG 657, p.481.

in January 1641: Ibid., p.381.Cited and discussed in Festa, "Quelques aspects," pp.201-202.

On May 12, 1643: ARSI manuscript FG 657, p.395.

In 1649: Ibid., p.475.

Arriaga's views on the continuum were unequivocally condemned: On Arriagaand the publishing history of his *Cursus philosophicus*, see Hellyer, " 'Because the Authority of My Superiors Commands,' " pp.339-41.

Pallavicino was no ordinary novice: On Pietro Sforza Pallavicino and his career, see Redondi, *Galileo Heretic*, pp.264-65; Hellyer, " 'Because the Authority of My Superiors Commands,' " p.339; Festa, "La querelle de l'atomisme," pp.1045-46; Festa, "Quelques aspects," pp.202-203; and Feingold, "Jesuits: Savants," p.29.

the marchese still considered himself a progressive thinker: Redondi, *Galileo Heretic*, p.265.

Pallavicino frequently came under the Revisors's crutiny: On Pallavicino's conflicts with the Revisors and General Carafa, see Claudio Costantini, *Baliani e i Gesuiti* (Florence: Giunti, 1969), esp.pp.98-101.

Pallavicino forged ahead, lecturing on his unorthodox views: Pallavicino hints at his troubles in Pietro Sforza Pallavicino, *Vindicationes Societatis Iesu* (Rome: Dominic Manephi, 1649), p.225.Quoted and discussed inFesta, "Quelques aspects," pp.202-203.

"there are some in the Society who follow Zeno": Superior General Vincenzo Carafa to Nithard Biberus, March 3, 1649.In G.M.Pachtler, SJ, ed., *Ratio studiorum et institutiones scholasticae Societatis Jesu* (Osnabrück: Biblio-Verlag, 1968), 3: 76, doc.no.41.

Ordinatio pro studiis superioribus: For the text of the Ordinatio, see G.M.Pachtler, SJ, ed., *Ratio studiorum*, vol.3 (Berlin: Hofman and Comp., 1890), pp.77-98. The sixty-fi ve banned "philosophical" propositions are on pages 90-94, and an additional list of twenty-five banned "theological" propositions is on pages 94-96.For a discussion of the *Ordinatio*, its origins, and its effects, see Hellyer, " 'Because the Authority of My Superiors Commands,' " pp.328-29.It is also mentioned in Feingold, "Jesuits: Savants," p.29; and Carla Rita Palmerino, "Two Jesuit Responsesto Galileo's Science of Motion: Honoré Fabri and Pierre le Cazre," in M. Feingold, ed., *The New Science and Jesuit Science: Seventeenth-Century Perspectives* (Dordrecht: Kluwer Academic Publishers, 2003), p.187.

"The succession continuum": The propositions are listed in Pachtler, ed., *Ratio studiorum*, p.92.

第5章　数学家之战

"the three Jesuits, Guldin, Bettini, and Tacquet": Stefano degli Angeli, *De infinitis parabolis* (Venice: Ioannem La Nou, 1659), under "Lectori Benevolo."

It was also crucial to prove them mathematically wrong: On Guldin, Bettini, and Tacquet as the Society's agents sent to combat the method of indivisibles, see

Redondi, *Galileo Heretic*, p.291.

Guldin was Clavius's follower: For an excellent short biography of Guldin (and many other mathematicians), see the online MacTutor History of Mathematics archive, hosted by the University of St.Andrews in Scotland, at http: // www-history.mcs.st-and.ac.uk /.See also Guldin's biography authored by J.J.O'Connor and E.F.Robertson at http: // www.gap-system.org /~history /Biographies /Guldin.html.

He first suggests that Cavalieri's method is not in fact his own: On Guldin's charge that Cavalieri derived his method from Kepler and Sover, see Giusti, *Bonaventura Cavalieri*, pp.60-62; and Mancosu, *Philosophy of Mathematics and Mathematical Practice*, pp.51-52.

"no geometer will grant him": Paul Guldin, *De centro gravitatis*, book 4 (Vienna: Matthaeus Cosmerovius, 1641), p.340.

This then leads Guldin to his final point: On Guldin's mathematical criticisms of Cavalieri and his method, see Giusti, *Bonaventura Cavalieri*, pp.62-64; and Mancosu, *Philosophy of Mathematics*, pp.50-55.

"reasons that must be suppressed": Guldin, *De centro gravitatis*, book 2 (Vienna: Matthaeus Cosmerovius, 1639), p.3.Quoted in Bonaventura Cavalieri, *Exercitationes geometricae sex* (Bologna: Iacob Monti, 1647), p.180, and quoted and discussed in Festa, "Quelques aspects, " p.199.

Initially he intended to respond in the form of a dialogue: On Cavalieri's plans for a dialogue and Rocca's advice, see Giusti, *Bonaventura Cavalieri*, pp.57-58.

None of this, he argues, has any bearing on the method of indivisibles: For Cavalieri's claim to be agnostic on the subject of the composition of the continuum, see Mancosu, *Philosophy of Mathematics*, p.54.

"relative infinity": See Mancosu, *Philosophy of Mathematics*, p.54; and Giusti, *Bonaventura Cavalieri*, p.64.

"it is not necessary to describe actually": Cavalieri, *Exercitationes geometricae sex*, part 3, "In Guldinum, " quoted in Giusti, *Bonaventura Cavalieri*, pp.62-63.

"the hand, the eye, or the intellect?": Guldin, *De centro gravitatis*, book 4, p.344, quoted in Giusti, *Bonaventura Cavalieri*, p.63.

Mario Bettini, who inherited the mantle from Guldin: On Bettini, his place among the Jesuits and his relationship with Christoph Grienberger, see Michael John Gorman, "Mathematics and Modesty in the Society of Jesus: The Problems of Christoph Grienberger, " in Feingolded., *The New Science and Jesuit Science*, pp.4-7.

the author of two very long and eclectic books: Mario Bettini, *Apiaria universae philosophiae mathematicae* (Bologna: Io.Baptistae Ferronij, 1645); Mario Bettini, *Aerarium philosophiae mathematicae* (Bologna: Io.Baptistae Ferronij, 1648) .

"were the Jesuit Fathers not here": Cavalieri to Galileo, August 7, 1626, quoted in Giusti, *Bonaventura Cavalieri*, p.9.

The move was ultimately blocked by the city's senate: See Giusti, *Bonaventura Cavalieri*, pp.9-10n26.

"infi nity to infinity has no proportion": Guldin, *De centro gravitatis*, book4, p.341, quoted in Mancosu, *Philosophy of Mathematics*, p.54.

" 'what separates the false coin from the true' ": Bettini, *Aerarium*, vol.3, book 5, p.20.The quote is from Horace, *Epistles*, book 1.7, line 23: "Quid distent aera lupinis."

"I respond to the counterfeit philosophizing": Quoted in Stefano degli Angeli, "Appendix pro indivisibilibus, " *in Problemata geometrica sexaginta* (Venice: Ioannem la Nou, 1658), p.295.

Cylindricorum et annularium: André Tacquet, *Cylindricorum at annularium libri IV* (Antwerp: Iacobus Meurisius, 1651) .

the general's response was surprisingly cool: On Tacquet and GeneralNickel, see Bosmans, "André Tacquet, " p.72.

"a noble geometer": Tacquet, *Cylindricorum*, pp.23-24, quoted and discussed in Festa, "Quelques aspects, " pp.204-205.

"nothing can be proven by anyone": Tacquet, *Cylindricorum*, p.23.

"I will always doubt its truth": Ibid., p.24, quoted and discussed in Bosmans, "André Tacquet, " p.72.

Cavalieri's student at Bologna: On Aviso and Mengoli, see Giusti, *Bonaventura Cavalieri*, pp.49-50, as well as the Cavalieri and Mengoli entries in Charles Gillispie, ed., *Dictionary of Scientific Biography* (NewYork: Scribner,

1981-90）.

Vincenzo Viviani（1622-1703）: On Viviani, see Giusti, *Bonaventura Cavalieri*, p.51, at J.J.O'Connor and E.F.Robertson, "Vincenzo Viviani," MacTutor online biography at http: // www-groups.dcs.st-and.ac.uk /history/Biographies /Viviani. html.

Antonio Nardi: On Nardi, see Giusti, *Bonaventura Cavalieri*, p.51, as well as Belloni, "Torricelli et son époque," pp.29-38.

His first broadside: Angeli, "Appendix pro indivisibilibus."

"can be called The Bee": Angeli's discussion of Bettini as a busy but unlucky bee can be found in his *Problemata*, pp.293-95.

Everyone, he responds, except the Jesuits: Angeli's polemic against Tacquet and his fellow Jesuit mathematicians is included in his preface to the reader in Stefano degli Angeli, "Lectori Benevolo," in *De infi nitis parabolis*.

"no advantage or utility to the Christian people": On the papal brief of 1668 suppressing the three orders, see Sydney F.Smith, SJ, Joseph A.Munitiz, SJ, eds., *The Suppression of the Society of Jesus* (Eastbourne, UK: Antony Rowe Ltd., 2004), pp.291-92.First published as a series of articles by Sydney Smith in *The Month* between February 1902 and August 1903.

the "Aquavitae Brothers": See William Eamon, "The Aquavitae Brothers," in http: // williameamon.com /?p=552; and T.Kennedy, "Blessed John Colombini," in The *Catholic Encyclopedia* (New York: Robert Appleton Company, 1910).

he had previously published no fewer than nine books: Angeli's books were *Problemata geometrica sexaginta* (1658); *De infinitis parabolis* (1659); *Miscellaneum hyperbolicum et parabolicum* (1659); *Miscellaneum geometricum* (1660); *De infinitorum spiralium spatiorum mensura* (1660); *De infinitorum cochlearum mensuris* (1661); *De superficie ungulae* (1661); *Accessionis ad stereometriam et mecanicam* (1662); and *De infi nitis spiralibus inversis* (1667). See Giusti, *Bonaventura Cavalieri*, p.50n39.

Galileo was a brilliant public advocate for the freedom to philosophize: The quote is from Galileo Galilei, "Third Letter on Sunspots," in Drake, ed., *Discoveries and Opinions of Galileo*, p.134.A translation of the "Letter to the Grand

Duchess Christina" can be found in the same volume, pp.173-216.

Italy had been home to perhaps the liveliest mathematical community in Europe: On the early modern mathematical tradition in Italy, see Mario Biagioli, "The Social Status of Italian Mathematicians, 1450-1600," *History of Science* 27, no.1 (1989): 41-95.

第6章　利维坦的到来

yet they went on digging: The story of the Diggers is told in Christopher Hill, *The World Turned Upside Down* (Harmondsworth: Penguin Books, 1975), chap.7, "Levellers and True Levellers." Quotes are from p.110.

the Diggers soon followed up with a pamphlet: The pamphlet was called The *True Levellers Standard Advanced*, printed in 1649.

many other groups, and unnumbered individuals, emerged to take their place: For a detailed account of the radical sects of the English Revolution, see Hill, *The World Turned Upside Down.*

"a giddy hot-headed, bloody multitude": The comment is by the Reverend Henry Newcombe, quoted in Christopher Hill, *The Century of Revolution*, 1603-1714 (New York: W.W.Norton and Company, 1982), p.121.

"the gentry and citizens throughout England": Pepys is quoted in Hill, *Century of Revolution*, p.121.

"both Me, and Fear": Quoted in Samuel I.Mintz, *The Hunting of Levia than: Seventeenth-Century Reactions to the Materialism and MoralPhilosophy of Thomas Hobbes* (Cambridge, UK: Cambridge University Press, 1970), p.1.

"a little learning went a great way with him": John Aubrey's biography of Hobbes can be found as "Thomas Hobbes," in Andrew Clark, ed., *"Brief Lives," Chiefly of Contemporaries, Set down by John Aubrey, between the Years* 1669 *and* 1696 (Oxford: Clarendon Press, 1898), pp.321-403.The quote is from p.391.

a laudable record of sobriety: Aubrey's report on Hobbes's drinking can be found in his biography "Thomas Hobbes," p.350.

"prove things after my owne taste": This is quoted in Mintz, *Hunting of*

Leviathan，p.2.

"*the one who has opened to us the gate*"：Ibid.，pp.8-9.

Thomas Harriot：On Harriot，see Alexander，*Geometrical Landscapes*.

tutor to the Prince of Wales：On Hobbes's appointment as royal tutor and the opposition to it，see Mintz，*Hunting of Leviathan*，p.12.

Leviathan：Thomas Hobbes，Leviathan，*or the Matter*，*Forme*，*and Powers of a Commonwealth Ecclesiastical and Civil*（London：Andrew Crooke，1651）.

"*he cannot assure the power and means to live well*"：See Hobbes，*Leviathan*，11：2.

"*solitary*，*poor*，*nasty*，*brutish*，*and short*"：This famous quote appears ibid.，13：9.

"*war of every man against every man*"：Ibid.，13：13.

"*the savage people in many places of America*"：For Hobbes's view of native Americans as living in the state of nature，see ibid.，13：11.

"*more than consent*，*or concord*"：Ibid.，17：13.

"*This is the generation of that great LEVIATHAN*"：Ibid.

"*one person*，*of whose acts a great multitude*"：Ibid.

"*is but an artifi cial man*"：Introduction ibid.，p.1.

blaming them directly for the onset of the civil war：Refl ecting on the role of clergymen years later，Hobbes wrote that "the cause of my writing that book［i.e.，*Leviathan*］was the consideration of what the ministers before，and in the beginning of，the civil war，by their preaching and writing did contribute thereunto." See Thomas Hobbes，*Six Lessons to the Professors of Mathematics*，in Sir William Molesworth，ed.，*The EnglishWorks of Thomas Hobbes*（London：Longman，Brown，Green，and Longmans，1845），p.335.

"*a Civill Warr with the Pen*"：Quoted in Steven Shapin and Simon Schaffer，*Leviathan and the Air Pump*（Prince ton，NJ：Prince ton University Press，1985），p.290.

Deciding which opinions and doctrines should be taught：Hobbes，*Leviathan*，18：9.

第7章 "几何学家"托马斯·霍布斯

"*made him in love with geometry*"：The account is from John Aubrey's biography，"Thomas Hobbes，"p.332.

Samuel Sorbière hailed him: Sorbière is quoted in Douglas M.Jesseph, *Squaring the Circle: The War between Hobbes and Wallis* (Chicago: University of Chicago Press, 1999), p.6.

"the only science": Hobbes, *Leviathan*, 4: 12.

"there can be no certainty of the last conclusion": Ibid., 5: 4.

"Empusa": All quotations in this passage are from Thomas Hobbes, "Elements of Philosophy, the First Section, Concerning Body," in Molesworth, ed., The *English Works of Thomas Hobbes*, pp.vii-xii, "The Author's Epistle Dedicatory."

"no older than my own book": Since Hobbes published *De corpore* in 1655, and *De cive* came out in 1642, true civil philosophy is no more than thirteen years old.

"revenge myself of envy by encreasing it": Hobbes, "Elements of Philosophy," pp.vii-xii.

"For who is so stupid": Hobbes, *Leviathan*, 5: 16.

"Physics, ethics, and politics": Thomas Hobbes, dedicatory epistle to *Deprincipiis et rationcinatione geometrarum* (London: Andrew Crooke, 1666), quoted in Jesseph, *Squaring the Circle*, p.282.

"fright and drive away this metaphysical Empusa": Hobbes, "Elements of Philosophy," pp.vii-xii.

"because we make the commonwealth ourselves": Thomas Hobbes, *Six Lessons to the Professors of Mathematiques, One of Geometry, the Other of Astronomy, in the Chairs Set Up by the Noble and Learned Sir Henry Savile, in the University of Oxford* (London: Andrew Crooke, 1656), reprinted in Molesworth, ed., The *English Works of Thomas Hobbes*, 7: 181-356.The quote is from p.184.

were as indisputably correct: On the geometrical power of the *Leviathan's* decrees, see also Shapin and Schaffer, *Leviathan and the Air Pump*, p.253.

"the skill of making and maintaining commonwealths": Hobbes, *Leviathan*, 20: 19.

it should have no unsolved, not to mention insoluble, problems: On Hobbes's insistence that geometry should have no unsolved problems, see Hobbes, *De homine*, 2.10.5, quoted in Jesseph, *Squaring the Circle*, p.221.

"The quadrature of the circle": The account is based on Jesseph, *Squaring*

the Circle, pp.22-26; and Archimedes, "Mea sure ment of a Circle," chap.6 in E.J.Dijketerhuis, *Archimedes* (Prince ton, NJ: Prince ton University Press, 1987), pp.222-23.

the three classical problems were simply insoluble: On views on the solubility of the quadrature of the circle, see Jesseph, *Squaring the Circle*, pp.25-26.

"that which has no parts": For Hobbes's discussion of Euclid's definitions, see *Six Lessons*, 7: 201.

"If the magnitude of a body which is moved": Hobbes, De corpore, 2.8.11, reprinted in Latin in Thomas Hobbes, *Opera philosophica* (London: John Bohn, 1839), 1: 98-99, more commonly known as Hobbes's *Opera Latina*.The passage is translated in Jesseph, *Squaring the Circle*, pp.76-77.

Points have a size, lines have a width: On Hobbes's view that points have size and lines have width in order to construct geometrical bodies, see Hobbes, *Six Lessons*, p.318.

"conatus": For Hobbes's discussion of his concepts "conatus" and "impetus," see *De corpore*, 3.15.2, and *Opera Latina*, 1: 177-78, both translated in Jesseph, *Squaring the Circle*, pp.102-103.

"instead of saying that a line is long": Sorbière, *A Voyage to England*, p.94.

"Every demonstration is flawed": Hobbes, *De principiis*, chap.12, quoted in Jesseph, *Squaring the Circle*, p.135.

"speake loudest in his praise": Ward published this anonymously in [SethWard], *Vindiciae academiarum* (Oxford: L.Litchfi eld, 1654), p.57, quoted in Jesseph, *Squaring the Circle*, p.126.

It was a trap, and Hobbes knew it: On the beginnings of the war betweenHobbes and Wallis, and Ward's role in it, see Jesseph, *Squaring the Circle*, p.126.

"problematically": The disclaimer is in Hobbes, De corpore (1655), p.181. Translation from Latin in Jesseph, *Squaring the Circle*, p.128.The titles of the chapters are in *De corpore*, p.171.

were all gleefully exposed: See John Wallis, *Elenchus geometriae Hobbianae* (Oxford: H.Hall for John Crooke, 1655).

"Solutions of Problems that have hitherto remained insoluble": Sorbière, *A Voyage to England*, p.94.

The attempted proofs of the quadrature: For a modern exposition of two of these proofs, see Jesseph, "Two of Hobbes's Quadratures from *De corpore*, Part 3, Chapter 20," in Jesseph, *Squaring the Circle*, pp.368-76.

squaring of the circle is impossible: For a fuller discussion of the impossibility of squaring the circle, see Jesseph, *Squaring the Circle*, pp.22-28.

"solved some most diffi cult problems": Hobbes's list of accomplishments isincluded in Aubrey, "Thomas Hobbes," pp.400-401.Translated in Jesseph, *Squaring the Circle*, pp.3-4.

第8章 约翰·沃利斯是谁

"we Tast and See it to be so": John Wallis, *Truth Tried* (London: Richard Bishop for Samuel Gellibrand, 1643), pp.60-61.

"Beside his constant preaching": The account of Wallis's childhood and the quotes are from John Wallis, "Autobiography," in Christoph J.Scriba, "The Autobiography of John Wallis, F.R.S.," *Notes and Records of the Royal Society of London* 25, no.1 (June 1970): 21-23.

"Mr Holbech *was very kind to me"*: Ibid., p.25.

"scarce bred any man that was loyall to his Prince": The quote is from *The Autobiography of Sir John Bramston*, quoted in Vivienne Larminie, "Holbeach [Holbech], Martin," in *Oxford Dictionary of National Biography* (Oxford: Oxford University Press, 2004-12).

"were scarce looked upon as Accademical studies": Wallis, "Autobiography," p.27.

"a pleasing Diversion at spare hours": Ibid.

"Knowledge is no Burthen": Ibid., p.29.

the trial of Archbishop William Laud: Agnes Mary Clerke, "Wallis, John (1616-1703)," *Dictionary of National Biography*, vol.59 (1899).

A Serious and Faithful Representation: The pamphlet's full title was *A Serious and Faithful Representation of the Judgements of Ministers of the Gospel within the Province of London, Contained in a Letter from Them to the General and His Counsel of War*, *Delivered to His Excellency by Some of the Subscribers*, *January* 18, 1649（printed in Edinburgh, 1703）.

"now to be my serious study": Wallis, "Autobiography," p.40.

two mathematical treatises: Wallis's two treatises were De *sectionibusconicis*（Oxford: Leon Lichfi eld, 1655）and *Arithmetica infinitorum*（Oxford: Leon Lichfi eld, 1656），both included in Wallis, *Opera mathematicorum*（Oxford: Leonard Lichfield, 1656-57），vol.2.

Presbyterian *referred to respectable clergymen*: Wallis wrote, "When they were called *Presbyterians* it was not in the sense of *Anti-Episcopal*, but *Anti-Independents.*" See Wallis, "Autobiography," p.35.

custos archivorum: On Wallis's election as keeper of the archives and Stubbes's opposition, see Christoph J.Scriba, "John Wallis," in Gillispie, ed., *Dictionary of Scientific Biography*.On Stubbe and Hobbes, see Jesseph, *Squaring* the Circle, p.12. On the demonization of Hobbes, see Mintz, "Thomas Hobbes," in Gillispie, ed., *Dictionary of Scientific Biography*.

he be burned at the stake: John Aubrey, "Thomas Hobbes," p.339nc.

"Their first purpose": Thomas Sprat, *History of the Royal Society of London*（London: T.R., 1667），p.53.

"such a candid and unpassionate company as that was": Ibid., pp.55-56.

Now, *with his new companions*: On Wallis's involvement with the "Invisible College" during the Interregnum, and of the group's diverse fields of interest, see Wallis, "Autobiography," pp.39-40.

"continued such meetings in Oxford": Wallis, "Autobiography," p.40.

Philosophical Transactions: The other candidate for "first scientific journal" is Le *journal des scavans* of the French Academy of Sciences, whose first issue appeared two months before *Philosophical Transactions.*

"gives us room to differ, without animosity": Sprat, *History of the Royal Society*, p.56.

"they work and think in company": Ibid., p.427.

use their experience to reconstitute the entire body politic: For more onthe early Royal Society and its mission to recast English po liti cal life and prevent a return to the disastrous dogmatism of the Interregnum, see Shapin and Schaffer, *Leviathan and the Air-Pump*; Margaret C.Jacob, *The Newtonians and the English Revolution 1689-1720* (NewYork: Gordon and Breach, 1990), first published in 1976; James R.Jacob, *Robert Boyle and the English Revolution* (New York: Burt Franklinand Co., 1977); Barbara J.Shapiro, *Probability and Certainty in Seventeenth Century England* (Princeton, NJ: Princeton University Press, 1983); Steven Shapin, *A Social History of Truth: Civility and Science in Seventeenth-Century England* (Chicago: University of Chicago Press, 1995).

Cartesian philosophy: The most concise summary of Descartes's philosophy is contained in his eminently readable *Discourse on the Method*, first published anonymously in Leiden in 1637 as *Discours de la méthode*.

"*more imperious, and impatient of contradiction*": Sprat's views on the dangers of dogmatism can be found in Sprat, *History of the Royal Society*, p.33.

"*slowness of the increase of knowledge amongst men*": Ibid., p.428.

"*The reason of men's contemning all Jurisdiction and Power*": Ibid., p.430.

"*the most fruitful parent of Sedition is Pride*": Ibid., p.428-29.

a public statement of the goals and purpose of the Royal Society: On Spratand the grandees of the Royal Society, see the "Introduction" in JacksonI.Cope and Harold Whitmore Jones, eds., *The History of the Royal Society by Thomas Sprat* (St.Louis, MO: Washington University Studies, 1958), esp.pp.xiii-xiv.

dogmatism leads to sedition: In Sprat's words, "it gives them fearless confidence in their own judgments, it leads them from contending in sport to opposition in earnest...in the *State* as well as in the *Schools*." See Sprat, *History of the Royal Society*, p.429.

"*the influence of experiments is Obedience to the Civil Government*": Sprat, *History of the Royal Society*, p.427.

"*that teaches men humility*": On the benefi cial effects of experimentalism, see ibid., p.429.

"*one great man*": For the Royal Society's idolization of Bacon, see ibid., p.35.

Francis Bacon, Lord Chancellor to James I: Bacon's major works include *The Advancement of Learning* (1605), *Novum organum* (1620), and *New Atlantis* (1627).

True knowledge，worthy of：True knowledge，in the Aristotelian scheme，was referred to as *scientia*，and required absolute certainty based on logical reasoning and ancient authority.

"*the daintiness and pride of mathematicians*"：The quote is from Francis Bacon，"Of the Dignity and Advancement of Learning，" book 3，chap.6，in James Spedding，ed.，*The Philosophical Works of Francis Bacon*，vol.4（London：Longman and Co.，1861），p.370.

It was a conundrum that left the Society with an ambivalence toward mathematics：On the early Royal Society's ambivalence toward mathematics，and particularly Robert Boyle's suspicion of the field，see Shapin，*A Social History of Truth*，chap.7.

第9章 数学的新世界

"*It hath been my endeavour*"：John Wallis，"Autobiography，" in Scriba，"The Autobiography of John Wallis，F.R.S.，" p.42.

"*On Conic Sections*"：John Wallis，*De sectionibus conicis，nova methodoexpositis，tractatus*（Oxford：Leon Lichfield，1655）.On the publication of this treatise，along with the Arithmetica infinitorum，see Jacqueline Stedall，trans.，*The Arithmetic of Infinitesimals，John Wallis*，1656（NewYork：Springer-Verlag，2004），p.xvii.

"*any plane is made up，so to speak，of infinite parallel lines*"：Wallis，*Desectionibus conicis*，prop.1，in Wallis，*Opera mathematica*（Oxford：Theatro Sheldoniana，1695），p.297.

"*the area of the triangle is equal to the base times half the altitude*"：Wallis，*De sectionibus conicis*，prop.3，in *Opera mathematica*，p.299.

When criticized by Fermat：Fermat's criticisms are included in a wideranging correspondence of Wallis's *Arithmetica infinitorum*，which Wallis published in 1658 under the title *Commercium epistolicum*.Fermat's letters were published in French translation in volumes 2 and 3 of Paul Tannery and Charles Henri，eds.，*Oeuvres de Fermat*（Paris：Gauthiers-Villars et Fils，1894-96）.

"*Mathematical entities exist*"：The quote is from Wallis，*Mathesis universalis*（Oxford：Leon Lichfield，1657），chapter 3；reprinted in Wallis，*Opera*

Mathematica (Oxford: Sheldonian Theatre, 1695), p.21.

"*it seems not in the power of the Will to reject*": Ibid., pp.60-61.

"*a general proposition may become known by induction*": Wallis, *Arithmetica infinitorum* (Oxford: Leon Lichfield, 1656), p.1, prop.1.Trans lationis from Stedall, trans., *The Arithmetic of Infinitesimals*, p.13.

study minute creatures under a microscope: Hooke's startling enlargedimages of common insects and microbes invisible to the naked eye were published in Robert Hooke, *Micrographia or Some Physiological Descriptions of Minute Bodies Made by Magnifying Glasses* (London: John Allestry, 1667).

"*If there is taken a series of quantities*": Wallis, *Arithmetica infinitorum*, prop.2, from Stedall, trans., *The Arithmetic of Infinitesimals*, p.14.Wallis includes an additional step demonstrating that what is true of the series 0, 1, 2, 3...is also true of any arithmetic series beginning with 0.

"*a very good Method of Investigation*": Wallis's discussion of induction is in John Wallis, *A Treatise of Algebra, Both Historical and Practical* (London: John Playford, 1685), p.306.

Wallis moved on to do the same for more complex series: Wallis, Arithmetica in finitorum, prop.19, from Stedall, trans., *The Arithmetic of Infinitesimals*, p.26.

"*quantities that are as squares of arithmetic proportionals*": Wallis, *Arithmetica infinitorum*, prop.21, from Stedall, trans., *The Arithmetic of Infinitesimals*, p.27.

"*quantities that are as cubes of arithmetic proportionals*": Wallis, *Arithmetica infinitorum*, prop.41, from Stedall, trans., *The Arithmetic of Infinitesimals*, p.40.

must be true for all powers m of natural numbers: Wallis, *Arithmetica infinitorum*, prop.44, from Stedall, trans., *The Arithmetic of Infinitesimals*, p.42.

he was engaged in a lively debate with Wallis: Wallis published the entireexchange as *Commercium epistolicum de quaestionibus quibusdam mathematicis nuper habitum* (Oxford: A.Lichfield, 1658).In addition to Wallisand Fermat, it included letters from Sir Kenelm Digby, Lord Brouncker, Bernard Frénicle de Bessy, and Frans van Schooten.Fermat'scritique of the *Arithmetica infinitorum* is contained mostly in "EpistolaXIII," a letter from Fermat to Lord Brouncker, written in French, that was forwarded to Wallis.Fermat's contributions to the exchange are also published in Paul Tannery and Charles Henry, eds., *Oeuvres de Fermat*, vols.2 and 3 (Paris: Gauthier-Villars et Fils, 1894 and 1896). "EpistolaXIII" of Wallis's *Commercium epistolicum* is printed here as letter LXXXVin 2: 347-53.

"*But his method of demonstration*": Fermat to Digby, August 15, 1657, Epistola XII on p.21 of the *Commercium epistolicum*.Also letter LXXXIV in Tannery and Henry, eds., *Oeuvres de Fermat*, 2: 343.

"*one must settle for nothing less than a demonstration*": "Epistola XIII," on pp.27-28 of the *Commercium epistolicum*.Also letter LXXXV in Tannery and Henry, eds., *Oeuvres de Fermat*, 2: 352.

was fully answered in Cavalieri's books: Wallis's assertion that his methodis derived from Cavalieri is first stated in the dedication to the *Arithmetica infinitorum*, from Stedall, trans., *The Arithmetic of Infinitesimals*, pp.1-2.

"*was already done to his hand by Cavallerius*": Wallis, *Treatise of Algebra*, p.305. The equivalence of Cavalieri's method of indivisibles and the method of exhaustion is discussed on p.280, and the composition of lines, surfaces, and solids on p.285.

"*You may find this work new*": Wallis, dedication to *Arithmetica infinitorum*, from Stedall, trans., *The Arithmetic of Infinitesimals*, p.1.

"*If any think them less valuable*": Wallis, *A Treatise of Algebra*, p.298.The claim that induction needs no additional demonstration is onp.306.

"*Euclide was wont to be so pedantick*": Quoted from Wallis, *A Treatise ofAlgebra*, p.306.

"[*M*]*ost mathematicians that I have seen*": Quoted ibid., p.308.

"*a conclusive argument*": Wallis makes the argument that the truth of ademonstration is based on the agreement of "most men" in Wallis, *A Treatise of Algebra*, pp.307-308.

Elenchus geometriae Hobbianae: John Wallis, *Elenchus geometriae Hobbianae* (Oxford: H.Hall for John Crooke, 1655).

Decameron physiologicum: Thomas Hobbes, *Decameron physiologicum* (London: John Crooke for William Crooke, 1678).

Seth Ward had traveled to London: On Ward and Hobbes, see Jesseph, *Squaring the Circle*, p.50.

"the equal of 'Leviathan'": John Wallis, dedication to John Owen of *Elenchus*, folios A2r, A2v.The translation from the Latin original is from letter 37 in Peter Toon, ed., The *Correspondence of John Owen* (Cambridge: James Clarke and Co.Ltd., 1970), pp.86-88.

"I have done that business for which Dr.Wallis receives the wages": Thomas Hobbes, Epistle Dedicatory to Henry Lord Pierrepont to *Six Lessons*.See Molesworth, ed., *The English Works of Thomas Hobbes*, 7: 185.

"the most deformed necessary business which you do in your chambers": Hobbes, *Six Lessons*, 7: 248.

"scab of symbols": Ibid., 7: 316.

"the pompous ostentation of Lines and Figures": Wallis, *A Treatise of Algebra*, p.298.

"You do shift and wiggle": Thomas Hobbes, *STIGMAI, or markes of theabsurd geometry, rural language, Scottish church-politicks, and barbarisms of John Wallis* (London: Andrew Crooke, 1657), p.12, quoted in Stedall, trans., *The Arithmetic of Infi nites*, pp.xxix-xxx.

"Here comes the beare to be bayted!": The anecdote is included in Aubrey's biography of Hobbes, "Thomas Hobbes," p.340.

"should I undertake to refute his Geometry": John Wallis, dedication to John Owen of Elenchus, p.86.

"set such store by geometry": John Wallis, Elenchus, p.108, quoted in Jesseph, *Squaring the Circle*, p.341.

"there is no more to be feared of this Leviathan": John Wallis, dedication to John Owen of *Elenchus*, p.87.

"how little he understands this mathematics": Wallis to Huygens, January11, 1659, quoted in Jesseph, *Squaring the Circle*, p.70.

"like Beetles from my egestions": Hobbes, Six Lessons, 7: 324.

"I do not wish to change, confirm, or argue": Hobbes to Sorbière, 7/17March, 1664, quoted in Jesseph, *Squaring the Circle*, pp.272-73.

"Who ever, before you": Wallis, Elenchus, p.6, quoted in Jesseph, *Squaring the Circle*, p.78-79.

"was not so much to shew a Method of Demonstrating things already known": Wallis，*Treatise of Algebra*，p.305.

"with all the ecclesiastics of England": The discussion of the motive for writing *Leviathan* is in Hobbes，Six *Lessons*，7：335.The letter to Sorbière is quoted in Simon Schaffer，"Wallification：Thomas Hobbes on School Divinity and Experimental Pneumatics，" *Studies in History and Philosophy of Science* 19（1988）：286.

"Egregious logicians and geometricians": Hobbes，*Six Lessons*，7：308.

"Is this the language of geometry?": Ibid.

"If you say that by the parallels you mean infinitely little parallelograms": Ibid.，7：310.

"it could hardly have been proposed by a sane person": Thomas Hobbes，*Lux mathematica*（1672），in William Molesworth，ed.，*Thomae Hobbes Malmesburiensis opera philosophica*，vol.5（London：Longman，Brown，Green，and Longmans，1845），p.110，quoted and translated in Jesseph，*Squaring the Circle*，p.182.

"Nor can there be anything infinitely small": Hobbes，*Lux mathematica*，5：109，quoted and translated in Jesseph，*Squaring the Circle*，p.182.

后 记

the dozens of sermons he delivered: The sermons were collected in JohnWallis，*Three Sermons Concerning the Sacred Trinity*（London：Thomas Parkhurst，1691）；and John Wallis，*Theological Discourses and Sermonson Several Occasions*（London：Thomas Parkhurst，1692）.

"a man of most admirable fine parts": The quote is by his younger contemporary，the English antiquarian Thomas Hearne.Quoted in "John Wallis，" in Sidney Lee，ed.，*Dictionary of National Biography*，vol.49（London：Smith，Elder，and Co.，1899），p.144.

INFINITESIMAL

How a Dangerous

Mathematical Theory

S h a p e d   t h e

Modern World

致　谢

　　写这本书的初衷可以追溯到很多年以前，那时我还在斯坦福大学读研究生一年级，当时我在一篇论文中提出，对17世纪的欧洲，无穷小学说在政治上有着颠覆性的影响。在随后的几年里，我的研究兴趣转向了其他领域，首先是早期现代探索中的航海文化，然后又"浪漫地"转向了19世纪初的数学。但我从来没有忘记早期对无穷小的见解，并且坚信总有一天我会讲出这个故事。虽然这比我预想的时间久了一些，但我终于还是实现了这个夙愿。因为我对这个话题的准备超过了20年的时间，所以我咨询过很多的人，是他们的见解帮助我形成了这本书。

　　我想感谢蒂莫西·勒努瓦（Timothy Lenoir）、彼得·盖里森（Peter Galison）和莫蒂·法因戈尔德（Moti Feingold），是他们为我多年前的那篇论文给出了评价，还有道格拉斯·杰西弗（Douglas Jesseph），是他详细的批评促使我完善和改进了论证过程。还有我读研究生时的同伴克里斯托夫·勒古耶（Christophe Lecuyer）、尤塔·斯珀林（Jutta Sperling）、菲利普·塞特勒（Phillip Thurtle）、乔什·范斯坦（Josh Feinstein）和帕特里夏·马松（Patricia Mázon），他们曾花了很多时间与我讨论这些问题。还有我后来在加州大学洛杉矶分校的同事们，他们给了我很多反馈意见，在此我要感谢玛格丽特·雅各（Margaret Jacob）、玛丽·特罗尔（Mary Terrall）、特德·波特（Ted Porter）、诺顿·怀斯（Norton Wise）、索拉雅·德·查德瑞维安（Soraya de Chadarevian）以及莎伦·特拉维克（Sharon Traweek），感谢他们的深入见解和真挚友谊。感谢卡拉·丽塔·帕尔梅里诺（Carla Rita Palmerino）友善地允许我参考她在SJ档案馆记录的笔记，还有乌戈·巴尔迪尼（Ugo Baldini）帮助指导我穿过SJ的"迷宫"。

史蒂文·范登·布罗克（Steven Vanden Broecke）与我在同一间办公室时成为很好的朋友，他为我提供了关于早期现代世界的深刻见解和深厚知识。与琼·理查兹（Joan Richards）和阿尔卡季·普罗内斯基（Arkady Plotnitsky）的谈话，帮助我形成了关于数学和更广泛文化的思想，马里奥·比亚吉奥利（Mario Biagioli）和马西莫·马佐蒂（Massimo Mazzotti）加深了我对早期现代意大利和当时数学社会地位的理解。雷维尔·内茨（Reviel Netz）的"数学文学/数学文本"研讨会，给了我一个机会，让我能在一个活跃并且专业的小组里面，征询关于一些想法的意见，他周到的建议让我受益匪浅。多伦·济尔伯格（Doron Zeilberger）、迈克尔·哈里斯（Michael Harris）和乔丹·艾伦伯格（Jordan Ellenberg）一直慷慨地为我提供数学建议，齐格弗里德·齐林斯基（Siegfried Zielinski）一直是学术思想开放的典范。至于阿波斯托·多夏狄斯（Apostolos Doxiadis），无论是他的著作还是他的公众宣传都向我展示了，当数学得到良好呈现时，它会有广泛、忠诚和热情的观众。

Farrar，Straus and Giroux出版社的阿曼达·穆恩（Amanda Moon）全程参与了这本书从组稿到出版的整个过程，她总是能提供敏锐和有益的建议。还有她的同事黛布拉·海尔凡迪（Debra Helfand）、莉娅·卡萨（Delia Casa）、詹娜·多兰（Jenna Dolan）、黛布拉·弗里德（Debra Fried），以及珍妮·科恩（Jennie Cohen），多亏了她们在各方面的辛勤工作，从审稿到校对再到成稿，才最终将苍白的电子文档变成了一部文字优美而且赏心悦目的作品。丹·格斯尔（Dan Gerstle）逐字阅读了早期文稿，并提出了许多建议；莱尔德·加拉格尔（Laird

Gallagher）为后续版本提出了敏锐的建议。毫无疑问，他们的工作提升了这本书的品质。Garamond Agency的丽莎·亚当斯（Lisa Adams），从这本书的最初概念到最终完成，一直在跟进这个项目，我可以毫不夸张地说，如果没有她的意见、支持和专业性，那么这本书将永远也不可能问世。我童年时期的朋友丹尼尔·巴拉兹（Daniel Baraz），尽管他居住在世界的另一端，但他一直在对我的生活给予支持。在整个写作过程中，他的友情始终为我提供着帮助。

感谢邦妮（Bonnie），我的挚爱：谢谢你成为我梦寐以求的好妻子。你的智慧和支持遍布在这本书的每一页文字之中。在这本书的策划、创作和制作过程中，我的孩子们始终陪伴在我身边，但他们现在已经开始了自己的生活旅程。我会想念有他们陪伴的日子，还有他们的活力、智慧和创造力，以及我们长谈的所有事情，从足球到《伊利亚特》（*Iliad*），再到有关写作的艺术。乔丹（Jordan）和埃拉（Ella），无论你们去向何处，我的爱都将永远陪伴在你们左右。